智能手机维修从入门到精通

阳鸿钧　等编著

机械工业出版社

随着 4G、3G 智能手机的推广与应用，其维修技术也需要跟进。本书的编写目的就是使读者能够快速入门，轻松掌握 4G、3G 智能手机的维修技能与相关知识。本书分别对 4G 与 3G 概述、4G 与 3G 智能手机概述、4G 与 3G 智能手机元器件/零部件与外设、4G 与 3G 智能手机维修工具与方法、故障检修、4G 与 3G 智能手机一线维修即时查、iPhone6 Plus N56 820-3675 部分维修参考电路等进行了介绍。

本书可供 4G、3G 智能手机的维修人员阅读，并且也可作为 4G、3G 智能手机维修培训的教学参考用书，以及供电子爱好者、手机维修的初学者阅读。

图书在版编目（CIP）数据

智能手机维修从入门到精通/阳鸿钧等编著. —4 版. —北京：机械工业出版社，2016. 9
ISBN 978-7-111-54860-7

Ⅰ. ①智… Ⅱ. ①阳… Ⅲ. ①移动电话机-维修 Ⅳ. ①TN929. 53

中国版本图书馆 CIP 数据核字（2016）第 222613 号

机械工业出版社（北京市百万庄大街 22 号 邮政编码 100037）
策划编辑：付承桂 责任编辑：付承桂 张沪光 责任校对：张晓蓉
封面设计：陈 沛 责任印制：李 洋
北京宝昌彩色印刷有限公司印刷
2016 年 11 月第 4 版第 1 次印刷
210mm×285mm・17. 5 印张・527 千字
0001—3000 册
标准书号：ISBN 978-7-111-54860-7
定价：59. 00 元

凡购本书，如有缺页、倒页、脱页，由本社发行部调换

电话服务 网络服务
服务咨询热线：010-88361066 机工官网：www. cmpbook. com
读者购书热线：010-68326294 机工官博：weibo. com/cmp1952
010-88379203 金书网：www. golden-book. com
封面无防伪标均为盗版 教育服务网：www. cmpedu. com

前言

随着4G、3G手机的应用，其维修维护工作量也随之增加。为更好地掌握4G、3G手机维修维护知识，特编写了本书。

本书由6章加附录组成，各章的内容如下：

第1章主要介绍有关4G与3G概述方面的知识，具体包括手机网络制式、3G概述、4G概述、4G与双4G双百兆、4G频率段等内容。

第2章主要介绍有关4G与3G手机的知识，具体包括通信系统与移动手机、手机名称与其特点、3G手机、4G手机、4G手机卡等内容。

第3章主要介绍有关4G与3G手机元器件、零部件与外设的知识，具体包括传声器、扬声器、手机屏、触摸屏、手机摄像头、手机外壳与按键、电阻、电感、场效应晶体管、集成电路等内容。

第4章主要介绍有关4G与3G手机维修工具与方法的知识，具体包括手机维修需要哪些设备或者工具、电烙铁的选择、热风枪的选择与维护保养、维修技法等内容。

第5主要介绍有关故障检修的知识，具体包括手机硬故障、手机软故障、iPhone手机常见故障维修等内容。

第6章主要介绍4G与3G手机一线维修即时查资料，具体包括集成电路、三星手机的版本查看、iPhone信号强度数值相应的含义、iPhone 3G手机充电器原理图等内容。

附图提供了芯片及维修所需的备查资料——iPhone6 Plus N56 820-3675部分维修参考电路。

本书适用手机维修人员、学校相关专业师生、电子爱好者、培训班、社会自学者等读者朋友参考使用。

本书的出版过程中参阅了一些珍贵的资料或文章，特别是附图参考了相关单位有关资料，在此深表谢意。

为更好地服务于维修实战工作，因此，书中的图与附图有关元器件等规定没有统一，也没有采用国家标准，另外在图中有些单位符号是直接采用相关单位的电路图中所用的单位［如 UF（μF）、PF（pF）、NF（nF）、KΩ（kΩ）、MA（mA）、UH（μH）、NH（nH）等］，请读者查阅时注意。

本书主要由阳鸿钧编写，许小菊、阳红艳、阳红珍、许四一、任亚俊、欧小宝、平英、阳苟妹、阳梅开、任杰、许满菊、许秋菊、许应菊、唐忠良、阳许倩、曾丞林、周小华、毛采云、张晓红、单冬梅、陈永、任志、王山、李德、黄清等人员也参加或支持了部分编写工作。

由于编写时间仓促，书中有不尽人意之处，请读者批评指正。

编 者

目录

第1章

4G与3G

1.1 概述

1.1.1 手机网络制式

手机网络制式就是移动运营商的网络类型。不同运营商支持的网络类型不一样。目前，我国有三大移动（手机）运营商，分别是移动、联通、电信。

移动网络制式：GSM（2G网络）、TD-SCDMA（3G网络）、TD-LTE（4G网络）。

联通网络制式：GSM（2G网络）、WCDMA（3G网络）、TD-LTE/FDD-LTE（4G网络）。

电信网络制式：CDMA（2G网络）、CDMA2000（3G网络）、TD-LTE/FDD-LTE（4G网络）。

手机的卡需要选择适合手机网络制式的机型。

手机的网络制式俗称"模"。手机网络制式的承载，也就是频、网络制式的频率。网络制式的频率是指每种网络频段的不同，国家都划分了几个不同的频段，让不同运营商不同网络制式运行在不同的一定的各自频段上，从而互相不干扰。

手机支持的模与频，需要手机本身芯片支持与软件支持，同时也受到运营商的影响（限制）。

对于国内的运营商来说，只要达到7模即GSM/TD-SCDMA/WCDMA/TD-LTE/FDD-LTE/CDMA1X/EVDO，即可称为全网通机型。

例如iPhone系列的一些手机网络制式见表1-1。

表1-1 iPhone系列的一些手机网络制式

蜂窝网络和无线连接				
iPhone 6 S Plus	iPhone 6 S	iPhone 6 Plus	iPhone 6	iPhone SE
GSM/EDGE	GSM/EDGE	GSM/EDGE	GSM/EDGE	GSM/EDGE
UMTS（WCDMA）/HSPA+DC-HSDPA	UMTS（WCDMA）/HSPA+DC-HSDPA	UMTS（WCDMA）/HSPA+DC-HSDPA	UMTS（WCDMA）/HSPA+DC-HSDPA	UMTS（WCDMA）/HSPA+DC-HSDPA
TD-SCDMA3	TD-SCDMA3	TD-SCDMA3	TD-SCDMA3	TD-SCDMA3
CDMA EV-DO Rev. A	CDMA EV-DO Rev. A	CDMA EV-DO Rev. A（仅限CDMA机型）	CDMA EV-DO Rev. A（仅限CDMA机型）	CDMA EV-DO Rev. A
4G LTE Advanced	4G LTE Advanced	4G LTE	4G LTE	4G LTE
802.11a/b/g/n/ac无线网络,具备MIMO技术	802.11a/b/g/n/ac无线网络,具备MIMO技术	802.11a/b/g/n/ac无线网络	802.11a/b/g/n/ac无线网络	802.11a/b/g/n/ac无线网络
蓝牙4.2	蓝牙4.2	蓝牙4.2	蓝牙4.2	蓝牙4.2
GPS和GLONASS定位系统	GPS和GLONASS定位系统	GPS和GLONASS定位系统	GPS和GLONASS定位系统	GPS和GLONASS定位系统
VoLTE	VoLTE	VoLTE	VoLTE	VoLTE
NFC	NFC	NFC	NFC	NFC

1.1.2　模拟网、数字网与手机号段

手机通信网可以分为模拟网与数字网。模拟网的信号以模拟方式进行调制，其模拟级数采用的是频分多址，该网为早期的通信网。数字网是利用数字信号传输的网络，目前的 GSM、CDMA、3G、4G 网均采用数字网。

常见手机号段见表 1-2。

表 1-2　常见手机号段

类型	常见手机号段
GSM 手机	表示只支持中国联通或者中国移动 2G 号段，常见手机号段：130、131、132、134、135、136、137、138、139、145、147、150、151、152、155、156、157、158、159、182、183、185、186、187、188 等
CDMA 手机	表示只支持中国电信 2G 号段，常见手机号段：133、153、180、181、189 等
WCDMA/GSM 手机	表示支持中国联通或者中国移动 2G 号段，以及中国联通 3G 号段，常见手机号段：130、131、132、134、135、136、137、138、139、145、147、150、151、152、155、156、157、158、159、1709、182、183、185、186、187、188 等。不支持移动 3G 业务，不支持电信卡
TD-SCDMA/GSM 手机	表示支持中国联通或者中国移动 2G 号段，以及中国移动 3G 号段，常见手机号段：130、131、132、134、135、136、137、138、139、145、147、150、151、152、155、156、157、158、159、182、183、185、186、187、188 等。不支持联通 3G 业务，不支持电信卡
CDMA2000/CDMA 手机	表示支持中国电信 2G 号段，以及中国电信 3G 号段，常见手机号段：133、153、1700、180、181、189 等。不支持移动联通卡
CDMA2000/GSM（双模双待）手机	表示一张卡支持中国电信 2G 号段，以及中国电信 3G 号段，常见手机号段：133、153、1700、180、181、189 等。另一张卡支持中国移动或中国联通 2G 号段的语音和短信功能

1.1.3　FDMA、TDMA 与 CDMA 的上行和下行

FDMA、TDMA 与 CDMA 的比较见表 1-3。

表 1-3　FDMA、TDMA 与 CDMA 的比较

缩写	名称	解说
FDMA	频分多址	FDMA 根据频率波段不同来区分用户，是一套用户被指定分配频率波段的多地址方法。在整个的通话过程中，用户具有一个单独的权利来使用这个频率波段
TDMA	时分多址	TDMA 根据时间片的不同来区分用户，即在一部分用户中共享一个指定频率波段的方法。但是，每一个用户只允许传送一个预先设定好的时间片，因此，用户使用信道的方法是通过一个特定的时间段
CDMA	码分多址	CDMA 是一种用户共享时间和频率分配的方法，并且只被分配唯一的信道。依照纠正器的工作，信号被分割成片段，纠正器只接受来自所需信道的信号能量。不需要的信号只被当作噪声，根据 CODE 的不同来区分用户的方式

手机通信如果只有一条链路，则不能够在接听的时候同时进行通话，即等同于"对讲机"一样。为此，手机通信在逻辑上具有两条链路，即一条是输出（上行），一条是输入（下行）。

上行就是指信号从手机到移动基站；下行就是指信号从移动基站到手机。为了有效地分开上下行频率，上行频率与下行频率必须有一定的间隔作为保护带，并且一般下行频率高于上行频率。

1）GSM 900 频段：

中国移动：885～909MHz（上行）、930～954MHz（下行）。

中国联通：909～915MHz（上行）、954～960MHz（下行）。

2）GSM1800 频段：

中国移动 1710～1725MHz（上行）、1805～1820MHz（下行）。

中国联通 1745～1755MHz（上行）、1840～1850MHz（下行）。

3）中国联通 WCDMA 频段：上行为 1940～1955MHz、下行为 2130～2145MHz。

4）中国电信 CDMA 2000 频段：上行为 1920～1935MHz、下行为 2110～2125MHz。

1.2 3G

1.2.1 3G 概述

3G 全称为 3rd Generation，中文含义为第三代数字通信。3G 通信的名称多，国际电联规定为 IMT-2000（国际移动电话 2000）标准。欧洲的电信业称为 UMTS（通用移动通信系统）。

3G 通信与 2G 通信最大差别在于 3G 的下行传输速率在 384kbit/s 以上，2G 的传输速率一般是 128kbit/s。2G 通信网络提供的带宽是 9.6kbit/s。2.5G 通信网络带宽是 56kbit/s。3G 通信网络提供的带宽是 100～300kbit/s。从而，由传输速率的提升带来一系列的应用展开。

1.2.2 TD-SCDMA

3G 标准组织主要由 3GPP、3GPP2 组成。目前国际上代表性的第三代移动通信技术标准有 CDMA2000、WCDMA 和 TD-SCDMA 三种，其中，CDMA2000 与 WCDMA 属于 FDD 方式，TD-SCDMA 属于 TDD 方式。

TD-SCDMA 是中国 3G 通信标准，3G 手机可以基于 TD-SCDMA 技术的无线通信网络。TD-SCDMA 中文意思是时分同步的码分多址技术，其英文为 Time Division-Synchronous Code Division Multiple Access 的缩写。

TD-SCDMA 标准由 3GPP 组织制订，目前采用的是中国无线通信标准组织（CWTS）制订的 TSM（TD-SCDMAoverGSM）标准。

TD-SCDMA 有两种制式，一种是 TSM，一种是 LCR。TSM 是将 TD-SCDMA 的空中接口技术嫁接在 2G 的 GSM 核心网上，并不是完全的 3G 核心网标准。LCR 是 3G 核心网标准。

另外，TD-LTE 解决方案，就是俗称的 4G。LTE DL 为 100Mbit/s，UL 为 50Mbit/s[2]。

TD-SCDMA 手机需要支持包括电信、承载、补充、多媒体、增值服务等业务。因此，TD-SCDMA 的特点如下：

（1）工作频段与速率

码片速率：1.28Mcps。

数据速率：DL 为 384kbit/s；UL 为 64kbit/s。

工作频段：2010～2025MHz；1900～1920MHz。

TDD 扩展频段：1880～1900MHz；2300～2400MHz。

根据 ITU 的规定，TD-SCDMA 使用 2010～2025MHz 频率范围，信道号：10050～10125。

（2）工作带宽：

工作带宽为 15MHz，共 9 个载波，每 5MHz 含 3 个载波。

TD-SCDMA 手机常简称 TD 手机。

1.2.3 WCDMA

WCDMA 属于无线的宽带通信，是欧洲主导的一种无线通信标准。WCDMA 是 Wideband CDMA 的缩写，其中文含义为宽带分码多工存取。WCDMA（带宽 5MHz）中的"W"，即 Wideband（宽带）的意思，WCDMA 可以支持 384kbit/s～2Mbit/s 不等的数据传输速率。而 CDMA 是窄带（带宽 1.25MHz）。基于 WCDMA 标准的 3G 手机可向消费者同时提供接听电话与访问互联网的服务。WCDMA 网络使用费用不是以接入时间计算的，而是由消费者的数据传输量来决定的。

WCDMA 标准由 3GPP 组织制订，目前已经有四个版本，即 elease99（简写为 R99）、R4、R5 和 R6。GSM 向 WCDMA 的演进：GSM→HSCSD→GPRS→WCDMA。WCDMA 发展阶段特点如下：Rel-99 WCDMA（DL：384kbit/s；UL：384kbit/s）→Rel-5 HSDPA（DL：7.2Mbit/s；UL：384kbit/s）→Rel-6 HSDPA（DL：7.2Mbit/s；UL：5.8Mbit/s）→Rel-7 HSDPA +→Rel-8 HSDPA +。

中国联通 WCDMA 频段：上行为 1940～1955MHz；下行为 2130～2145MHz。

欧洲的 WCDMA 技术与日本提出的宽带 CDMA 技术基本相同。WCDMA 是在现有的 GSM 网络上进行使用的。

WCDMA 制式的手机业界定义为 3G 手机。

1.2.4 CDMA2000

CDMA2000 是 Code-Division Multiple Access2000 的缩写，其意为码分多址技术。CDMA 是数字移动通信中的一种无线扩频通信技术，具有频谱利用率高、保密性强、掉话率低、电磁辐射小、容量大、话音质量好、覆盖广等特点。

CDMA 是由美国主导的一种无线通信标准。早期的 CDMA 与 GSM 属于 2G、2.5G 技术。后来发展的 CDMA2000 是属于 3G 技术。IS-95 向 CDMA2000 的演进过程：IS-95A→IS-95B→CDMA2000 1x。

CDMA2000 1x 后续的演进：CDMA2000 1x→增强型 CDMA2000 1x EV。CDMA2000 1x EV2 的分支：仅支持数据业务的分支 CDMA2000 1x EV-DO，同时支持数据与话音业务的分支 CDMA2000 1x EV-DV，具体特点如下：

CDMA20001x（DL：153kbit/s；UL：153kbit/s）→CDMA2000 1xEV-DO（DL：2.4Mbit/s；UL：153kbit/s）→CDMA2000 EV-DO Rev A（DL：3.1Mbit/s；UL：1.8Mbit/s）→CDMA2000 EV-DO Rev B（DL：73Mbit/s；UL：27Mbit/s^2）。

CDMA20001x（DL：153kbit/s；UL：153kbit/sDL）→CDMA2000 1xEV-DO（DL：2.4Mbit/s；UL：153kbit/s）→CDMA2000 EV-DO Rev C（DL：250Mbit/s；UL：100Mbit/s^4）→CDMA2000 EV-DO Rev D。

CDMA2000 标准由 3GPP2 组织制订，版本包括 Release0、ReleaseA、EV-DO 和 EV-DV。CDMA 2000 1x 能提供 144kbit/s 的高速数据速率。

中国电信 CDMA 2000 频段：上行为 1920～1935MHz；下行为 2110～2125MHz。

CDM A 2000 1x、1x EV-DO、1x EV-DV 制式的手机定义为 3G 手机。

1.3 4G

1.3.1 4G 概述

4G 是第四代移动通信技术的简称。中国移动 4G 采用了 4G LTE 标准中的 TD-LTE。TD-LTE 演示网理论峰值传输速率可以达到下行 100Mbit/s、上行 50Mbit/s。

4G、3G 与 2G 等的比较如图 1-1 所示。

1.3.2 4G 与双 4G 双百兆

国内使用的 4G 制式有两种，即 LTE FDD 与 TD-LTE，如图 1-2 所示。中国联通采用 LTE FDD 与 TD-LTE 混合组网形式，也就是即可以使用 LTE FDD 网络，也可以使用 TD-LTE 网络。另外，LTE FDD 网络峰值最高可以达到 150Mbit/s，TD-LTE 网络峰值最高可以达到 100Mbit/s，也就是 4G 制式网络峰值均达到百兆。因此，双 4G 双百兆也就如此了，如图 1-3 所示。

中国移动 4G 采用的是 TD-LTE。TD-LTE 是 TD-SCDMA 的后续演进技术。

中国电信 4G 采用的 LTE FDD 与 TD-LTE，如图 1-4 所示。

5

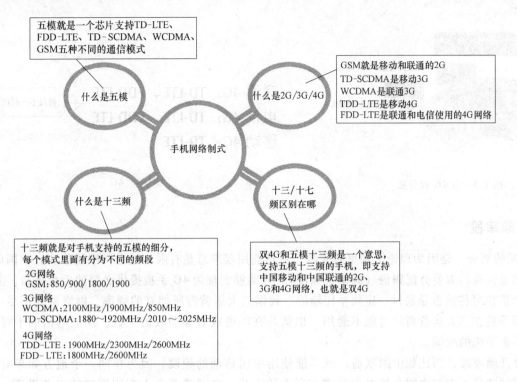

图 1-1　4G、3G 与 2G 等的比较

移动通信技术变革

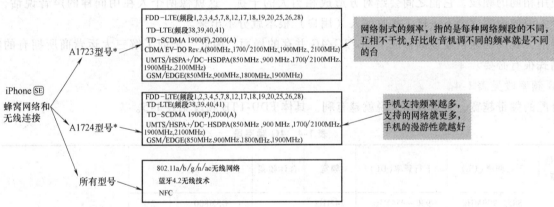

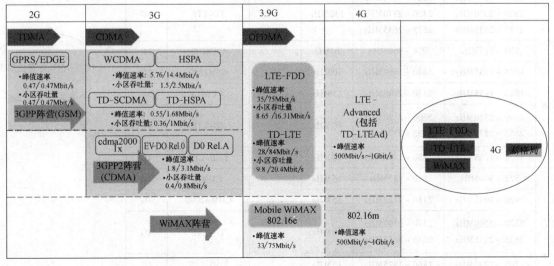

图 1-2　4G 制式

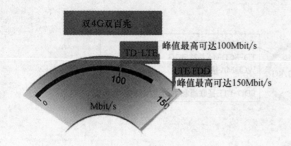

图 1-3　双 4G 双百兆

联通 4G：TD-LTE、FDD-LTE
电信 4G：TD-LTE、FDD-LTE ── 频段不一样的
移动 4G：TD-LTE

图 1-4　4G

1.3.3　4G 频率段

4G 频率段的划分，是因为理论上频率是无限，可目前用起来总是有限。加上，中国移动、中国电信、中国联通三家运营商间需要分配频谱（频率、频段），才能够实现为 4G 手机提供必要的后台支持。其实，2G/3G 手机通信信号传输也是通过一定频率传输的。我国三大运营商所拥有的频率、网络制式不尽一样。因此，同一部手机在三大运营商间可能不通用，也就是在联通或者移动版的手机，插上电信的卡可能无法使用，而不是手机的故障。

如果不分开频率段，则比如中国联通，就不能使用中国移动的频段。因为在同一个地方如果有两个基站使用相同的频段，它们之间会给对方造成相当大的干扰，这就像两个人在用同样的声音说话，但是这两个人说的内容完全不一样，接收的人（用户）根本就分不出来。

目前，我国的通信业逐渐形成了 2G/3G/4G 并存的局面，因此，全面了解三大运营商所拥有的频段、网络制式很有必要。

4G 频率段见表 1-4。

分配的频带越宽，对运营商来说就越有利。具体 FDD-LTE 频段见表 1-5。

表 1-4　4G 频率段

我国通信运营商	上行频率（UL）	下行频率（DL）	频宽	合计频宽	制式	
中国移动	885～909MHz	930～954MHz	24MHz	184MHz	GSM800	2G
	1710～1725MHz	1805～1820MHz	15MHz		GSM1800	2G
	2010～2025MHz	2010～2025MHz	15MHz		TD-SCDMA	3G
	1880～1890MHz 2320～2370MHz 2575～2635MHz	1880～1890MHz 2320～2370MHz 2575～2635MHz	130MHz		TD-LTE	4G
中国联通	909～915MHz	954～960MHz	6MHz	81MHz	GSM800	2G
	1745～1755MHz	1840～1850MHz	10MHz		GSM1800	2G
	1940～1955MHz	2130～2145MHz	15MHz		WCDMA	3G
	2300～2320MHz 2555～2575MHz	2300～2320MHz 2555～2575MHz	40MHz		TD-LTE	4G
	1755～1765MHz	1850～1860MHz	10MHz		FDD-LTE	4G
中国电信	825～840MHz	870～885MHz	15MHz	85MHz	CDMA	2G
	1920～1935MHz	2110～2125MHz	15MHz		CDMA2000	3G
	2370～2390MHz 2635～2655MHz	2370～2390MHz 2635～2655MHz	40MHz		TD-LTE	4G
	1765～1780MHz	1860～1875MHz	15MHz		FDD-LTE	4G

2G/3G/4G 并存的局面

表1-5 具体 FDD-LTE 频段

LTE 频段序号	上行频率(UL)/MHz	下行频率(DL)/MHz	频带宽度/MHz	双工间隔/MHz	带隙/MHz
1	1920 ~ 1980	2110 ~ 2170	60	190	130
2	1850 ~ 1910	1900 ~ 1990	60	80	20
3	1710 ~ 1785	1805 ~ 1880	75	95	20
4	1710 ~ 1755	2110 ~ 2155	45	400	355
5	824 ~ 849	869 ~ 894	25	45	20
6	830 ~ 840	875 ~ 885	10	35	25
7	2500 ~ 2670	2620 ~ 2690	70	120	60
8	880 ~ 915	925 ~ 960	35	45	10
9	1749. 9 ~ 1784. 9	1844. 9 ~ 1879. 9	35	95	60
10	1710 ~ 1770	2110 ~ 2170	60	400	340
11	1427. 9 ~ 1452. 9	1475. 9 ~ 1500. 9	20	48	28
12	698 ~ 716	728 ~ 746	18	30	12
13	777 ~ 787	746 ~ 756	10	− 31	41
14	788 ~ 798	758 ~ 768	10	− 30	40
15	1900 ~ 1920	2600 ~ 2620	20	700	680
16	2010 ~ 2025	2585 ~ 2600	15	576	560
17	704 ~ 716	734 ~ 746	12	30	18
18	815 ~ 830	860 ~ 875	15	45	30
19	830 ~ 845	876 ~ 890	15	45	30
20	832 ~ 862	791 ~ 821	30	− 41	71
21	1447. 9 ~ 1462. 9	1495. 5 ~ 1510. 9	15	48	33
22	3410 ~ 3500	3510 ~ 3600	90	100	10
23	2000 ~ 2020	2130 ~ 2200	30	180	160
24	1625. 5 ~ 1660. 5	1525 ~ 1559	34	− 101. 5	135. 5
25	1850 ~ 1915	1930 ~ 1995	65	80	15

具体 TDD-LTE 频段见表1-6。

表1-6 具体 TDD-LTE 频段

频段序号	上行频率(UL)/MHz	下行频率(DL)/MHz	制式	频段序号	上行频率(UL)/MHz	下行频率(DL)/MHz	制式
33	1900 ~ 1920	1900 ~ 1920	TDD	39	1880 ~ 1920	1880 ~ 1920	TDD
34	2010 ~ 2025	2010 ~ 2025	TDD	40	2300 ~ 2400	2300 ~ 2400	TDD
35	1850 ~ 1910	1850 ~ 1910	TDD	41	2496 ~ 2690	2496 ~ 2690	TDD
36	1930 ~ 1990	1930 ~ 1990	TDD	42	3400 ~ 3600	3400 ~ 3600	TDD
37	1910 ~ 1930	1910 ~ 1930	TDD	43	3600 ~ 3800	3600 ~ 3800	TDD
38	2570 ~ 2620	2570 ~ 2620	TDD				

中国移动 TD-LTE：支持频段38、39、40。

中国联通 TD-LTE：支持频段40、41。

中国电信 TD-LTE：支持频段40、41。

中国联通 FDD-LTE：支持频段3。

中国电信 FDD-LTE：支持频段3。

2G、3G 的时代，由于部分国家通信制式和频段等存在差异，无法实现真正的国际漫游。五模十频的 4G 手机，实现了对 2G（GSM）、3G（TD-S、WCDMA）、4G（TD-LTE、LTE-FDD）网络的完美支持，能

够实现在国内外多网络自由漫游。

说明：要认准支持那家4G的手机型号，并不是所有的4G手机都支持所有运营商的4G。

1.3.4　LTD-TDD 与 LTE-FDD 的区别

TDD 与 FDD 的区别在于系统的设计，也就是双工的方式，而不在于使用的频率。以同一个频带来说，例如从 2.6~2.7GHz，中间有 100MHz 的频带，FDD 的方式就是把 2.6~2.65GHz 间的 50MHz 作上行（也就是手机给基站发东西），2.65~2.7GHz 作下行（也就是基站给手机发东西）。TDD 就是把 100MHz 都用作上行、下行，只是这一段时间是手机给基站发东西，下一段时间基站给手机发东西。

实际上，LTD-TDD 与 LTE-FDD 峰值速率差别不大，因为两套系统里最终都用了时分双工与频分双工，基本上是殊途同归。

另外，TD-LTE 其实是与 3G 标准 TD-SCDMA 拉近的一个技术。TD-LTE 其实是 LTE-TDD。

4G 与其他制式的上、下行速率的比较如图 1-5 所示。

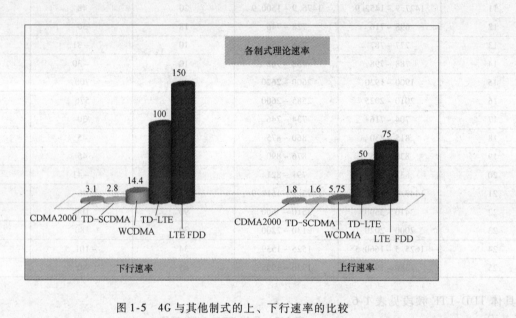

图 1-5　4G 与其他制式的上、下行速率的比较

有一种这样的比喻：如果 2G 速度比喻是汽车，则 3G 速度就是高铁，4G 速度就是火箭（见图 1-6），可见，4G 速度秒杀 3G 速度，2G、1G 更不言谈。

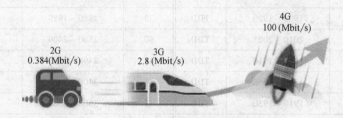

图 1-6　4G 与其他制式的速度比喻

第 2 章

4G与3G手机

2.1 通信系统与移动手机

2.1.1 通信系统

电信就是利用有线、无线电、光或其他电磁系统所进行的符号、信号、文字、图像、声音或其他信息的传输、发射或接收。无线电通信业务就是为各种电信用途所进行的无线电波的传输、发射和/或接收。移动业务就是移动电台和陆地电台间，或各移动电台间的无线电通信业务。

移动通信业务的种类如图 2-1 所示。

2.1.2 移动手机

移动通信系统的组成如图 2-2 所示。由图中可知，移动通信系统不只是简单的手机，而是需要一张网、一个组合。手机由用户持有使用，其他事情由运营商等单位或者组织完成。

说明：4G 终端除了 4G 手机外，还有数据卡、CPE 等各类信息化、多媒体终端。

科学技术是不断发展、完善的，移动通信系统技术也是如此。目前为止，移动通信系统经历了 4 代。手机为了适应、符合新移动通信系统相应的要求，伴随着移动通信系统的发展，也同样经历了 4 代。

目前，通信系统正处于第 4 代，即 4G。

4G 是第四代通信系统的意思，因为其英文全称为 the

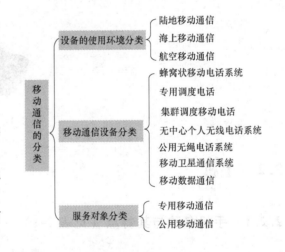

图 2-1 移动通信业务的种类

4th Generation communication system，因此，简单地叫作 4G。那么，能够支持第四代通信系统的手机就是 4G 手机。同样的理解，就可以知道什么是 3G、2G、1G，以及什么是 3G 手机、2G 手机、1G 手机。

3G 是第 3 代通信系统的意思。

2G 是第 2 代通信系统的意思。

1G 是第 1 代通信系统的意思。

3G 手机是能够支持第 3 代通信系统的手机。

2G 手机是能够支持第 2 代通信系统的手机。

1G 手机是能够支持第 1 代通信系统的手机。1G 手机就是模拟制式手机，现在，已经成为记忆与历史，典型的形象就那个大块头的"大哥大"，如图 2-3 所示。对于，目前的手机维修人员来讲，基本上不会遇到要维修的 1G 手机。

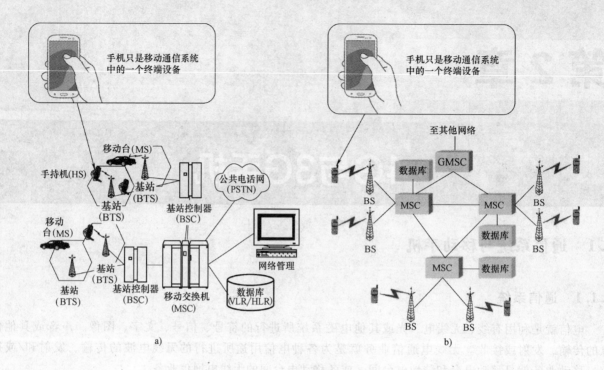

图 2-2　移动通信系统的组成

图 2-3　1G手机"大哥大"

2.2　手机

2.2.1　手机名称与其特点（见表2-1）

表2-1　手机名称与其特点

手机名称	特　点
音乐手机	音乐手机就以音乐播放功能为主打，外形与功能都为音乐播放做了优化的手机。音乐手机一般需要良好的内放音乐与外放音乐效果，其在音频解码方式、存储介质、耳机接口类型、音乐来源、音乐管理方面均具有一定的应用。音乐手机也在不断发展和变化 音乐手机一般功耗大，需要配备大容量电池。音乐手机具有数字音乐播放器，具有软件音乐解码或者硬件音乐解码、耳机接口、一定容量的内部与外部存储介质以及独立的音乐芯片 有的2G手机可能是音乐手机，有的3G、4G手机也是音乐手机
商务手机	商务手机除了具备通用普通手机的功能外，还具备一些处理商务活动的功能，即需要拥有大容量的电话簿、短信存储、时尚或者非凡气度的外壳、备忘录、录音功能等 有的2G手机可能是商务手机，有的3G、4G手机就是商务手机。有的3G商务手机采用了两块显示屏（一内一外）、键盘手写笔共用、增强的软件与硬件等特点
时尚手机	时尚手机一般重视手机的外观，突出新颖的外形维美。有的2G手机可能是时尚手机，有的3G、4G手机也是时尚手机

（续）

手机名称	特 点
智能手机	智能手机一般内置操作系统,支持第三方软件的安装、使用等特点,其可以通过第三方软件的支持,实现功能。其特点如下: 1)智能手机需要具备支持 GSM 网络下的 GPRS 或者 CDMA 网络下的 CDMA 1x 或者 3G 网络 2)需要具备普通手机的全部功能 3)需要具备 PIM(个人信息管理)、日程记事、任务安排、多媒体应用、浏览网页等 PDA 的功能 4)需要具备一个具有开放性的操作系统。只有硬件没有软件的智能手机也称为裸机 有的智能手机采用双 CPU 结构,分别处理应用系统与通信系统
GPS 手机	GPS 是全球定位系统(Global Positioning System)的缩写形式。GPS 是一种基于卫星的定位系统,用于获得地理位置信息以及准确的通用协调时间。GPS 手机就是具有一般手机的通信功能,并且内置 GPS 芯片,以支持导航、监控、位置查询等功能的一类手机 GPS 手机不一定是智能手机。GPS 手机不一定需要具有操作系统才能安装导航软件,有的可以配有 GPS 蓝牙模块下实现导航功能。有的 3G、4G 手机具有 GPS 功能,则为 3G、4G GPS 手机
山寨手机	山寨手机一般是指国内一些杂牌手机或者仿品牌的手机
拼装手机	拼装手机也叫作组装机、并装机、板机。拼装手机是通过把主板、零件等拼装成成品机。拼装手机其拼装检测往往有欠缺,而且连接可能松弛
翻新手机	翻新手机就是把一些收回的二手手机清洁干净,重新换上新外壳,配上电池、配上充电器与包装当作新机销售的手机。水货手机、行货手机都可以翻新成翻新手机。一些翻新手机的特点如下: 1)把旧手机的电路板修好,然后重新换上新的外壳包装出售。可能存在性能不稳定等现象 2)把正常的旧手机的外壳重新换上新的外壳包装出售 3)把非正规渠道的手机通过软件刷新,再重新包装出售。可能存在软件不稳定性 4)翻新手机一般不能够享受正规行货的售后服务
改版手机	改版手机就是把原先版已经出的一款,经过一定时间后,其配置或者功能已经落后,于是经过改换成配置与机身的手机。改版手机一般是针对手机主板容易改的手机
水货手机	水货是行业内的称呼,目前没有国家标准定义。一般是指没有经过授权、没有经过国家检验或者没有正规经销商而直接销售的手机。水货手机根据来源分为港行、澳行机、欧水、马来行、北美版、阿拉伯版、亚太版等
充新手机	充新手机就是一些收回的很新的手机、使用时间不久的手机或者是一些在我国香港或者其他国家的一些电信商入网的手机。这些手机在那些地区一些人使用的时间不久就会当作二手手机卖掉,然后通过走私进入国内销售。一般而言,充新机与新机基本一样
行货手机	在我国能够销售,并且具有保修等正规的销售渠道与相应的售后服务的手机。行货手机有 A 行国内行货与 B 行国内行货。其中,A 行是指在我国国内生产,销售于中国市场的手机。A 行手机一般可以在国内所有所设的客服中心免费保修服务。B 行手机是把港行机器写软件改串号改成国内行货。B 行手机多数可以享受全国联保服务
港行手机	港行手机有的特征如下: 1)键盘上有中文比画,是人为刻上去的比画,粗糙且不自然,不透光,在光线暗的地方打开键盘灯就能看得出来 2)标签与说明书采用繁体字 3)国内不保修 4)外观与行货一样 5)只有线充,没有座充或者质量较差的座充
贴牌手机	贴牌俗称 OEM,贴牌手机就是国外厂商找国内厂家代工生产的手机或者无手机生产牌照的厂商租有手机生产厂商的生产牌照而生产的一类手机,或者未获手机生产准入资格的企业从国外或其他国内手机厂商那里一次性购买大量的手机整机,然后再打上自己的品牌进行销售的一类手机
歪货手机	歪货手机是水改行手机、翻新手机等统称。歪货手机其实是一种俗称
普通手机	普通手机就是以语音为主的一类手机。其电路主要是围绕单一基带处理器进行电路搭建,硬件平台主要由射频模块 RF 与基带处理器模块两大部分组成。所采用的单一基带处理器处理通信、人机界面、简单应用任务等。射频模块主要负责高频信号的滤波、放大、调制等。基带处理器模块一般由模拟基带与数字基带组成,其中,模拟基带主要实现模拟信号与数字信号间转换,数字基带主要由微处理器、数字信号处理器、存储器、硬件逻辑电路等组成
多功能手机	多功能手机即增值手机,其具有的特点如下:没有很复杂的操作系统(通常采用封闭实时嵌入操作系统)、可下载简单 Java 程序等。多功能手机电路与普通手机电路平台特点差不多。因此,普通手机与多功能手机属于通用型
滑盖式手机	滑盖式手机由机身、机盖组成,只需滑开,即可方便地打开键盘,具有保护键盘的作用

（续）

手机名称	特　点
翻盖式手机	翻盖式手机也叫作折叠式手机。翻盖式手机由机身、机盖组成,其中打开机盖可以接听来电或编写文字短信,轻轻合上机盖则挂机。翻盖式手机有单屏翻盖手机与双屏翻盖手机
蓝牙手机	蓝牙手机具有蓝牙功能的手机。其中,蓝牙耳机可以在开车或其他场所不用手握手机也可通话。另外,蓝牙还可以实现无线连接收听音乐、上网、传送等功能
直板式手机	该类手机以其直板式外形而命名的。其具有按扭使用方便、屏幕显示突出等特点
旋转手机	旋转手机就是手机的屏幕能够旋转的一类手机
三网三待手机	例如可以适用 3G 网、G 网、C 网的一类手机
三卡三待手机	一部手机可以插入 3 张 SIM 卡,并且 3 张 SIM 卡均可以处于待机状态。三卡三待手机主要为方便一些 3G 网、G 网、C 网均需要使用的顾客
多频手机	多频手机是指在同一移动通信网络标准中能采用不同频段进行传输的一种手机
定制手机	定制手机是指移动通信运营商为自己的手机客户量身定做的手机。定制手机一般不仅机身与外包装都加上通信运营商的标志,而且手机里的菜单与内置服务也经过一定的定制
板机	板机就是把非原厂的机板、维修过的机板、从报废机上取下有用的零件进行拼装的机板,再装上外壳,配上电池,重新包装后销售的手机
黑手机	没有入网证、3C 认证,或采用假冒的入网证、3C 认证的手机

2.2.2　3G 手机

3G 全称为 3rd Generation，中文含义为第三代数字通信。3G 手机就是应用于第三代数字通信技术的个人手持 3G 终端，即 3G 手机。

3G 手机除了 2G 手机功能外，还具有手机电视、手机音乐、手机上网、手机报、视频电话、网络会议、全球眼（无线视频监控）、手机搜索、邮箱等功能。另外，3G 比 2G 还具有速度更快、网络覆盖更宽广等特点。目前，一些 3G 手机外形与 2G 手机外形差不多。

一些 3G 手机外形结构如图 2-4 所示。

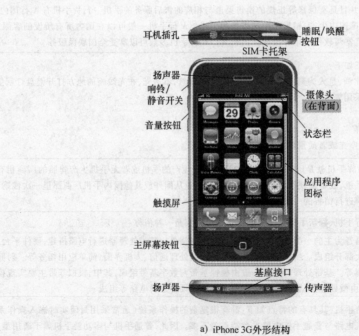

a) iPhone 3G外形结构

图 2-4　一些 3G 手机外形结构

b) iPhone4S外形结构

13

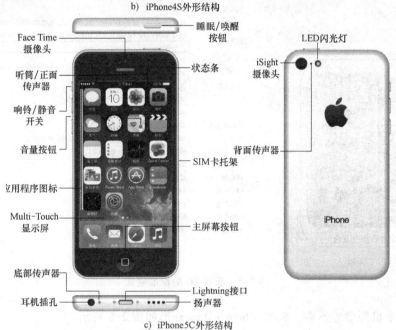

c) iPhone5C外形结构

图2-4 一些3G手机外形结构（续）

3G手机是一种智能手机。但是，平时讲的智能手机不一定是3G手机。智能手机一般是指带PDA功能的手机。

3G手机主要结构与2G手机主要结构差不多，例如：

电池盖——电池盖一般采用pc + abs材料制作而成，具有整体式（电池盖与电池合为一体）、分体式（电池盖与电池为单独的两个部件）、卡勾连接式、后盖连接式等。

LCD镜片——LCD镜片主要用于保护LCD，一般的属于光学镜片。其一般是用卡勾 + 背胶与前盖连接或者用背胶与前盖连接。

一般常见的3G手机见表2-2。

表2-2 一般常见的3G手机

3G手机	解　说
双网双待3G手机	双网双待手机又叫作双模双待手机。以前的双网双待手机是指手机可以同时支持C网与G网两个网络通信技术，并且在使用时可同时放置C网与G网，保证C网与G网两个手机号码同时处于开机状态，使用其中任何一个号码均能实现相应的通信功能 　　目前3G的双网双待手机则指手机可以同时支持C网与3G网（例如GSM/TD双网双待机、WCDMA/GSM双网双待机、CDMA2000/GSM双模双待机）两个网络通信技术。目前，许多3G手机是支持单卡双模，则也是GSM、CDMA网走向3G网络的必须经历的过渡期，也是目前的主流与无法回避的3G手机 　　双模3G手机的类型比较多，例如GSM/TD-CDMA（即TD与G网络，支持TD-SCDMA网络并可向下兼容使用GSM网络）、CDMA2000 1x/1x EV-DO、GSM/CDMA2000、GSM/WCDMA等 　　双网双待手机与双卡双待手机不同，双卡双待手机是指一部手机可以插入2张SIM卡（或者UIM卡），并且2张SIM卡均可以处于待机状态
四通道3G手机	四通道手机就是指具有双网双待语音双通道以及具有3G、WAPI/WiFi互联网双通道，即可以通过EVDO、1x、WAPI、WiFi四种方式上网的具有GSM卡与3G卡的手机

2.2.3　4G手机

4G手机就是LTE制式标准手机，3G手机就是WCDMA、CDMA2000、TD-SCDMA等标准制式手机。2G手机就是GSM、TDMA等标准制式数字手机。1G手机就是模拟制式手机。

2G手机就是GSM、TDMA标准制式数字手机，只要留意一下一些4G手机，例如苹果4G手机——iPhone 6，就支持2G的标准制式。也就说，除了1G手机外，后面几代的手机基本兼容前面相应制式的手机，而且基本上多兼容2G的标准制式，图例如图2-5所示。

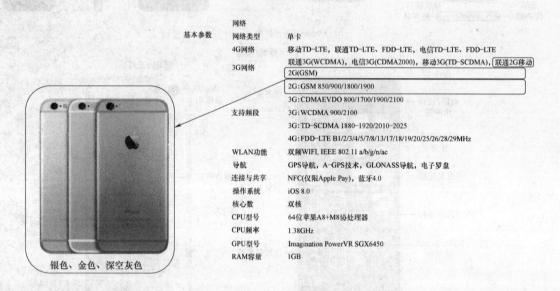

图2-5　兼容2G的标准制式

4G手机与3G手机外形差不多，例如iPhone6 Plus外形如图2-6所示。

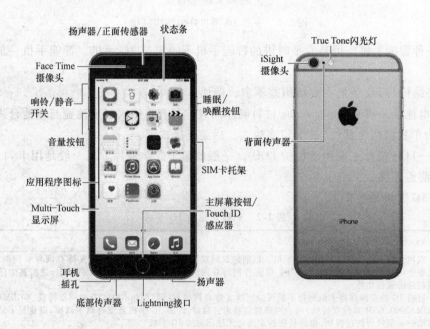

图2-6　iPhone6 Plus外形

是否是4G手机，可以通过适应频率段来判断。例如iPhone6 Plus、iPhone 6的标准制式与频率段参数见表2-3。

表 2-3　iPhone6 plus、iPhone 6 的标准制式与频率段参数

型号	标准制式与频率段参数
A1586	CDMA EV-DO Rev. A（800MHz,1700/2100MHz,1900MHz,2100MHz）
A1524	UMTS（WCDMA）/HSPA +/DC-HSDPA（850MHz,900MHz,1700/2100MHz,1900MHz,2100MHz） TD-SCDMA 1900（F）,2000（A） GSM/EDGE（850MHz,900MHz,1800MHz,1900MHz） FDD-LTE（频段 1,2,3,4,5,7,8,13,17,18,19,20,25,26,28,29） TD-LTE（频段 38,39,40,41）
A1589	TD-SCDMA 1900（F）,2000（A）
A1593	TD-SCDMA 1900（F）,2000（A） GSM/EDGE（850MHz,900MHz,1800MHz,1900MHz） TD-LTE（频段 38,39,40,41） UMTS（WCDMA）/HSPA +/DC-HSDPA（850MHz,900MHz,1700/2100MHz,1900MHz,2100MHz）;仅适用于国际漫游 FDD-LTE（频段 1,2,3,4,5,7,8,13,17,18,19,20,25,26,28,29）;仅适用于国际漫游

15

2.2.4　4G 手机卡

如果是 4G 的手机，并且安装了 4G 手机卡。如果在通信时，周围没有 4G 信号塔，手机则会以 3G 的网络运行。如果 3G 信号也没有，则手机会降级为 2G 使用。也就是 4G 手机一般均有向下兼容。如果 4G 手机不能够向下兼容，则有的地方只存在 2G、3G 信号，暂无 4G 信号，则 4G 手机还比不上 2G、3G 手机。为此，4G 手机内部也具有能够处理 2G、3G、4G 信号的电路。

其实，以前的 3G 也是向下兼容的。也就是说，3G 制式的手机，也支持 2G 上网。只是，网速可能不同而已。

4G 手机向下兼容也与使用的手机卡有关。如果把 2G、3G 手机卡插入 4G 手机里使用，则只能够进行 2G、3G 信号通信。如果把 4G 手机卡插入 2G、3G 手机里使用，也不能够进行 4G 信号通信。

手机卡 2G 与 3G 卡的区别见表 2-4。

表 2-4　手机卡 2G 与 3G 卡的区别

项目	2G 手机卡	3G 手机卡
手机卡容量	32K 或 64K 或 128K	有的 3G 手机卡也是 64K 的、一般 120K、256K 以上
制式和标准不同	2G 制式	3G 制式
上网速度	2G 的 GPRS 上网一般最高 30K 左右	一般最高可以达到 700K 左右
覆盖率	广泛	比较狭小
功率辐射	大	小
卡号段	多	少
卡放到手机,上网	有 3G 标志	2G 卡显示 H 或 E

说明：如果使用 WiFi，2G 和 3G 上网速度就没有区别了。

WiFi 是自带电源的便携式无线路由器，可以将 3G 或者 4G 信号转化为 WiFi 信号，提供给周边用户上网，相当于可移动的 WiFi 热点，即 Mobile WiFi。

WiFi 则是一种可以将个人电脑、手持设备（如 PDA、手机）等终端以无线方式互相连接的技术名称。

4G 网速快，普通 SIM 卡不支持 4G，所以必须更换为 USIM 卡才能使用 4G 网络。USIM 卡是"通用客户识别卡"，其应用更广、速率更快、安全性更高，后续还支持电子钱包、电子信用卡、电子票据等。因此，出现了手机换卡的业务。手机卡的比较如图 2-7 所示。

4G卡	4G卡	3G卡	3G卡	GSM卡

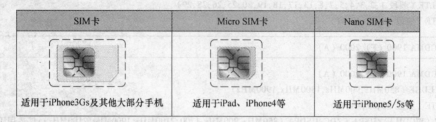

SIM卡	Micro SIM卡	Nano SIM卡
适用于iPhone3Gs及其他大部分手机	适用于iPad、iPhone4等	适用于iPhone5/5s等

用于如iPhone 4,
三星S4, NOTE 3
等使用小卡的手机

128K
手机卡内存

ICCID
集成电路卡识别码即卡的身份证

PUK
当手机PIN码被锁时输入即可解锁

手机号码的条形码

图 2-7 手机卡的比较

第3章

4G与3G手机元器件、零部件与外设

3.1 零部件与外设

3.1.1 传声器

1. 传声器概述

传声器又称为麦克风、咪、微音器、拾音器、送话器、话筒等。它是一种将声音转换为电信号的一种手机必须具备的器件。传声器有SMD传声、硅传声、传统传声等许多种类。手机传声器需要尺寸微型化、功能整合化、灵敏度高的传声器。

手机中的传声器有单端输出传声器与双端输出传声器之分，有两引脚传声器、4引脚传声器与6引脚数字传声器，也有模拟传声器与数字传声器之分。模拟传声器就是传统的传声器，即传声器输出模拟信号，该信号再经传声器后的滤波电路、模/数转换数字处理后送到发射机进行调制处理。数字传声器输出的信号是数字语音信号。

手机中的传声器安装一般是采用插脚、导电橡胶、一体化等连接，并且安装模拟传声器时，需要注意引脚极性。同时，手机中的传声器一般采用咪套防振等保护。

手机中的炭精式传声器结构简单、灵敏度高、非线性失真大、杂音大、稳定性差。驻极体传声器是利用一个驻有永久电荷的薄膜（驻极体）与一个金属片构成的一个电容器。当薄膜受到声音而振动时，这个电容的容量随着声音的振动而改变。驻极体传声器结构简单、体积小、频率响应宽，阻抗高、灵敏度低等特点。

传声器有正负极之分，如果极性接反，则传声器不能输出信号。传声器在工作时需要提供偏压，否则也会出现不能传声的故障。传声器常见的外接元件是供电电阻、耦合电容等。

3G手机电声器件需要微型化、高效能、抗噪性、宽频带、高音质、数字化、实用化等特点。传声器一般要求：直径≤6mm、高度≤3mm；驻极体传声器直径≤6mm、高度≤3mm。传声器的灵敏度优于−55dB。

传声器属于标准件，维修时选用即可。

2. 传声器的检测与判断

（1）数字万用表判断传声器

首先将数字万用表的红表笔接在传声器的正极，黑表笔接传声器的负极，对着传声器说话，应可以看到万用表的读数发生变化，不动则说明传声器是坏的。

（2）指针万用表判断传声器

首先将指针万用表的红表笔接在传声器的负极，黑表笔接传声器的正极，对着传声器说话，应可以看到万用表的指针摆动，不动则说明传声器是坏的。

3.1.2 扬声器

1. 扬声器概述

扬声器又称为听筒、喇叭、受话器等。扬声器可以分为双极式扬声器、动圈式扬声器、压电陶瓷扬

声器、外置扬声器、内置扬声器等。双极式扬声器效率低，电磁扬声器比双极式灵敏度高。压电陶瓷扬声器易碎、易坏、音质差等特点。

有的3G手机扬声器采用钎焊方式、一体化安装。有的采用2个扬声器，一个用于音乐播放、一个用于语音通话。

扬声器一般要求：直径≤10mm、厚度≤3mm、重量≤1.2g；扬声器的平均功率灵敏度≥114dB/1mW。扬声器一般固定在前盖上，通过触点与PCB连接。

扬声器属于标准件，维修时选用即可。

iPhone6s扬声器模块如图3-1所示。

有的扬声器是在雷电线缆总成上，例如iPhone6s雷电线缆总成（lightning cable assembly），上面有传声器、耳机接口、Lightning接口、手机天线等。iPhone6s雷电线缆总成如图3-2所示。

图3-1 iPhone6s扬声器模块   图3-2 iPhone6s雷电线缆总成

2. 扬声器的检测与判断

（1）用万用表判断扬声器

采用万用表电阻档检测扬声器，正常一般为几十欧，如果直流电阻明显变小或很大，则可能是扬声器损坏。

（2）用碰触法判断扬声器

可以用电源表1.5V碰触扬声器两极，正常扬声器会发出杂音。如果没有任何声音，则可能是扬声器异常。

3.1.3 手机屏

1. 手机屏概述

手机屏有TFT、STN、CSTN、TFD、UFB、LTPS等种类，具体特点见表3-1。

表3-1 手机屏的特点

种类	特点	解　说
STN（Super Twisted Neumatic）类液晶屏	液晶分子扭曲180°，还可以扭曲210°或270°等	即超扭曲向列型布列液晶屏，属于无源被动矩阵式液晶屏。STN类液晶屏一般为中小型，有单色的、伪彩色等种类。STN类液晶屏是在传统单色液晶屏汇总加入了彩色滤光片——一般黑白屏手机的液晶屏都是这种材料。STN液晶屏具有价格低、能耗小等特点
TFT（Thin Film Transistor）类液晶屏	易实现真彩色	TFT(Thin Film Transistor)为薄膜晶体管有源矩阵液晶显示器件，在每个像素点上设计一个场效应开关管。TFT液晶屏具有响应时间比较短、色彩艳丽、耗电大、对比度高、层次感强、成本较高等特点
GF（Glass Fine Color）液晶屏	GF液晶屏属于STN的一种	GF液晶屏主要特点：在保证功耗较小的前提下亮度有所提高，但GF液晶屏有些偏色问题
CG液晶屏	即为连续结晶硅液晶屏	CG液晶屏是高精度优质液晶屏，可以达到QVGA(240×320)像素规格的分辨率

（续）

种类	特点	解　说
TFD（Thin Film Diode）液晶屏	TFD 液晶屏属于有源矩阵液晶屏	TFD 液晶屏上的每一个像素都配备了一颗单独的二极管，可以对每个像素进行单独控制，使每个像素间不互相影响 TFD 液晶屏兼顾了 TFT 液晶屏与 STN 液晶屏的优点。TFD 液晶屏比 STN 液晶屏的亮度更高、色彩更鲜艳。TFD 液晶屏比 TFT 液晶屏更省电，但是色彩与亮度比 TFT 液晶要差一些
UFB 液晶屏	专门为移动电话与 PDA 设计的液晶屏	UFB 液晶屏具有超薄、高亮度。可以显示 65536 色，分辨率可以达到 128×160 的分辨率。其采用特别的光栅设计，减小像素间距，获得更佳的图片质量。UFB 的特点：耗电比 TFT 少，价格与 STN 差不多
LTPS 液晶屏		LTPS 为低温多晶硅，LTPS 为 Low Temperature Ploy Silicon 的缩写。LTPS 的电子移动速度要比 a-Si 快 100 倍。LTPS 制程温度为 500~600℃，且依各个制造商的制程而稍有差异
CSTN 类液晶屏	属于 STN 的一类	CSTN 液晶屏一般采用传送式照明方式，必须使用外光源照明，称为背光，照明光源要安装在 LCD 的背后
OLED	有机发光显示器	OLED 是 Organic Light Emitting Display 的缩写。它是利用非常薄的有机材料涂层与玻璃基板制作而成。OLED 显示屏幕具有更轻更薄、可视角度更大、节省电能、无需背光灯等特点

TFT-LCD 液晶屏分辨率见表 3-2。

表 3-2　TFT-LCD 液晶屏分辨率

简称	英文	分辨率	像素数	长宽比
QVGA	Quarter VGA	320×240	76800	4:3
HVGA	Half VGA	480×320		
CGA	Color Graphics Adaptor	320×200;640×200		
WQVGA	Wide Quad VGA	400×240		
EGA	Enhanced Graphics Adaptor	640×400	256000	16:10
VGA	Video Graphics Array	640×480	307200	4:3
WVGA	Wide VGA	800×480	384000	15:9
SVGA	Super VGA	800×600	480000	4:3
WSVGA	Wide Super VGA	1024×600	614400	17:10
XGA	Extended Graphics Array	1024×768	786432	4:3
SXGA		1280×1024	1310720	5:4
WXGA	Wide XGA	1280×800;1366×768		
SXGA+	Super Extended Graphics Array	1400×1050		
SXGA		1400×1050	1470000	4:3
WSXGA	Wide Super XGA	1600×1024		
WSXGA+	Wide Super Extended Graphics Array	1680×1050		
UXGA	Ultra XGA	1600×1200	1920000	4:3
WUXGA	Wide Ultra XGA	1920×1200	2304000	16:10
WUXGA+	Wide Ultra Video Graphics Array	1920×1200		
QXGA		2048×1536	3145728	4:3
QSXGA	Quad Super XGA	2560×2048	5242880	4:3
WQSXGA	Wide Quad Super XGA	3200×2048		
QUXGA	Quad Ultra XGA	3200×2400		
GUXGA		3200×2400	7680000	4:3
QXGA	Quad XGA	2048×1536		

3G 手机用屏举例如下：

诺基亚 E63——2.4 英寸的 TFT 材质的屏幕，分辨率为 240×320 像素（QVGA）。

19

中兴 U728——2.8 英寸 TFT 的 LCD。

联想 TD900T——2.4 英寸 QVGA 屏幕。

夏普 SH0902C——FWVGA（854×480）像素，屏幕采用 3.3 英寸的超大屏幕。

3G 手机具有活动视频，因此一般采用 TFT-LCD 幕（显示速度 >30 帧/s）。STN-LCD 屏一般不采用（显示速度为 25 帧/s）。3G 手机显示屏有采用 EL 面板、液晶面板。有的采用一个屏，有的采用主、副 2 个显示屏。

部分 4G 手机的屏幕特点见表 3-3。

表 3-3　部分 4G 手机的屏幕特点

iPhone 6 S Plus	iPhone 6 S	iPhone 6 Plus	iPhone 6	iPhone SE
具备 3DTouch 技术的 Retina HD 显示屏	具备 3DTouch 技术的 Retina HD 显示屏	Retina HD 显示屏	Retina HD 显示屏	Retina 显示屏
具备新一代 Multi-Touch 技术的 5.5 英寸（对角线）LED 背光宽显示屏,采用 IPS 技术以及 Taptic Engine	具备新一代 Multi-Touch 技术的 4.7 英寸（对角线）LED 背光宽显示屏,采用 IPS 技术以及 Taptic Engine	具备 Multi-Touch 技术的 5.5 英寸（对角线）LED 背光宽显示屏,采用 IPS 技术	具备 Multi-Touch 技术的 4.7 英寸（对角线）LED 背光宽显示屏,采用 IPS 技术	具备 Multi-Touch 技术的 4 英寸（对角线）LED 背光宽显示屏,采用 IPS 技术
1920×1080 像素分辨率,401ppi	1334×750 像素分辨率,326ppi	1920×1080 像素分辨率,401ppi	1334×750 像素分辨率,326ppi	1136×640 像素分辨率,326ppi
1300:1 对比度（标准）	1400:1 对比度（标准）	1300:1 对比度（标准）	1400:1 对比度（标准）	800:1 对比度（标准）
500cd/m² 最大亮度（标准）	500cd/m² 最大亮度（标准）	500cd/m² 最大亮度（标准）	500cd/m² 最大亮度（标准）	500cd/m² 最大亮度（标准）
全 sRGB 标准	全 sRGB 标准	全 sRGB 标准	全 sRGB 标准	全 sRGB 标准
支持广阔视角的双域像素	支持广阔视角的双域像素	支持广阔视角的双域像素	支持广阔视角的双域像素	—
采用防油渍防指纹涂层	采用防油渍防指纹涂层	采用防油渍防指纹涂层	采用防油渍防指纹涂层	采用防油渍防指纹涂层
支持多种语言文字同时显示	支持多种语言文字同时显示	支持多种语言文字同时显示	支持多种语言文字同时显示	支持多种语言文字同时显示
放大显示	放大显示	放大显示	放大显示	—
便捷访问功能	便捷访问功能	便捷访问功能	便捷访问功能	—

2. 芯片与支持显示分辨率对照

手机采用的液晶屏分辨率受芯片的影响，一些芯片支持的显示器分辨率如图 3-3、图 3-4 所示。

另外，其他芯片与支持显示分辨率如下：

SC8800S——支持 QVGA 分辨率，262K 色 LCD。

SC8800H——支持 WQVGA 分辨率，262K 色 LCD。

SC8800D——支持 240×320 分辨率 LCD。

3. 手机 LCD 屏幕固定方式与手机屏幕故障

手机 LCD 屏幕固定方式如下：

1）利用有金属框架固定，即通过金属框架四个伸出脚卡在 PCB 上，实现 LCD 的固定。

2）利用导电橡胶。对于没有金属框架，直接与 PCB 的连接，可以通过导电橡胶接触实现 LCD 的固定。

3）利用排线。对于没有金属框架，直接与 PCB 的连接，可以通过排线的形式，将排线插入到 PCB 上的插座里，实现 LCD 的固定。

4）有的屏幕的连接方式是采用连接器，有的则是直接钎焊。

有的 LCD 与主板有绝缘片，维修时不要损坏，以免造成短路。手机屏幕因剧烈运动，爆裂屏幕、漏

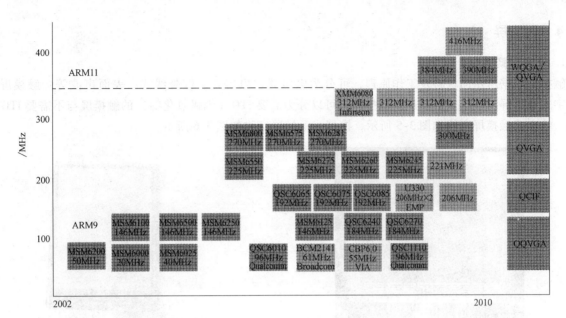

100MHz＞200～300MHz＞300MHz
ARM7(Ultra Low)＞ARM9(Mid)＞ARM11(High)
QQVGA＞QCIF＞QVGA＞WQVGA
S30＞S40/S60＞S60

图3-3　芯片与支持显示分辨率对照速查1

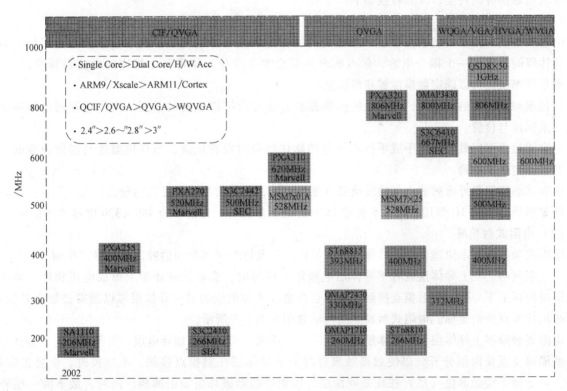

图3-4　芯片与支持显示分辨率对照速查2

液成为黑团、花屏、裂纹等现象。如果手机屏幕出现微小刮痕，可以采用以下方法解决：首先把牙膏适量挤在湿抹布上，然后用力在手机屏幕刮伤处前后左右来回轻用力涂匀，再用干净的抹布或卫生纸擦干净即可。

如果3G、4G手机屏幕破裂、损坏时，最好更换。因为，破损的玻璃或丙烯酸树脂可能导致人体接触部位损伤。

3.1.4 触摸屏

1. 触摸屏概述

触摸屏根据所用的材料及工作原理，可分为电阻式、电容式、红外线式、表面声波等。触摸屏也分为数字式触摸屏与模拟式触摸屏。触摸屏还可以分为需要 ITO（铟锡氧化物）的触摸屏与不需要 ITO 的触摸屏。数字式触摸屏实物如图 3-5 所示，模拟式触摸屏实物如图 3-6 所示。

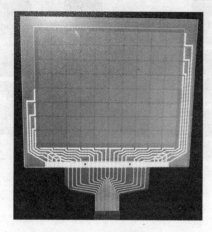

图 3-5 数字式触摸屏

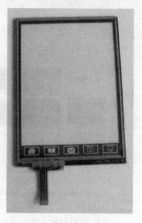

图 3-6 模拟式触摸屏

手机用触摸屏的种类以及其特点如下：

（1）电容式触摸屏

电容式触摸屏是在玻璃表面镀上一层透明的特殊薄膜金属导电物质。当手指触摸在金属层上时，手指与导体层间会形成一个耦合电容，触点的电容就会发生变化，使得与之相连的振荡器频率发生变化，通过测量频率变化可以确定触摸位置获得信息。

带按键触摸位置的应用中，把分立的传感器放置在特定按键位置的下面。当传感器的电场被干扰时系统记录触摸与位置。

电容式触摸屏用戴手套的手或手持不导电的物体触摸时没有反应、当环境温度与湿度改变时，电容屏会漂移，造成不准确。

电容式触摸屏最外面的矽土保护玻璃防刮擦性很好，但是怕指甲或硬物的敲击。

例如苹果 iPhone 3G 采用直板 3.5 英寸 1670 万色的触摸屏，分辨率为 480×320 电容式触摸屏。

（2）电阻式触摸屏

电阻式触摸屏基本原理就是上导体层、下导体层以及这两导体层间的腔。触摸屏工作时，上下导体层相当于电阻网络。当上导体层或者下导体层电极加上电压时，会在该导体层上形成电压梯度。当手触摸触摸屏时使得上下导体层在触摸点接触，此时会在电极未加电压的另一导体层可以测得接触点处的电压，即可得出接触点处的坐标。电阻式触摸屏结构示意图如图 3-7 所示。

电阻式触摸屏上导体层、下导体层采用涂有一层透明的 ITO 氧化铟导电层。上导体层、下导体层间采用一些隔离支点使两层分开，以便触摸触摸屏时上下导体层在触摸点接触，不触摸时，恢复正常状态。另外，最上面手接触部位（层）往往是硬涂层，以免手接触破坏里面的薄膜。同时，最下面一层外加玻璃或者塑料透明的硬底层用来支撑上面的结构，以免手触摸时，发生异常位移。

另外，实际上触摸屏是触摸感应膜与液晶显示器组成，而且触摸感应膜一般位于液晶显示器上面。更换触摸屏更多的是指更换触摸感应膜，如图 3-8 所示。

2. 多点触摸屏的特点与种类

多点触摸屏也就是多重触摸屏，多点触摸屏具有多信号通道（普通触摸屏那样只有唯一的信号通道），具有许多纵横交错的检测线以及许多相对独立的触控单元。触摸屏可以支持多个触摸点与控制芯片

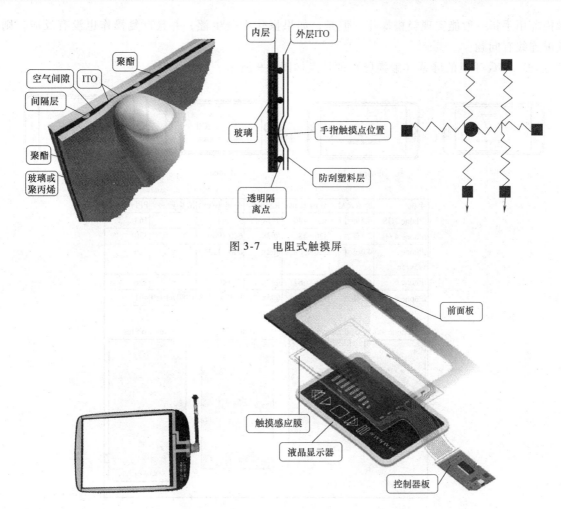

图 3-7 电阻式触摸屏

图 3-8 触摸屏是触摸感应膜与液晶显示器组成

以及应用软件有关。

多点触摸屏可以分为互电容多点触摸屏与自电容多点触摸屏，结构图见表3-4。

表 3-4 多点触摸屏

名称	结构图	名称	结构图
自电容多点触摸屏	防反光涂层、保护层、粘贴层、透明电极、玻璃基板、液晶显示层	互电容多点触摸屏	防反光涂层、保护层、粘贴层、驱动线、检测线、玻璃基板、液晶显示层

触摸屏用手指一般能实现轻松操作。但是，如果操作十分生涩，并且反复操作也没有反应，则可能是触摸屏连线有问题。

部分3G 、4G 手机的屏幕（触摸屏）的特点如图3-9 所示。

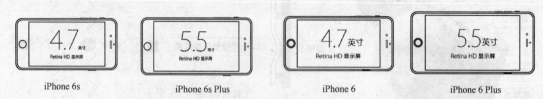

手机	屏幕尺寸	分辨率(pt)	Reader	分辨率(px)	渲染后	PPI
iPhone 3GS	3.5英寸	320×480	@1x	320×480		163
iPhone 4/4s	3.5英寸	320×480	@2x	640×960		330
iPhone 5/5s/5c	4.0英寸	320×568	@2x	640×1136		326
iPhone 6	4.7英寸	375×667	@2x	750×134		326
iPhone 6 Plus	5.5英寸	414×736	@3x	1242×2208	1080×1920	401

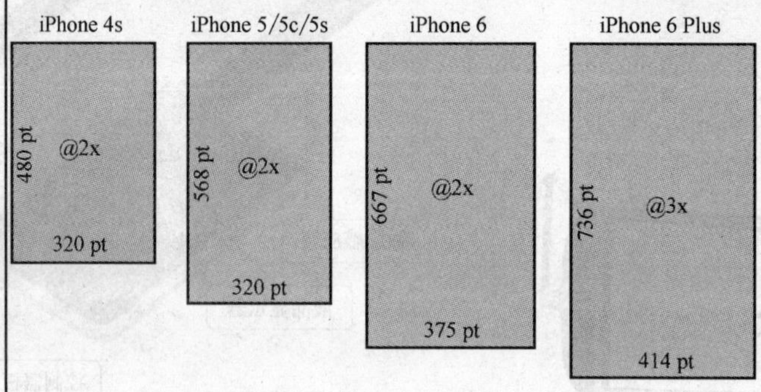

图 3-9 部分 3G、4G 手机的屏幕（触摸屏）的特点

3.1.5 手机摄像头

1. 手机摄像头的概述

摄像头种类有潜望试摄像头、超声波电动机模组摄像头（由超声波驱动实现的自动对焦功能）、光学变焦模组、定焦摄像头、闪光灯模块（具有闪光功能）、直流电动机伸缩模组（具有自动伸缩功能）、自动微距摄像头、数字式摄像头、模拟式摄像头。3G、4G 手机一般采用数字式摄像头。

模拟摄像头是将视频采集设备产生的模拟视频信号转换成数字信号，进而将其储存到主存储器中。模拟摄像头捕捉到的视频信号必须经过特定的设备将模拟信号转换成数字模式，以及加以压缩后才能够转换到主存储器上运用。然后经过主存储器编辑，以及通过显示器输出显示。

数字摄像头是直接将摄像单元与视频捕捉单元集成在一起，再通过串、并口或者 USB 接口连接到主系统上。手机上的摄像头主要是直接通过 IO（BTB、USB、MINI USB 等）与主系统连接，经过主系统的编辑后以数字信号输出到显示器上显示。

有的 3G、4G 手机摄像头没有自动对焦、没有提供补光灯，有的 3G、4G 手机摄像头具有自动对焦，以及提供补光灯等完善的摄像部件。另外，采用可录制式摄像头成了目前 3G、4G 手机摄像头的一种趋势。

手机摄像头往往分为前置摄像头、后置摄像头。后置摄像头往往是主摄像头。

2. 摄像头的工作原理与常见结构

摄像头的工作原理：景物通过镜头生成的光学图像投射到图像传感器表面上，然后转为电信号，并且经过模数转换电路转换后变为数字图像信号，再送到数字信号处理芯片（DSP）中加工处理，再通过

IO 接口传输到主处理器中，然后通过显示器显示景物。

摄像头常见结构见表 3-5。

表 3-5　摄像头常见结构

名称	解　说
镜头	摄像头的成像关键在于传感器，为扩大 CCD 的采光率必须扩大单一像素的受光面积。镜头一般在传感器的前面，传感器的采光率不是由传感器的开口面积决定的，是由镜头的表面积决定 镜头是由几片透镜组成，可以分为塑胶透镜（常用 P 表示）、玻璃透镜（常用 G 表示）。镜头也可以是塑胶透镜与玻璃透镜的组合。玻璃透镜比塑胶透镜贵，成像效果好 镜头表示识读方法，例如 1G3P 表示 1 片玻璃透镜与 3 片塑胶透镜组成的镜头
分色滤色片	分色滤色片有 RGB 原色分色法与 CMYK 补色分色法。其中，RGB 原色分色法具有几乎所有的人类眼睛可以识别的颜色都可以通过此方法来组成。CMYK 补色分色法是通过青（C）、洋红（M）、黄（Y）、黑（K）四个通道的颜色配合而成。此方法调出的颜色不如 RGB 的颜色多
感光层 （传感器）	感光层（传感器）主要是将穿过滤色层的光源转换为电子信号，以及将信号传送到影像处理芯片，以还原影像。感光层（传感器）是一种半导体芯片，其表面包含有几十万～几百万的光敏二极管。这主要是利用光敏二极管受到光照射时，产生电荷的机理 感光层（传感器）常见的类型有电荷耦合器件 CCD（Charge Couple Device）与互补金属氧化物半导体 CMOS CMOS 是 Complementary Metal Oxide Semiconductor 的缩写，中文为互补金属氧化物半导体。它是电压控制的一种放大器件，也是组成 CMOS 数字集成电路的基本单元，同时也可以组成 CMOS 传感器

摄像头模块 CCD 相机模块是采用高密度组装技术，安装了一些半导体芯片与许多无源器件到电路板上，使得摄像头不再是镜头、传感器等的分离组合，而是一高度的摄像链路模块，如图 3-10 所示。

从图 3-10 可知，摄像头模块由镜头组件、塑料外壳、红外线滤光膜、影像传感器、被动组件、印制电路板等组成。

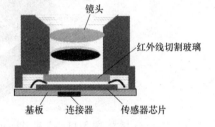

图 3-10　摄像头模块

3. iPhone 系列摄像头的特点（见表 3-6、表 3-7）

表 3-6　iPhone 系列 iSight 摄像头的特点 1

iPhone 6 S Plus	iPhone 6 S	iPhone 6 Plus	iPhone 6	iPhone SE
1200 万像素 iSight 摄像头，单个像素尺寸为 1.22μm	1200 万像素 iSight 摄像头，单个像素尺寸为 1.22μm	800 万像素 iSight 摄像头，单个像素尺寸为 1.5μm	800 万像素 iSight 摄像头，单个像素尺寸为 1.5μm	1200 万像素 iSight 摄像头，单个像素尺寸为 1.22μm
ƒ/2.2 光圈	ƒ/2.2 光圈	ƒ/2.2 光圈	ƒ/2.2 光圈	ƒ/2.2 光圈
Live Photos	Live Photos	—	—	Live Photos
光学图像防抖功能	—	光学图像防抖功能	—	—
优化的局部色调映射功能	优化的局部色调映射功能	局部色调映射功能	局部色调映射功能	优化的局部色调映射功能
优化的降噪功能	优化的降噪功能	降噪	降噪	优化的降噪功能
蓝宝石玻璃镜头表面	蓝宝石玻璃镜头表面	蓝宝石玻璃镜头表面	蓝宝石玻璃镜头表面	蓝宝石玻璃镜头表面
True Tone 闪光灯	True Tone 闪光灯	True Tone 闪光灯	True Tone 闪光灯	True Tone 闪光灯
背照式感光元件	背照式感光元件	背照式感光元件	背照式感光元件	背照式感光元件
五镜式镜头	五镜式镜头	五镜式镜头	五镜式镜头	五镜式镜头
混合红外线滤镜	混合红外线滤镜	混合红外线滤镜	混合红外线滤镜	混合红外线滤镜
Focus Pixels 自动对焦	Focus Pixels 自动对焦	Focus Pixels 自动对焦	Focus Pixels 自动对焦	Focus Pixels 自动对焦
Focus Pixels 轻点对焦	Focus Pixels 轻点对焦	轻点对焦	轻点对焦	Focus Pixels 轻点对焦
曝光控制	曝光控制	曝光控制	曝光控制	曝光控制
自动 HDR 照片	自动 HDR 照片	自动 HDR 照片	自动 HDR 照片	自动 HDR 照片

25

表 3-7　iPhone 系列 FaceTime 摄像头的特点 2

iPhone 6 [S] Plus	iPhone 6 [S]	iPhone 6 Plus	iPhone 6	iPhone [SE]
500 万像素照片	500 万像素照片	120 万像素照片	120 万像素照片	120 万像素照片
f/2.2 光圈	f/2.2 光圈	f/2.2 光圈	f/2.2 光圈	f/2.4 光圈
Retina 闪光灯	Retina 闪光灯	—	—	Retina 闪光灯
720p HD 视频拍摄	720p HD 视频拍摄	720p HD 视频拍摄	720p HD 视频拍摄	720p HD 视频拍摄
自动 HDR 照片和视频	自动 HDR 照片和视频	自动 HDR 照片和视频	自动 HDR 照片和视频	自动 HDR 照片
背照式感光元件	背照式感光元件	背照式感光元件	背照式感光元件	背照式感光元件
面部识别功能	面部识别功能	面部识别功能	面部识别功能	面部识别功能
连拍快照模式	连拍快照模式	连拍快照模式	连拍快照模式	连拍快照模式
曝光控制	曝光控制	曝光控制	曝光控制	曝光控制
计时模式	计时模式	计时模式	计时模式	计时模式

苹果 iPhone6s 全新的 1200 万像素 iSight 摄像头模组的外形特点如图 3-11 所示。

图 3-11　苹果 iPhone6s 全新的 1200 万像素 iSight 摄像头模组的外形特点

3.1.6　电话卡

1. SIM 卡的特点

SIM 卡是一张带有微处理器的芯片卡、用户识别卡，内部有 5 个模块组成：CPU、程序存储器 ROM、工作存储器 RAM、数据存储器 EEPROM、串行通信单元。SIM 卡能够储存多少电话号码取决于卡的 EEPROM 的容量。

SIM 卡有大小之分，大卡尺寸 54mm×84mm，小卡尺寸为 25mm×15mm。目前，基本上采用小卡。

SIM 卡密码特点见表 3-8。

表 3-8　SIM 卡密码

名称	解　说
PIN 码（个人识别码）	个人识别码属于 SIM 卡的密码，其码长 4 位，由用户自己设定。个人识别码初始状态是不激活的。启动该功能后，用户每次重新开机，通信系统就要与手机之间会进行自动鉴别，以判断 SIM 卡的合法性
PIN2 码	PIN2 码属于 SIM 卡的密码，其与手机上的计费与 SIM 卡内部资料的修改有关
PUK 码	UK 码是解 PIN 码的万能锁，每张 SIM 卡有各自对应的 PUK 码，长 8 位

SIM 卡与手机连接时，端口接头有：电源（Vcc）、时钟（CLK）、数据 I/O 端口（Data）、复位（RST）、接地端（GND）。

SIM 卡在日常使用中不要将卡弯曲，不要用手去触摸卡上的金属芯片、避免沾染尘埃及化学物品、不要将 SIM 卡置于超过 85℃ 或低于 −35℃ 的环境中。

不同厂家 SIM 卡存储容量见表 3-9。

表 3-9　不同厂家 SIM 卡存储容量

厂家	型号	中央处理器/位	ROM/ kbit	RAM/ kbit	EEPROM/ kbit
Thomson	ST16612	8	6	128	2
Thomson	ST16	8	16	256	8
摩托罗拉	SC21	8	6	128	3
摩托罗拉	Sc27	8	12	240	3
摩托罗拉	Sc28	8	16	240	8
日立	H8	8	10	256	8
日立	3101	16	10	256	8

iPhone 系列手机 SIM 卡的特点见表 3-10。

表 3-10　iPhone 系列手机 SIM 卡的特点

iPhone 6 S Plus	iPhone 6 S	iPhone 6 Plus	iPhone 6	iPhone SE
Nano-SIM 卡	Nano-SIM 卡	Nano-SIM 卡	Nano-SIM 卡	Nano-SIM 卡
iPhone 6s Plus 不兼容现有的 micro-SIM 卡	iPhone 6s 不兼容现有的 micro-SIM 卡	iPhone 6 Plus 不兼容现有的 micro-SIM 卡	iPhone 6 不兼容现有的 micro-SIM 卡	iPhone SE 不兼容现有的 micro-SIM 卡

2. USIM 卡的特点

USIM 卡是手机卡的一种，2G 手机使用的手机卡称为 SIM 卡、UIM 卡（CDMA 网用）。3G、4G 用户使用的手机卡称为 USIM 卡。但是，有时也笼统称为 SIM 卡。

USIM 卡即全球用户身份模块，它是 3G 用户服务识别模块，具体包括 WCDMA 卡、CDMA2000 卡、TD-SCDMA 卡。USIM 卡具有个人身份识别模块，其内部具有一套或多套信息，包括信息有国际移动用户标识、移动用户 ISDN 号码、密钥、短消息、多媒体消息业务 MMS 等。USIM 卡比 SIM 卡数据传输速度更快、安全性更高、存储容量更大、鉴权机制采用双向鉴权，并且可支持大容量的视频、音频、戏戏下载等。另外，目前，USIM 必须具备从 2G 平滑过渡到 3G 的能力，也就是 USIM 能自如的在 GSM 与 UMTS 网络中实现自动漫游。为此，USIM 卡分为复合 USIM 卡与纯 USIM 卡。USIM 卡实物如图 3-12 所示。USIM 卡内部电路如图 3-13 所示。

图 3-12　USIM 卡实物

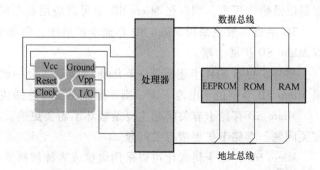

图 3-13　USIM 卡内部电路

USIM 卡容量一般为 128K，可以存储 500 个电话号码，比 SIM 卡存储电话号码的数量要多些。

UICC 卡就是通用集成电路卡，SIM 卡与 USIM 卡均是 UICC 卡的具体应用。另外，USIM 卡与魔卡有区别。魔卡是指一卡双号的卡、一卡多号的卡。

3. SIM 卡座与 USIM 卡座

SIM 卡座又时也叫作 SIM 卡连接器。SIM 卡座是卡连接器的一种。卡连接器包 SIM 卡连接器、Tf 连接器。

SIM 卡座是提供与 SIM 卡通信的接口。SIM 卡座一般是通过其上的弹簧片加强与 SIM 卡的接触，从而保证 SIM 卡的接口端的充分接触。SIM 卡的接口端一般具有 SIM CLK 卡时钟端、SIM DATA 卡数据端、

SIM VCC 卡供电端、SIM RST 卡复位端、SIM GND 卡接地端。

SIM 标准卡座一般是 6 脚端，也有 8 脚端翻盖式卡座、自弹式 SIM 卡座、带卡扣 SIM 卡座。

SIM 标准卡座一般是焊接在 PCB 上。

有的 TDD 3G 手机采用双卡槽设计，可插入一张 GSM 网络的 SIM 卡，与另一张 3G 网络的 USIM 卡（TD 卡、WCDMA 卡、CDMA2000 卡），实现了双模双待，如图 3-14 所示。

3G 手机也可以通过手机进行双卡设定：主卡的设定。采用双卡同时在网，一般比单卡费电。

另外，STK 是用户识别应用发展工具，STK 卡是一种在 SIM 卡基础上附加增值业务的智能卡。STK 卡与 SIM 卡一样，可以在普通 GSM 手机上使用，只是 STK 卡容量为 32K。

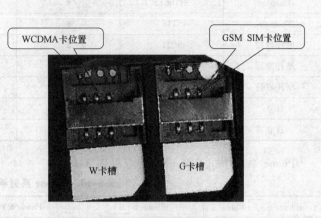

图 3-14 3G 双卡座

SIM 卡座与 USIM 座卡引脚定义见表 3-11。

表 3-11 SIM 卡座与 USIM 座卡引脚定义

触点编号	分配功能	触点编号	分配功能
1	电源电压	5	接地
2	复位	6	编程电压
3	时钟	7	输入/输出
4	保留，未使用	8	保留，未使用

4. Micro SD 存储卡与其扩展槽的特点

Micro SD 卡原名为 Trans-flash Card，2004 年年底正式更名 Micro SD 卡，其又叫作 TF 卡。有的 3G、4G 双手机采用双 TF 卡。

Micro SD 卡是一种快闪存储器卡，能够扩大手机的存储空间，例如储存数字照片、MP3、游戏等个人数据。Micro SD 卡可以通过卡在 Micro SD 存储卡扩展槽里实现在手机上的安装。Micro SD 卡具有不同的容量以及生产厂家。同一张 Micro SD 卡可以应用在不同型号的手机内，其通用性强。

3G 手机一般也采用 Micro SD 存储卡扩展槽，例如联想的 TD-SCDMA 手机 TD900。部分 3G 手机采用双 Micro SD 扩展卡槽。

另外，也有 SIM 卡连接器 + T-flash 连接器二合一的扩展槽。有的 Micro SD 卡插口，支持热拔插。如果 Micro SD 卡槽位于电池下面，则一般是不支持热插拔的 3G 手机。

Micro SD 存储卡有关问题主要是损坏了需要更换。格式化问题，有的可以通过软件修复。或者读卡器有关问题、存储卡扩展槽有关问题。

Micro SD 存储卡格式化可以采用电脑或者能够格式化的手机来格式化。

3.1.7 手机外壳与按键

1. 手机外壳的特点

手机外壳就是针对不同型号手机的外壳。手机外壳是手机的支承骨架，为电子元器件定位及固定以及承载其他所有非壳体零部件的限位。手机壳体一般采用工程塑料注塑成型。壳体常用材料有 ABS、PC + ABS、PC 等。

手机外壳一般是由上、下壳组成，上、下外形尺寸大小往往不一致，其中，有底刮（底壳大于面壳）与面刮（面壳大于底壳）。一般要求，底刮 < 0.1mm，面刮 < 0.15mm。无法保证零段差时，手机外壳一般采用面壳大于底壳。

外壳有磨砂外壳、塑料外壳，一些外壳也加入少量的装饰用金属材质的外壳。

iPhone 系列手机外壳如图 3-15 所示。

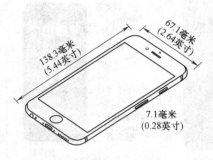
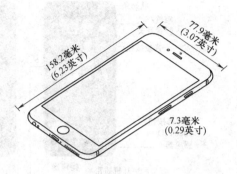

银色、金色、深空灰色、玫瑰金色　　　　iPhone 6s　　　　　　　　iPhone 6s Plus

图 3-15　iPhone 系列手机外壳

2. 手机键盘与按键

键盘一般采用连体的，有的添加了不锈钢金属框架，以保持具有一定的手感。键盘有键盘盘膜、按键等组成。

手机按键有不锈钢手机按键、钛金属按键、硅胶按键等。有的手机按键配件就是针对不同型号手机而称呼按键名称的。手机硅胶按键表面上的字符一般丝印或者喷涂、镭雕、电镀等方法实现的。不锈钢手机按键实际外形如图 3-16 所示。

按键宽大的键面可以避免误操作的作用。在手机按键代换时，需要采用符合原手机的按键代换即可。

按键可以采用电压法检测，即检测圈内、圈外电压是否正常来判断。也可以检测阻值来判断。

金属弹片导电膜英文为 Metal dome array，它是一块包含金属弹片（金属弹片也叫作锅仔片）的薄片、利用锅仔片的稳定的回弹力，可以用在 PCB 或 FPC 等线路板上作为开关使用，在使用者与手机间起到一个重要的触感型开关的作用。与传统的硅胶按键相比，导电膜将具有更好的手感等特点。

机身侧键具体的机身侧键因不同的机型有差异。常见的机身侧键有拍照快门、锁定键、Reset 键、菜单键、音量调节键。维修拆卸时，需要注意机身侧键。机身侧键实际外形如图 3-17 所示。

图 3-16　不锈钢手机按键

电源键

图 3-17　机身侧键

iPhone 系列手机外壳如图 3-18 所示。

iPhone 系列手机带有 Touch ID 的 Home 按键如图 3-19 所示。

3.1.8　手机电池

1. 手机电池的种类与特点

目前是 3G 手机一般采用锂离子电池，具体采用电池容量、充电电压、标称电压等因机型不同有差

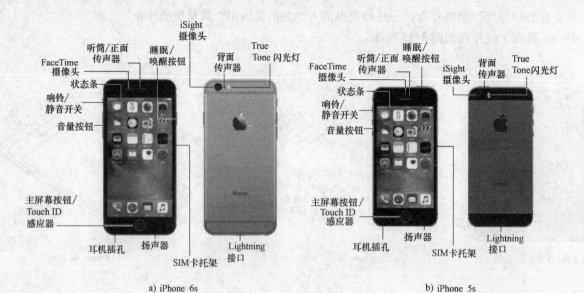

a) iPhone 6s　　　　　　　　　　　b) iPhone 5s

图 3-18　iPhone 系列手机外壳

30

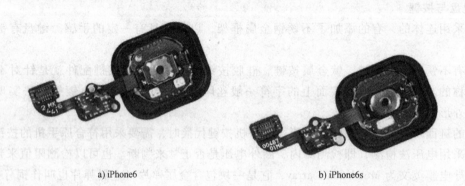

a) iPhone6　　　　　　　　　　　　b) iPhone6s

图 3-19　iPhone 系列手机带有 Touch ID 的 Home 按键

异。不过，目前的双模 3G 手机基本上与 2G 手机电池差不多，安装方式与外型也没有根本变化。采用的电池有 1300mAh 容量的电池、1100mAh 容量的电池、1500mAh 容量的电池。1100mAh 的锂离子电池实物如图 3-20 所示。

有些 3G 手机后备电池也采用纽扣电池，如图 3-21 所示。

图 3-20　1100mAh 容量的锂离子电池

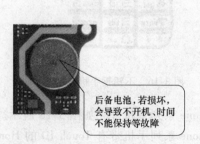

后备电池，若损坏，会导致不开机、时间不能保持等故障

图 3-21　后备电池

4G 手机的电池的应用图例，如图 3-22 所示。

iPhone 系列电源电池的特点见表 3-12。

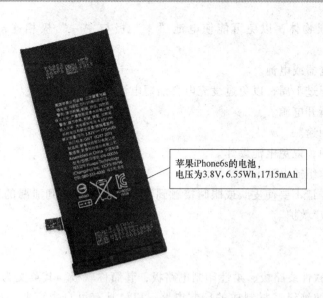

苹果iPhone6s的电池，
电压为3.8V,6.55Wh,1715mAh

图 3-22　4G 手机的电池的应用图例

表 3-12　iPhone 系列电源电池的特点

iPhone 6 S Plus	iPhone 6 S	iPhone 6 Plus	iPhone 6	iPhone SE
内置锂离子充电电池	内置锂离子充电电池	内置锂离子充电电池	内置锂离子充电电池	内置锂离子充电电池
通过电脑的 USB 端口或电源适配器充电	通过电脑的 USB 端口或电源适配器充电	通过电脑的 USB 端口或电源适配器充电	通过电脑的 USB 端口或电源适配器充电	通过电脑的 USB 端口或电源适配器充电
通话时间 使用 3G 网络时最长可达 24 小时	通话时间 使用 3G 网络时最长可达 14 小时	通话时间 使用 3G 网络时最长可达 24 小时	通话时间 使用 3G 网络时最长可达 14 小时	通话时间 使用 3G 网络时最长可达 14 小时
待机时间 最长可达 16 天	待机时间 最长可达 10 天	待机时间 最长可达 16 天	待机时间 最长可达 10 天	待机时间 最长可达 10 天
互联网使用 使用 3G 网络时最长可达 12 小时,使用 4G LTE 网络时最长可达 12 小时,使用无线网络时最长可达 12 小时	互联网使用 使用 3G 网络时最长可达 10 小时,使用 4G LTE 网络时最长可达 10 小时,使用无线网络时最长可达 11 小时	互联网使用 使用 3G 网络时最长可达 12 小时,使用 4G LTE 网络时最长可达 12 小时,使用无线网络时最长可达 12 小时	互联网使用 使用 3G 网络时最长可达 10 小时,使用 4G LTE 网络时最长可达 10 小时,使用无线网络时最长可达 11 小时	互联网使用 使用 3G 网络时最长可达 12 小时,使用 4G LTE 网络时最长可达 13 小时,使用无线网络时最长可达 13 小时
HD 视频播放 最长可达 14 小时	HD 视频播放 最长可达 11 小时	视频播放 最长可达 14 小时	视频播放 最长可达 11 小时	视频播放 最长可达 13 小时
音频播放 最长可达 80 小时	音频播放 最长可达 50 小时	音频播放 最长可达 80 小时	音频播放 最长可达 50 小时	音频播放 最长可达 50 小时

2. 手机电池板的真伪判断方法（见表 3-13）

表 3-13　手机电池板的真伪判断方法

方法	解　说
看标识	正规的手机电池板上的标识印刷清晰,伪劣产品手机电池板上的标识模糊。真电池板的电极极性符号 + 、- 直接做在金属触片上,伪劣产品的做在塑料外壳上面或者没有该标志
看工艺	正规的电池板熔焊好,前后盖不可分离,没有明显的裂痕。伪劣产品的电池板一般手工制作,胶水粘合
看安全性能	正规的手机电池板一般装有温控开关,进行保护。伪劣电池板,均无此装置,安全性差

3. 电池使用的注意事项

1）不要将电池放到温度非常低或者非常高的地方。

2）要防止电池接触金属物体，以免可能使电池"＋"极与"－"极相连，致使电池暂时或永久损坏。

3）不要使用损坏的充电器或电池。

4）电池连续充电不要超过1周，以免过度充电会缩短电池寿命。

5）充电器不用时，要断开电源。

6）电池只能用于预定用途。

7）不要将电池掷入火中，以免电池爆炸。

8）不要拆解或分离电池组或电池。

9）如果发生电池泄漏，请不要使皮肤或眼睛接触到液体。如果接触到泄漏的液体，请立即用清水冲洗皮肤或眼睛，并且寻求医疗救护。

3.1.9 挠性线路板

FPC又称挠性线路板、软性线路板、柔性印制电路板，其简称软板。其英文为Flexible Printed Circuit，简称FPC。FPC是利用柔性的绝缘基材制成的印制电路。FPC具有可自由弯曲、可自由折叠、可自由卷绕、可依空间布局任意安排、可在三维空间任意移动与伸缩、易于装连、良好的散热性、良好的可焊性等特点。

FPC配线具有密度高、重量轻、厚度薄、可缩小电子产品的重量、可缩小电子产品的体积等特点。

FPC一般采用的基材以聚酰亚胺（Polyimide，Pi）覆铜板为主。该类基材具有尺寸稳定性好、耐热性高、良好电气绝缘性能、具有一定的机械保护。FPC常由绝缘基材、铜箔、覆盖层、增强板等组成。

FPC常见基材结构见表3-14。

表3-14 FPC常见基材结构

名称	图例	名称	图例
单面Pi敷铜板	 Cu 12～70μm AD 15～30μm PI 12.5～75μm	双面Pi敷铜板	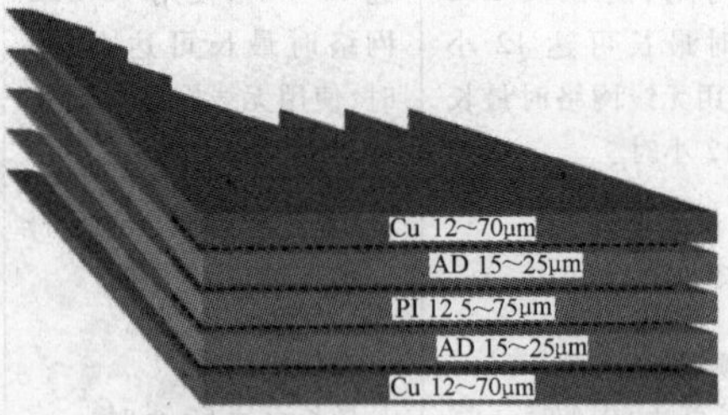 Cu 12～70μm AD 15～25μm PI 12.5～75μm AD 15～25μm Cu 12～70μm
无胶Pi敷铜板	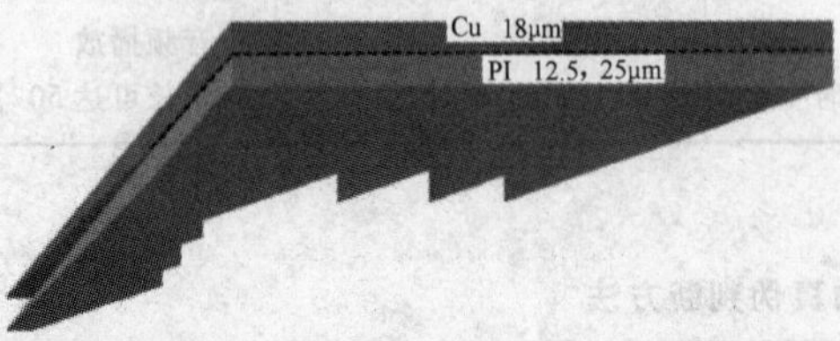 Cu 18μm PI 12.5, 25μm		

FPC的分类有多种，有单面板、双面板、镂空板、多层板、软硬结合板；底铜厚度有9μm、12μm、18μm、35μm、70μm等；压延铜FPC、电解铜箔FPC；环氧树脂胶FPC（环氧树脂胶也就是通常所说的AB胶或AD胶）、压克力胶系FPC；绝缘基材：聚酰亚胺薄膜FPC、聚酯（Polyester，PET）薄膜FPC、聚四氟乙烯（Ployterafluoroethylene，PTFE）薄膜FPC；聚酯增强板FPC、聚酰亚胺薄片增强板FPC、环氧玻纤布板增强板FPC、酚醛纸质板增强板FPC、钢板增强板FPC、铝板增强板FPC等。

一般FPC的结构图示见表3-15。

表 3-15 一般 FPC 的结构

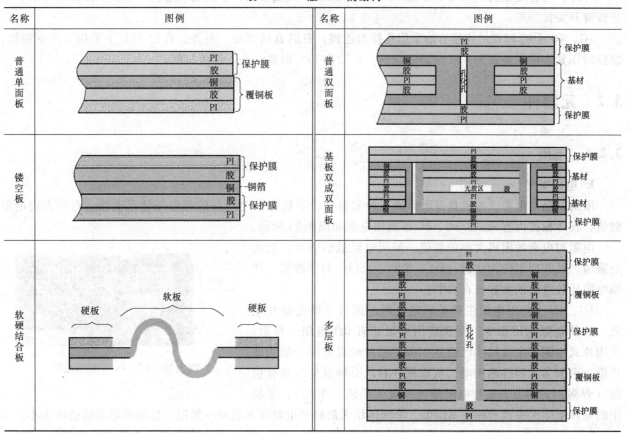

手机 FPC 的特点见表 3-16。

表 3-16 手机 FPC 的特点

名称	图 例
手机内置天线 FPC	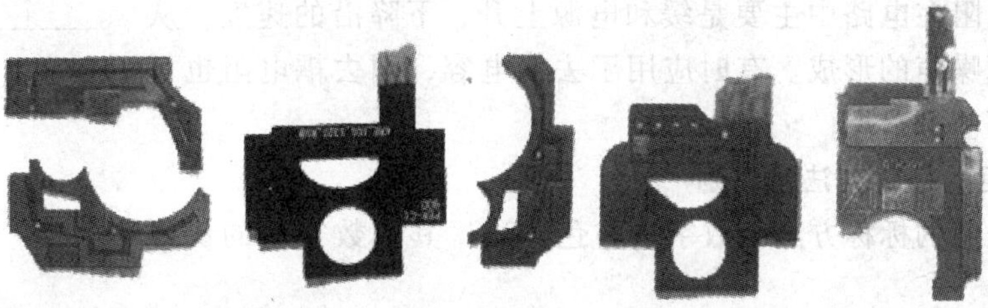
手机排线 FPC	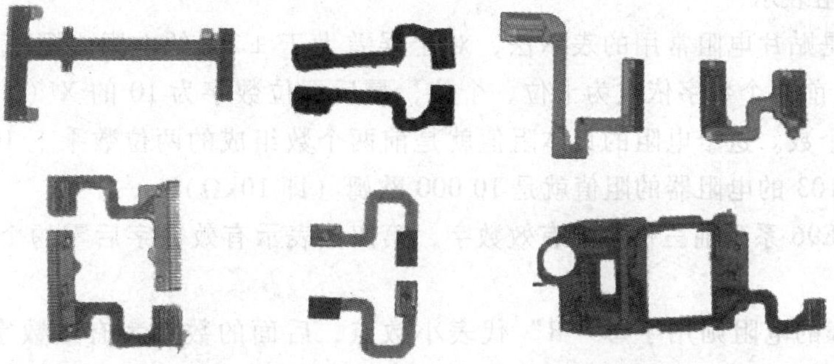
手机卡板 FPC	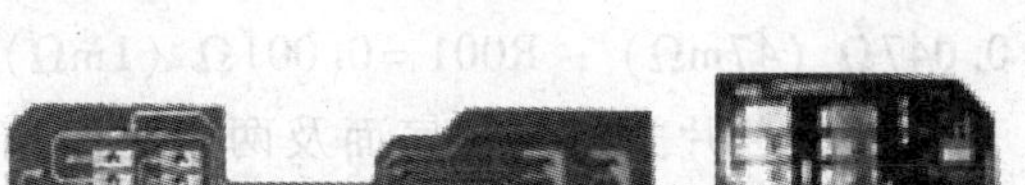

另外，还有液晶模块 FPC、触摸屏 FPC、手机双卡凸点 FPC、手机双卡通 FPC、手机摄像头排线、蓝牙按键开关排线等。

3G、4G 手机 FPC 的连接有的采用连接器连接，有的直接焊接。另外，有的 FPC 上采用了压制泡棉，维修时压紧泡棉不要丢失，以免 FPC 脱落。在拉出 FPC 时要小心，以免拉断。

3.2 元器件

3.2.1 电阻

1. 电阻概述

电阻就是对电荷、电流具有阻碍的一种元器件。手机中的电阻一般是指一种元器件，有时也指电阻数值，具体根据内容来定。3G、4G 手机用电阻如图 3-23 所示。

电阻对电荷的阻碍大小的数值一般用电阻数值表示，简称电阻值，其常用单位为欧姆（Ω）、千欧（kΩ）。对于维修、代换电阻比较重要的参数还有功率。

3G、4G 手机用电阻主要是固定电阻，而且主要是贴片电阻，插件电阻应用很少。手机应用电阻还有 0Ω 电阻、排阻。采用片式电阻，主流尺寸已经是 0402。贴片电阻外形一般为薄片形，引脚为元器件的两端。从在板件看，引脚就是两端有白色（焊锡）的地方。贴片电阻颜色一般为黑色（中间），手机

图 3-23   3G、4G 手机用电阻

中的贴片电阻大多没有标注其阻值，个别体积大的贴片电阻在其表面一般用三位数表示其阻值的大小。

3G、4G 手机用排阻内部电路结构形式具有多样性。3G、4G 手机用电阻常见故障为阻值变化、脱焊、温度特性变差、开路等现象。

去除电源与用电单元间的交流耦合就是去耦。起去耦作用的电阻就是去耦电阻，如图 3-24 所示。

去耦电阻在电路中主要是缓和电源上升、下降沿的速度，从而抑制高频噪声的形成。有时应用了去耦电容，则去耦电阻也可以不再采用。

图 3-24   去耦电阻

2. 电阻的标称方法与识别

贴片电阻的标称方法有数字法与色环法，其中数字法的识别方法如下：

（1）电阻表示

数字法是贴片电阻常用的表示法，对于误差大于 ±2% 的电阻，阻值用三位数字表示（例如 E24 系列），其中，前两个数字依次为十位、个位，最后那位数字为 10 的 X（X 等于最后那位数字）次方，也就是加零的个数。这个电阻的具体阻值就是前两个数组成的两位数乘上 10 的 X 次方，单位一般为欧姆。例如，标有 103 的电阻器的阻值就是 10 000 欧姆（即 10kΩ）。

四位数 E96 系列前三位表示有效数字，第四位表示有效数字后零的个数，例如 1003 = 100K（E96 系列）。

小于 1Ω 的电阻则用字母 "R" 代表小数点，后面的数字为有效数字。例如：R10 = 0.10Ω。另外，标称阻值精确到 mΩ 以上时，R 表示小数点，单位为 Ω；标称阻值精确到 mΩ 以下时，M 表示小数点，单位为 mΩ。例如：R047 = 0.047Ω（47mΩ）；R001 = 0.001Ω（1mΩ）；M500 = 0.50mΩ；2M50 = 2.50mΩ。

贴片高精密电阻，一般是黑色片式封装，底面及两边为白色，在上表面标出代码。有的代码由两位数字 + 一位字母组成，即 DD + M，其中前两位数字是代表有效数值的代码，后一位字母是有效数值后应乘的数，基本单位为欧（Ω）。数字代码的数值对照见表 3-17。

表3-17　数字代码的数值对照

代码	数值	代码	数值	代码	数值	代码	数值
01	100	25	178	49	316	73	562
02	102	26	182	50	324	74	576
03	105	27	187	51	332	75	590
04	107	28	191	52	340	76	604
05	110	29	196	53	348	77	619
06	113	30	200	54	357	78	634
07	115	31	205	55	365	79	649
08	118	32	210	56	374	80	665
09	121	33	215	57	383	81	681
10	124	34	221	58	392	82	698
11	127	35	226	59	402	83	715
12	130	36	232	60	412	84	732
13	133	37	237	61	422	85	750
14	137	38	243	62	432	86	768
15	140	39	249	63	442	87	787
16	143	40	255	64	453	88	806
17	147	41	261	65	464	89	825
18	150	42	267	66	475	90	845
19	154	43	274	67	487	91	866
20	158	44	280	68	499	92	887
21	162	45	287	69	511	93	909
22	165	46	294	70	523	94	931
23	169	47	301	71	536	95	953
24	174	48	309	72	549	96	976

字母表示乘数对照见表3-18。

表3-18　字母表示乘数对照

字母代码	A	B	C	D	E	F	G	H	X	Y	Z
应乘的数	10^0	10^1	10^2	10^3	10^4	10^5	10^6	10^7	10^{-1}	10^{-2}	10^{-3}

举例：例如 63B 就为 $442 \times 10^1 = 4420\Omega = 4.42k\Omega$。

（2）误差表示

贴片电阻的误差一般用单独的字母表示，具体对照见表3-19。

表3-19　贴片电阻的误差字母对照

字母	C	D	F	G	J	K	M
误差(%)	±25	±0.5	±1	±2	±5	±10	±20

（3）功率表示

贴片电阻的功率一般用三位数字表示，读作 XXW 。例如：005 表示为5W。

特殊结构的贴片排阻其封装外壳一般具有引脚识别标志，因此，在不明白贴片排阻引脚特征时，仔细看看其"外表"会有一些收获的，如图3-25所示。

3. 电阻的检测

（1）万用表检测电阻

首先把万用表调到相应电阻档，然后两表笔接触贴片电阻的两端头，然后根据万用表读数与其用档位就可以检测出贴片电阻。一般电阻值为无穷大，说明采用的档位不正确或者所检测的贴片电阻开路、断路。如果电阻值为0，说明所测的电阻短路。

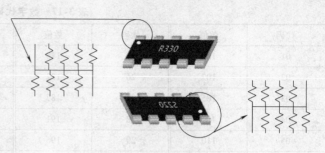

图 3-25　贴片排阻封装上的标志

（2）加电流巧检贴片电阻

加电流巧检贴片电阻就是首先构筑简单电路，再利用欧姆定律来计算出贴片电阻：$R = U/I$。具体方法是，首先给贴片电阻组成一个简单的电路，通过给该电路通电，然后检测出流过贴片电阻的电流以及贴片电阻两端的电压，再利用 $R = U/I$ 计算出电阻。

3.2.2　电容

1. 电容概述

电容是一种基本的电子元器件，其种类、外形具有多种形式，它的基本特点就是能够储存电荷，基本工作原理就是充电放电。电容的特点：通交流、隔直流。

电容的部分参数见表 3-20。

表 3-20　电容的部分参数

名称	解　说
标称容量	标称容量是指在电容上标注的容量
允许偏差	电容的实际容量与标称容量之间的允许最大偏差范围，即电容误差。用字母表示允许偏差：D 级—±0.5%；F 级—±1%；G 级—±2%；J 级—±5%；K 级—±10%；M 级—±20%。有的直接标出
额定电压	额定电压指电容在规定温度范围内，能够正常工作所能够承受的最大电压，该电压就是额定电压、电容耐压值。超过额定电压一般会使电容损坏
绝缘耐压	绝缘耐压指电容绝缘物质最大的耐压。绝缘耐压一般是额定工作电压的 1.5 ~ 2 倍
漏电流	电容的介质材料不是绝对的绝缘，在一定的条件下也会具有漏电流的产生。一般电解电容的漏电流比其他类型的电容大一些
绝缘电阻	电容介质存在电阻、两电极间外的绝缘物质存在电阻，绝缘电阻就是电容两电极间的综合电阻的描述
温度范围	电容存储、应用时允许的工作温度范围
温度系数	温度的变化，则电容容量所受到的影响，即温度每变化 1℃，电容器容量变化的相对值
介电耗损	介电耗损与两极板面积、距离、容量有关
频率特性	电容对不同频率所表现的特性。低频电路，一般选择大容量的电解电容等；高频电路，一般选择小容量的云母电容、瓷介电容等
耗损	交流信号通过电容一般会存在一定的损耗，一般用损耗角 tanδ 表示，tanδ 越大，则电容的耗损越大。tanδ = 损耗功率/无功功率
冲击电压	一般以电容本身额定电压的 1.3 倍电压加压，需工作正常无异常状态的电压

电容可以分为插件电容、贴片电容；云母电容、瓷介电容等。3G、4G 手机用电容主要是贴片电容。

3G、4G 手机用电容的特点如下：

1）尺寸——大容量贴片电容采用 0603 或 0805 尺寸。

2）颜色——一般为黄色、淡蓝色，个别电解贴片电容为红色。

3）容量标注——贴片电容有的有标注，有的有两个字符表示。

4）极性标注——有的贴片电解电容，其一端有一较窄的暗条，表示该端为正极端。

5）识读——两个字符标注：一般第一个字符是英文字母，代表有效数字；第二个字符是数字，代表10的指数。电容单位为 pF。

6）电容常见故障——击穿、漏电、容量变化、断路、脱焊等现象。

2. 电容的识别

（1）数字法表示法的识别

数字法表示的贴片电容识别方法与贴片电阻一样，只是单位符号为 pF（1000000pF = 1μF）。容量标称方法与数字法表示的电阻一样，只是有的电容会用一个"n"表示，"n"的意思是1000，并且"n"所处位置与容量值有关系，例如，标称 10n 的电容的容量就是 10000pF、标称为 4n7 的电容的容量就是 4.7nF。电容的耐压值，有的在电容上标了出来的，少数的贴片电容没有标出来。但是，可以通过所在电路来估计得到。

（2）识别贴片电容的颜色

贴片铝电解电容标志外壳深颜色带是负电极标注，而矩形钽电容外壳深颜色带是正电极标注。贴片圆柱形钽电容色标含义见表3-21。

表 3-21　贴片圆柱形钽电容色标含义

本体涂色	1环	2环	3环	4环	标称容量/μF	额定电压/V
粉红色、橙色	茶色	黑色	黄色	粉红色	0.1	35
	茶色	绿色			0.15	35
	红色	红色			0.22	35
	橘红色	橘红色			0.33	35
	黄色	紫色			0.47	35
	蓝色	灰色			0.68	35
	茶色	黑色	绿色	绿色	1	10
	茶色	绿色		绿色	1.5	10
	红色	红色		绿色	2.2	10
	橘红色	橘红色		黄色	3.3	6.3
	黄色	紫色		黄色	4.7	6.3

（3）贴片电容字母 + 数字法表示的识别（见表3-22）。

表 3-22　KEMET 公司的字母 + 数字法表示的贴片电容识别

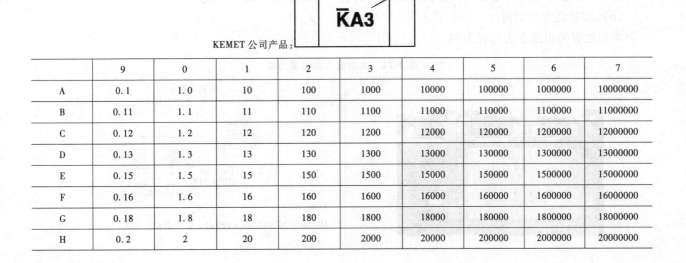

KEMET 公司产品：

	9	0	1	2	3	4	5	6	7
A	0.1	1.0	10	100	1000	10000	100000	1000000	10000000
B	0.11	1.1	11	110	1100	11000	110000	1100000	11000000
C	0.12	1.2	12	120	1200	12000	120000	1200000	12000000
D	0.13	1.3	13	130	1300	13000	130000	1300000	13000000
E	0.15	1.5	15	150	1500	15000	150000	1500000	15000000
F	0.16	1.6	16	160	1600	16000	160000	1600000	16000000
G	0.18	1.8	18	180	1800	18000	180000	1800000	18000000
H	0.2	2	20	200	2000	20000	200000	2000000	20000000

（续）

	9	0	1	2	3	4	5	6	7
J	0.22	2.2	22	220	2200	22000	220000	2200000	22000000
K	0.24	2.4	24	240	2400	24000	240000	2400000	24000000
L	0.27	2.7	27	270	2700	27000	270000	2700000	27000000
M	0.3	3	30	300	3000	30000	300000	3000000	30000000
N	0.33	3.3	33	330	3300	33000	330000	3300000	33000000
P	0.36	3.6	36	360	3600	36000	360000	3600000	36000000
Q	0.39	3.9	39	390	3900	39000	390000	3900000	39000000
R	0.43	4.3	43	430	4300	43000	430000	4300000	43000000
S	0.47	4.7	47	470	4700	47000	470000	4700000	47000000
T	0.51	5.1	51	510	5100	51000	510000	5100000	51000000
U	0.56	5.6	56	560	5600	56000	560000	5600000	56000000
V	0.62	6.2	62	620	6200	62000	620000	6200000	62000000
W	0.68	6.8	68	680	6800	68000	680000	6800000	68000000
X	0.75	7.5	75	750	7500	75000	750000	7500000	75000000
Z	0.91	9.1	91	910	9100	91000	910000	9100000	91000000

另外，还有 a、b、d、e、f、m、n、t、Y 等表示的，表示规律与上面的倍率关系一样，只是表示的代数不同：a—25、b—35、d—40、e—45、f—50、m—60、n—70、t—80、Y—90。

有时 K 省略了，只有一个字母与一个数字表示。

（4）贴片电容字母 + 三位数字法表示的识别

贴片电容还有一种表示法：一个字母 + 三位数字组成。其中字母对应一定的额定电压（见表 3-23），数字前两数位表示有效数，第 3 位表示 10 的倍率。

表 3-23　字母与额定电压对应

字母	额定电压/V	字母	额定电压/V	字母	额定电压/V
e	2.5	A	10	D	20
G	4	H	50	E	25
J	6.3	C	16	V	35

（5）有极性的贴片电容正极、负极的识别

多数没有标识的贴片电容，据统计，故障率较小，而且一般属于无极性电容。有极性的贴片电容包括一些电解电容、贴片钽电容、铝贴片电容等。

电解电容在有较窄的暗条的一端，表示该端为其正极。贴片钽电容有标记的一端是一般为正极，另外一端则为负极。铝贴片电容（圆形银白色）有黑色一道的那边一般为负极。

（6）实物电容的识别

实物电容的识读方法见表 3-24。

表 3-24　实物电容的识读方法

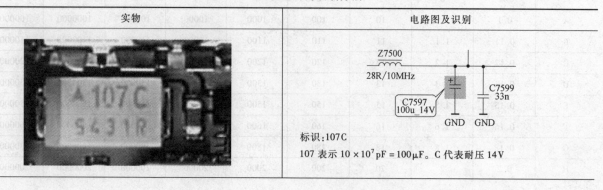

实物	电路图及识别

标识：107C

107 表示 10×10^7 pF = 100μF。C 代表耐压 14V

（续）

实物	电路图及识别
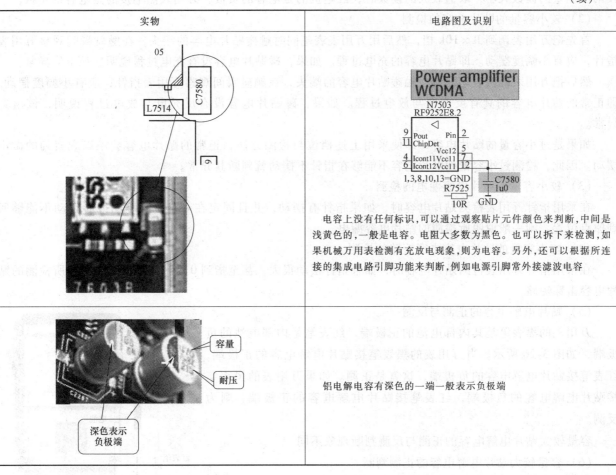	**Power amplifier WCDMA** N7503 RF9252E8.2 9 Pout　Pin 2 11 ChipDet 　　　Vcc12 5 4 Icont11 Vcc11 7 6 Icont12 Vcc11 12 1,3,8,10,13=GND R7525 C7580 1u0 10R　GND 电容上没有任何标识，可以通过观察贴片元件颜色来判断，中间是浅黄色的，一般是电容。电阻大多数为黑色。也可以拆下来检测，如果机械万用表检测有充放电现象，则为电容。另外，还可以根据所连接的集成电路引脚功能来判断，例如电源引脚常外接滤波电容
容量 耐压 深色表示负极端	铝电解电容有深色的一端一般表示负极端

（7）电容的功能的识别（见表3-25）

表3-25　电容的一般功能

名称	解说	图例
隔直电容	对于交流信号处理电路的信号放大电路一般不希望连同直流成分同时引入，以免放大电路处于饱和状态 因此，利用电容对一定频率以下，特别是直流信号阻滞开路，对交流信号则为通路。隔直电容一般安放在处理电路输入端串联。隔直电容的容量大小取决于处理交流信号的频率	交流信号 0 交流信号　信号　放大处理电路 直流成分　隔直电容
去耦电容	去除电源与用电单元间的交流耦合就是去耦。起去耦作用的电容就是去耦电容。去耦电容离用电模块越近去耦效果越好。电源去耦低通滤波网络中常采用滤波特性是互补的多只电容并联。其中，高频电容，一般在 $0.1\mu F$ 以下取值	2.9V VSD　去耦电容 　　　C5260　B4 R5259　C5259 100n VDDB 用电单元 100k 2u2 GND GND GND 一般容量较大在低频时能提供好的通路，而在高频时阻抗将变大无法提供滤波通路　其容量一般较小，所以在低频时阻抗较大无法提供滤波通路，而在高频时阻抗变小则会有很好的滤波特性

2. 电容的判断

（1）电解电容的极性判断方法

1）观察法——根据外壳的极性标志来判断。

2）指针式万用表法——采用 R×10k 档，分别两次对调测量电容两端的电阻值，当表针稳定时，比

较两次测量的读数大小，取值较大的读数时，红笔接的是电容的负极，万用表黑笔接的是电容的正极。

（2）较小容量的贴片电容的检测

首先把万用表调到 R×10k 档，然后用万用表表笔同时触碰贴片电容的端头，在触碰瞬间观察万用表指针，应有小幅度摆动。即贴片电容的充电过程。如果，碰贴片电容没有充电过程说明，该电容异常。

然后把万用表的两表笔对调，触碰贴片电容的端头，在触碰瞬间观察万用表指针，应有小幅度摆动。即正常的贴片电容的具有反充电与放电过程。如果，碰贴片电容没有反充电与放电过程说明，该电容异常。

如果是过小容量的贴片电容，即使采用上述档位与检测方法，正常的贴片电容会难以观察到的微小摆动。因此，检测过小容量的贴片电容不能够在指针不摆动就判断其异常。

（3）较小容量的贴片电容漏电的检测

在采用指针万用表检测贴片电容时，如果指针有摆动，并且固定在一定位置不动或者摆动不能够回到原点位置，则一般说明所检测的贴片电容漏电。

（4）较小容量的贴片电容击穿短路的检测

在采用指针万用表检测贴片电容时，如果指针摆动很大，甚至指到 0，不再回归，则说明所检测的贴片电容击穿短路。

（5）贴片电解电容的正测与反测

万用表的黑表笔是其内部电池的正极端，红表笔是内部电池的负极端，如图 3-26 所示。当万用表的黑表笔接贴片电解电容的正极端，红表笔接贴片电解电容的负极端，这就是正测。如果万用表的黑表笔接贴片电解电容的负极端，红表笔接贴片电解电容的正极端，则为反测。

容量较大贴片电解电容的正测与反测判断现象不同。

（6）容量较大贴片电解电容的正测判断

容量较大贴片电解电容正测时，如果万用表指针摆动大，然后慢慢回归无穷大处或者 500kΩ 位置，电容容量越大回归越慢。如果，回归小于 500kΩ 数值位置，说明电解电容漏电，并且是阻值越小漏电越大。如果，指针在 0 位置不动，说明所检测的贴片电容击穿短路。

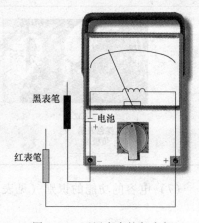

图 3-26　万用表表笔与内部电池极性连接

3.2.3　电感

1. 电感的识别与识读

（1）去耦电感的功能

去除电源与用电单元间的交流耦合就是去耦。起去耦作用的电感就是去耦电感。去耦电感在回路中通过阻碍高频交流成分达到隔离作用。有时，可以使用扼流磁阻来获得更强的隔离作用。去耦电感应用如图 3-27 所示。

（2）手机微带线的特点

1）把高频信号有效的传输。

2）与其他固体器件构成匹配网络，使信号输出端与负载能很好地匹配。

3）微带线耦合器常用在射频电路中，特别是接收的前级和发射的末级。

4）注意点：不能将微带线始点和末点短接。

5）检测：用万用表量微带线的始点和末

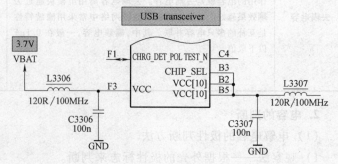

图 3-27　去耦电感

点正常应是相通的。

（3）贴片电感的识别

电感可以分为贴片电感、插件电感、色码电感、叠层电感等。贴片电感的表示方法如下：

1）有的贴片电感的外形和数字标识与贴片电阻是一样的，只是贴片电感没有数字，取而代之的是一个小圆圈，如图3-28所示。

2）贴片电感上没有任何标示，则可以通过其在电路中的符号"L"来识别。

3）根据贴片电感常见应用来判断，如图3-29所示，实物上没有标识，可以根据LM2706TLX的7脚常接外接件特点来判断。

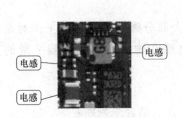

图3-28　贴片电感

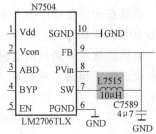

图3-29　贴片电感的识读

贴片电感特点如下：

电感：一根导线绕在铁心或磁心、特殊印制铜线（微带线）、多层电感等电感。

颜色：两端银白色中间白色的、两端银白色中间蓝色的、黑色的等。

形状：片状、圆形、方形等。

电感常见故障：断线、脱焊、变质、失调、老化等现象。

（4）电感的主要特性参数识别（见表3-26）

表3-26　电感的主要特性参数

名称	解　说
标称电流	电感允许通过的电流大小，常用字母A、B、C、D、E分别表示，对应的标称电流值分别为50mA、150mA、300mA、700mA、1600mA
最大工作电流	一般取电感额定电流的1.25～1.5倍为电感的最大工作电流。因此，一般降额50%使用较为安全
电感量 L	电感量表示电感本身固有的特性，与电流大小无关。电感量一般没有标注在线圈上，而是以特定的名称标注。该数值可以反映电感通过变化电流时产生感应电动势的能力、电感线圈存储磁场能的能力等。电感量的单位是亨，用字母H表示。实际标称电感量常用毫亨（mH）、微亨（μH）表示，一般电感的电感量准确度在±5%～±20%之间
分布电容 C	分布电容就是线圈匝与匝间存在的电容。分布电容使线圈的 Q 值减小，稳定性变差
感抗 X_L	感抗就是电感线圈对交流电流阻碍作用的大小，单位是欧姆。感抗与电感量 L、交流电频率 f 的关系式：$X_L = 2\pi fL$
品质因数 Q	品质因数表示线圈质量的一个物理量，Q 为感抗 X_L 与其等效的电阻的比值：$Q = X_L/R$。线圈的 Q 值愈高，回路的损耗愈小。线圈的 Q 值通常为几十～几百
允许误差	电感量的实际值与标称值之差除以标称值所得的百分数，即实际电感量相对于标称值的最大允许偏差范围。一般具有Ⅰ、Ⅱ、Ⅲ等级，分别表示±5%、±10%、±20%。误差细分为：F级（±1%）、G级（±2%）、H级（±3%）、J级（±5%）、K级（±10%）、L级（±15%）、M级（±20%）、P级（±25%）、N级（±30%） 一般使用电感，常选择等级为J、K、M级即可
直流电阻	电感线圈在非交流电下的电阻数值。除功率电感不测直流电阻，只检查导线规格，其他电感按要求规定最大直流电阻，一般越小越好
工作温度范围	电感可以安全连续工作的环境温度范围

（续）

名　称	解　说
储存温度范围	储存温度范围指环境温度范围,电感在此温度范围可被安全储存
温升	在空气中,电感表面温度因元件内部能量的释放所造成温度的增加量

（5）电感的识别与识读技巧

电感是表征一个载流线圈及其周围导磁物质性能的一个参量，而更多的时候电感是指电感线圈、电感元件。电感元件的电流不能突变，电感元件在直流电路中相当于短路。在交流电路中，电感元件的感抗随频率的增高而增大，即电感具有通直阻交的特性。

电感在应用电路中用 L 表示，单位有亨利（H）、毫亨利（mH）、微亨利（μH），它们之间的关系：$1H = 10^3 mH = 10^6 μH$。

电感滤波主要是利用电感对直流分量，感抗相当于短路，则电压大部分降在后级负载上。对谐波分量来说，频率越高，感抗越大，则电压大部分降在电感上。因此，电感在输出端得到比较平滑的直流电压。

（6）贴片电感与贴片电阻的区别

三位数字标示的贴片电感与三位数标示的贴片电阻的区别可以从下几点结合来判断：

1）根据外形形状来判断　电感的外形具有一些多边形状，而电阻基本上以长方体为主。当需要判断的元器件是多边形状，特别是趋向圆形的形状一般是电感。

2）测量电阻数值　电感电阻数值一般较小，电阻则相对大一些。

（7）贴片电感与贴片电容的区别识别

1）看颜色（黑色）：一般黑色都是贴片电感。黑色贴片电容只有用于精密设备中的贴片钽电容才是黑色的，其他普通贴片电容基本不是黑色的。

2）看型号编号：贴片电感以 L 开头，贴片电容以 C 开头。

3）检测：贴片电感一般阻值小，更没有"充放电"引发的万用表指针来回偏转现象。而贴片电容应具有充放电现象。

4）看内部结构：找来相同的可以剖开的元件，看看内部结构，具有线圈结构的为贴片电感。

2. 贴片电感的判断

一般贴片电感的电阻比较小，如果用万用表检测，为∞，说明该贴片电感可能断路。

3.2.4　二极管

1. 二极管概述

二极管又叫作半导体二极管、晶体二极管。它是一种基本的半导体器件之一，是由一个 PN 结构成的半导体器件。二极管具有正、负两端子，即 A 阳极正端、K 阴极负端，如图 3-30 所示，电流只能从阳极向阴极方向移动。

二极管的结构有点接触型、面接触型、平面型等种类；二极管具有整流二极管、稳压二极管、变容二极管等类型。

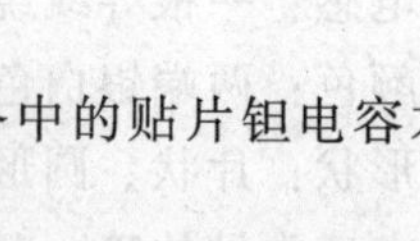

2. 识别与识读

（1）普通二极管的识别

普通二极管颜色一般为黑色，其一端有一白色的竖条，表示该端为负极。

阴极　　阳极

图 3-30　半导体二极管

普通二极管一般是两端，但是一些特殊的普通二极管为多端，因此，识别时需要注意。

二极管常见故障有击穿、开路、参数变化等。

（2）贴片二极管的识读？

贴片二极管表面的标识有型号代码、日期代码、产地代码等，不同贴片二极管表面的标识不同，下面简单介绍一些贴片二极管标识识读：

1）USM 封装 KEC 的 USM 封装的 KDS120 识读技巧见表 3-27。

表 3-27 KEC 的 USM 封装的 KDS120 识读技巧

字符排列	第 1 字符	1 （A）	2 （B）	3 （C）	4 （D）	5 （E）	6 （F）	7 （G）	8 （H）	9 （I）	0 （J）
	第 2 字符	A （1）	B （2）	C （3）	D （4）	E （5）	F （6）	G （7）	H （8）	I （9）	J （0）
年份				标识（周）				周期（年）		备注	
第 1 年（2006）		01	02	∘∘∘	51	52		2006-2010-2014…			
第 2 年（2007）		0A	0B	∘∘∘	5A	5B		2007-2011-2015…		四年轮换	
第 3 年（2008）		J1	J2	∘∘∘	E1	E2		2008-2012-2016…			
第 4 年（2009）		JA	JB	∘∘∘	EA	E		2009-2013-2017…			

举例：（KDS120）

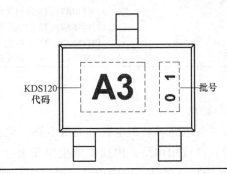

2）SMA 封装 KEC 的 SMA 封装的 GN1G 识读技巧如图 3-31 所示。

3）ESC 封装 KEC 的 ESC 封装 KDR367E 识读技巧如图 3-32 所示。

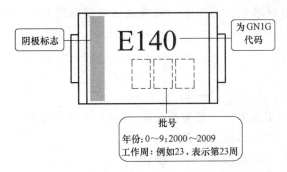

图 3-31 KEC 的 SMA 封装的 GN1G 识读技巧

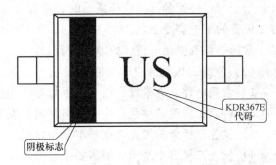

图 3-32 KEC 的 ESC 封装 KDR367E 识读技巧

部分贴片二极管型号代码识读见表 3-28。

表 3-28 部分贴片二极管型号代码识读

型号	图例	解　说
RB520S-30	B（批号）	B 表示 RB520S-30 的识别代码。批号一般表示生产的年份、星期

（续）

型号	图例	解　说
1PMT 系列	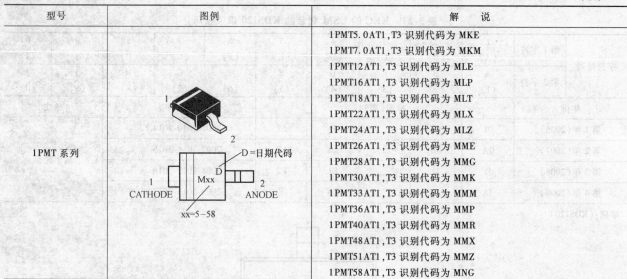	1PMT5.0AT1，T3 识别代码为 MKE
		1PMT7.0AT1，T3 识别代码为 MKM
		1PMT12AT1，T3 识别代码为 MLE
		1PMT16AT1，T3 识别代码为 MLP
		1PMT18AT1，T3 识别代码为 MLT
		1PMT22AT1，T3 识别代码为 MLX
		1PMT24AT1，T3 识别代码为 MLZ
		1PMT26AT1，T3 识别代码为 MME
		1PMT28AT1，T3 识别代码为 MMG
		1PMT30AT1，T3 识别代码为 MMK
		1PMT33AT1，T3 识别代码为 MMM
		1PMT36AT1，T3 识别代码为 MMP
		1PMT40AT1，T3 识别代码为 MMR
		1PMT48AT1，T3 识别代码为 MMX
		1PMT51AT1，T3 识别代码为 MMZ
		1PMT58AT1，T3 识别代码为 MNG

3. 应用与特点

（1）手机用稳压二极管的应用与特点

1）常用电路：扬声器电路、振动器电路、铃声电路、充电电路、电源电路等。

2）特点：往往是在带有线圈的元件应用电路，因线圈感生电压会导致一个很高的反峰电压，应用稳压二极管主要防止反峰电压引起电路损坏。另外，电源电路需要稳压，则也应用了稳压二极管。

（2）变容二极管的应用与特点

变容二极管需要负极接电源的正极，变容二极管的正极接电源的负极，即反向偏压才能正常工作。

当变容二极管的反向偏压减小时，变容二极管的结电容增大。当变容二极管的反向偏压增大时，变容二极管的结电容变小。

常用电路有振荡电路、VCO 等应用。

（3）发光二极管的应用与特点

1）常用电路：背景灯、信号指示灯等应用。

2）特点：发光的颜色取决于制造材料、发光二极管对工作电流一般为几毫安（mA）至几十毫安。

3）发光二极管的发光强度基本上与发光二极管的正向电流呈线性关系。

4）发光二极管电路中一般需要串接限流电阻，以防止大电流损坏发光二极管。

5）发光二极管在正偏状态下工作，发光二极管的正向电压一般为 1.5～3V 间。

6）手机中的 LED 一般有两组，一组在键盘上，主要提供按键部分的照明，一般有 4～6 颗。另外一组在 LCD 上，为显示屏幕提供照明，一般有 2～6 颗。

7）有的 3G、4G 手机采用双 LED 拍照补光灯：使用 LED 发光二极体对被摄物体进行补光。由于 LED 发光二极体的亮度远低于真正的闪光灯，因此，LED 只起到"补光"的作用。

4. TVS 二极管

（1）概述

瞬态电压抑制器简称 TVS，有时称为 TVS 二极管。它是基于雪崩二极管与稳压二极管的抑制器，其可以传输大负载电流与承受高击穿电压。TVS 有的具有多只二极管以确保多路信号线受同一个瞬态电压抑制器的保护，这时的 TVS 就是 TVS 阵列。

图 3-33 TVS 的符号

TVS（单体）的符号有多种表示，具体如图 3-33 所示。

如果 3G、4G 手机的 LCD、相机模块接口中的 TVS 损坏，则 LCD、相机模块容易受到脉冲的攻击，从而引发手机能够听见的噪声或出现 LCD 屏幕抖动现象。

（2）TVS 二极管工作原理

瞬态电压抑制器 TVS 是采用标准与齐纳二极管特性设计的用于吸收 ESD 能量并且保护系统免遭 ESD 损害的硅芯片固态元件。瞬态电压抑制器 TVS 二极管主要针对能够以低动态电阻承载大电流的要求进行优化。其电气特性由晶片阻质、P-N 结面积、掺杂浓度决定。其耐突波电流的能力与其 P-N 结面积成正比。其可用于保护设备或电路免受电感性负载切换时产生的瞬变电压损坏、静电损坏、感应雷所产生的过电压损坏等领域。

TVS 二极管应用时一般与被保护线路是并联的，当瞬时电压超过电路正常工作电压后，TVS 二极管便会发生雪崩，提供给瞬时电流一个超低电阻通路，从而把瞬时电流通过 TVS 二极管，把流过被保护线路的瞬时电流引开。当瞬时脉冲结束以后，TVS 二极管自动回复为高阻状态，整个回路进入正常电压。

当 TVS 二极管承受瞬态高能量冲击时，管子中流过大电流，峰值为 I_{PP}，端电压由 V_{RWM} 值上升到 V_C 值就不再上升了，从而实现了保护作用。浪涌过后，I_{PP} 随时间以指数形式衰减，当衰减到一定值后，TVS 两端电压由 V_C 开始下降，恢复原来状态。

（3）TVS 二极管的分类（见表 3-29）

表 3-29 TVS 二极管的分类

依　　据	分　　类
极性	单极性 TVS、双极性 TVS
用途	通用型 TVS、专用型 TVS
封装与内部结构	轴向引线二极管、双列直插 TVS 阵列、贴片式 TVS、大功率模块 TVS
峰值功率	200W、400W、500W、600W、1500W、5000W
V_{BR} 的值对标称值的离散程度	离散程度为 ±5% 的 TVS、离散程度为 ±10% 的 TVS
TVS 钳位阵列	数据线保护 TVS 钳位阵列、ESD 抑制器 TVS 钳位阵列
TVS 短路器集成电路	线路卡保护集成电路、网络保护集成电路、终端保护集成电路

ST 的电压抑制器的识读方法如图 3-34 所示。

5. ESD 静电放电

（1）ESD 应用与特点

ESD 英文为 Electric Static Discharge，即是静电放电。ESD 器件是专门用于容易被静电接触的区域。ESD 器件有效抗静电电压取决于它的空隙宽。

（2）ESD 保护的分类（见表 3-30）

6. 二极管的检测

贴片二极管的检测之前对比一下插孔二极管的内部结构与贴片二极管结构，它们的结构如图 3-35 所示。

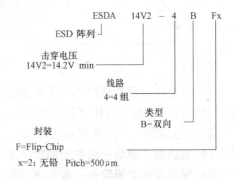

图 3-34 ST 的电压抑制器的识读方法

表 3-30 ESD 保护的分类

分类	解　　说
标准 ESD 保护	标准 ESD 保护主要满足大功率（高于 100W）、低钳位电压要求的应用领域标准 ESD 保护适用于按钮、电池接头、充电器接口等的设备的保护。标准 ESD 保护用 TVS 的电容一般在 100～1000pF
高速 ESD 保护	高速 ESD 保护主要应用数据传输率快、低电容的应用领域。例如应用于 USB1.1、USB2.0FS、FM 天线、SIM 卡等。高速 ESD 保护用 TVS 的电容一般在 5～40pF
超高速 ESD 保护	超高速 ESD 保护主要应用数据传输率非常快的应用领域。超高速 ESD 保护用 TVS 的电容一般在 5pF 以下

从上图可以发现它们均具有芯片，其他只是封装不同的需要。而芯片才是真正的"PN 结"。因此，贴片二极管的检测与普通二极管方法基本一样：

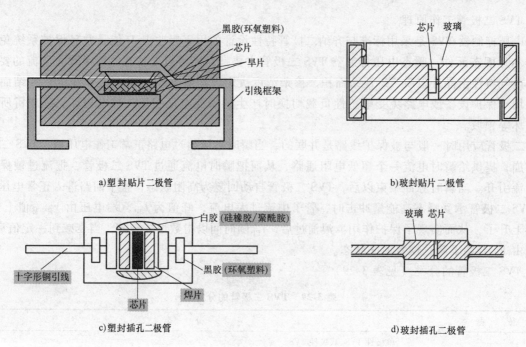

a)塑封贴片二极管　　　　　　　　　　　　b)玻封贴片二极管

c)塑封插孔二极管　　　　　　　　　　　　d)玻封插孔二极管

图3-35　二极管结构

1）测电阻：测量正反电阻，差异较大为正常。特殊贴片二极管可以根据其特殊性来"融造"其特殊环境，察看其特殊性是否正常即可判断。示意如图3-36所示。

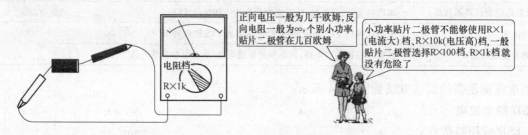

图3-36　测电阻

2）测电压：普通贴片二极管导通状态下结电压硅0.7V左右，锗0.3V左右。稳压贴片二极管测其实际"稳定电压"是否与其"稳定电压"一致来判断，一致为正常（稍有差异也是正常的）。

7. 二极管的正负电极方向的识别

1）玻璃管二极管：红色玻璃管一端为正极，黑色一端为负极。

2）绿光发光二极管：一般在零件表面用一黑点或在零件背面用一正三角形做记号，零件表面黑点一端为正极，黑色一端为负极；如果在背面作标示，则正三角形所指方向为负极。

3）圆柱形二极管：有白色横线一端为负极

3.2.5　晶体管

1. 晶体管概述

晶体管也叫作晶体管三极管。它是由两个PN结组成的，具有电流放大功能的元件。晶体管可以分为NPN型、PNP型类型。根据功率可以分为小功率管、中功率管、大功率管。根据使用电路频率可以分为低频管与高频管。晶体管结构特点如图3-37所示。

晶体管三个电极的作用如下：

发射极（E极）：发射电子；

基极（B极）：控制发射极E极发射电子的数量；

集电极（C极）：收集电子。

晶体管的发射极电流 I_E 与基极电流 I_B、集电极电流 I_C 之间的关系：$I_E = I_B + I_C$。

晶体管在工作时要加上适当的直流偏置电压，处于放大状态时：发射结正偏、集电结反偏。

晶体管的特点如下：

1）电极：有三电极的、四电极的、六电极的等。

2）外形封装：SOT23、ESC、SOT89、US6、SC70 等。

3）种类：普通晶体管、带阻晶体管、组合晶体管等。

4）常见故障：开路、击穿、漏电、参数变化等。

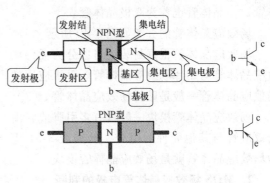

图 3-37 晶体管结构特点

2. 带阻晶体管

带阻晶体管就是晶体管内置了电阻，即带阻晶体管是由一个晶体管与内接电阻组成。带阻晶体管在电路中使用时相当于一个开关电路。不同种类的带阻晶体管其内置的电阻结构形式不同，如图 3-38 所示。

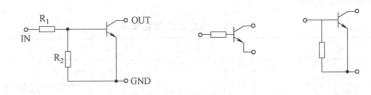

图 3-38 带阻晶体管

3. 组合晶体管

组合晶体管是由几个晶体管共同构成的模块式元件。不同型号的组合晶体管其内部结构形式不同，如图 3-39 所示。

4. 贴片晶体管的识读

贴片晶体管的标识有型号代码、日期代码、产地代码等，不同贴片晶体管表面的标识不同。具体一些标识特点识别可以参考贴片二极管的标识。

贴片晶体管系列的型号代码一般具有一定的规律。有的贴片晶体管系列封装不同，但是型号代码是一样的，例如 DTA115 系列封装不同，例如，DTA115TH 封装为 EMT3H、DTA115TE 封装为 EMT3DTA115TUA 封装为 UMT3、DTA115TKA 封装为 SMT3。但是，它们的型号代码均是 99。

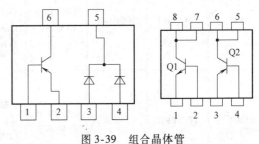

图 3-39 组合晶体管

5. 晶体管处于放大、饱和、截止状态的判断

对于 NPN 管：$V_C > V_B > V_E$，是判断晶体管是否为放大状态的依据之一。

对于 PNP 管：$V_E > V_B > V_C$，是判断晶体管是否为放大状态的依据之一。

对于 NPN 管 $V_B > V_C > V_E$ 是判断晶体管处于饱和状态的依据。

对于 NPN 管 $V_C > V_E > V_B$ 是判断晶体管处于截止状态的依据。

3.2.6 场效应晶体管

1. 场效应晶体管概述

场效应晶体管，其英文为 FIELD EFFECT TRANSISTR，简称为 FET。场效应晶体管管中的电流只包括一种载流子的运动，而晶体管具有电子与空穴两种载流子的运动。所以，场效应晶体管也称为单极晶

47

体管，而晶体管也称为双极晶体管。

场效应晶体管的分类如图 3-40 所示。

场效应晶体管根据封装还可以分为插件场效应晶体管与贴片场效应晶体管。手机应用的场效应晶体管一般是贴片场效应晶体管。

场效应晶体管模块一般具有多引脚或者由场效应管与其他元件的组合，例如表 3-31 里的场效应晶体管就是场效应晶体管模块。

2. MOS 场效应晶体管电极的判断

首先将万用表拨于 R×100 或者 R×10 档，先确定栅极。如果一引脚与其他两脚的电阻均为无穷大，说明此脚就是栅极 G。再交换表笔重新测量，S-D 之间的电阻值应为几百欧至几千欧，其中阻值较小的那一次，黑表笔接的为漏极 D，红表笔接的是源极 S。

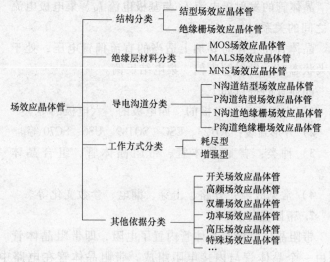

图 3-40 场效应晶体管的种类

表 3-31 场效应晶体管模块

型号代码	型号	厂家	特点	参数	图例	应用
8001H	TPCP8001-H	TOSHIBA	功率 NMOS、U-MOSIII	VDSS：30V；VDGR：30V；VGSS：±20V；ID：7.2A；PD：1.68W；RDS（ON）：13mΩ；|Yfs|：16s；Vth：1.1~2.3V		PS-8（2.9mm×2.8mm）应用：手机、笔记本电脑
8101	TPCP8101	TOSHIBA	功率 PMOS、U-MOSIII	VDSS：-20V；VDGR：-20V；VGSS：±8V；ID：-5.6A；PD：1.68W；RDS（ON）：24mΩ；|Yfs|：14s；Vth：-0.5~-1.2V		PS-8（2.9mm×2.8mm）应用：手机、笔记本电脑
8102	TPCP8102	TOSHIBA	功率 PMOS、U-MOS Ⅳ	VDSS：-20V；VDGR：-20V；VGSS：±12V；ID：-7.2A；PD：1.68W；RDS（ON）：13.5mΩ；|Yfs|：24s；Vth：-0.45~-1.2V		PS-8（2.9mm×2.8mm）应用：手机、笔记本电脑
8201	TPCP8201	TOSHIBA	功率 NMOS、U-MOSIII	FET：VDSS：30V；VGSS：±20V；ID：4.2A；PD：1.48W；RDS（ON）：38mΩ；|Yfs|：7s；Vth：1.3~2.5V；D：VDSF：-1.2V；IDRP：16.8A		PS-8（2.9mm×2.8mm）应用：手机、笔记本电脑

3.2.7 元器件参数与代码速查（见表 3-32）

3.2.8 集成电路

1. 3G、4G 手机主要芯片

3G、4G 手机主要芯片有 WiFi 芯片、蓝牙芯片、闪存芯片、电源管理、基带、功率放大器、移动音

频处理器、数码相机图像处理芯片、移动多媒体处理器等，一些芯片的功能如下：

表 3-32 元器件参数与代码速查

代码	型号	功能与特点	厂家	参数	封装
	EXC24CP121U	二模噪声滤波器	Panasonic	阻抗:120Ω;额定电压:5VDC;额定电流:500mA DC	
	EXC24CP221U	二模噪声滤波器	Panasonic	阻抗:220Ω;额定电压:5VDC;额定电流:350mA DC	
	EXC24CB221U	二模噪声滤波器	Panasonic	阻抗:220Ω;额定电压:5VDC;额定电流:100mA DC	
	EXC24CB102U	二模噪声滤波器	Panasonic	阻抗:1000Ω;额定电压:5VDC;额定电流:50mA DC	
	EXC24CN601X	二模噪声滤波器	Panasonic	阻抗:600Ω;额定电压:5VDC;额定电流:200mA DC	
09	DTC115TM	数字晶体管（带内置电阻）	ROHM	VCBO:50V;VCEO:50V;VEBO:50V;IC:100mA;fT:250MHz	VMT3
09	DTC115TE	数字晶体管（带内置电阻）	ROHM	VCBO:50V;VCEO:50V;VEBO:50V;IC:100mA;fT:250MHz	EMT3
09	DTC115TUA	数字晶体管（带内置电阻）	ROHM	VCBO:50V;VCEO:50V;VEBO:50V;IC:100mA;fT:250MHz	UMT3
09	DTC115TKA	数字晶体管（带内置电阻）	ROHM	VCBO:50V;VCEO:50V;VEBO:50V;IC:100mA;fT:250MHz	SMT3
123	DTC143ZUA	数字晶体管（带有内置电阻）	ROHM	VCC:50V;VIN:-5~30V;IO:100mA;PD:200mW;VO(on):0.1V;fT:250MHz	UMT3

（续）

代码	型号	功能与特点	厂家	参数	封装
1A＊①	BC846AW	NPN	Philips	VCBO：80V；VCEO：65V；VEBO：6V；IC：100mA；Ptot：200mW	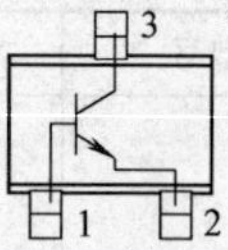 SOT323
1B＊①	BC846BW	NPN	Philips	VCBO：80V；VCEO：65V；VEBO：6V；IC：100mA；Ptot：200mW	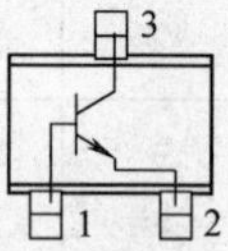 SOT323
1D＊①	BC846W	NPN	Philips	VCBO：80V；VCEO：65V；VEBO：6V；IC：100mA；Ptot：200mW	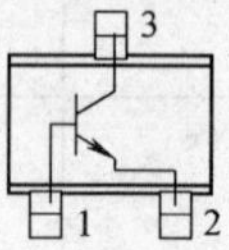 SOT323
1E＊①	BC847AW	NPN	Philips	VCBO：50V；VCEO：45V；VEBO：6V；IC：100mA；Ptot：200mW	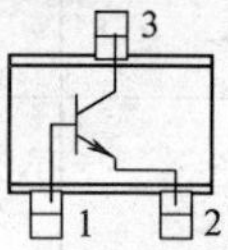 SOT323
1F＊①	BC847BW	NPN	Philips	VCBO：50V；VCEO：45V；VEBO：6V；IC：100mA；Ptot：200mW	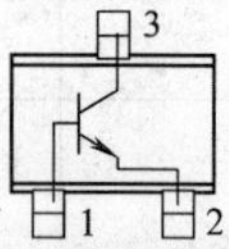 SOT323
1G＊①	BC847CW	NPN	Philips	VCBO：50V；VCEO：45V；VEBO：6V；IC：100mA；Ptot：200mW	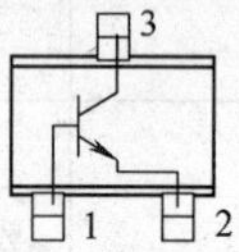 SOT323
1H＊①	BC847W	NPN	Philips	VCBO：50V；VCEO：45V；VEBO：6V；IC：100mA；Ptot：200mW	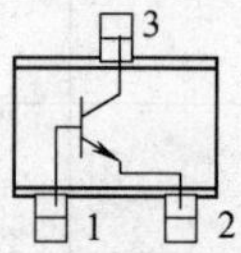 SOT323
1M＊①	BC848W	NPN	Philips	VCBO：30V；VCEO：30V；VEBO：50V；IC：100mA；Ptot：200mW	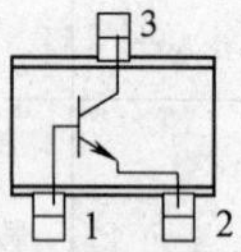 SOT323
24	RN47A4	NPN＋PNP	TOSHIBA	Q1：VCBO：50V；VCEO：50V；VEBO：10V；IC：100mA　Q2：VCBO：－50V；VCEO：－50V；VEBO：－6V；IC：－100mA	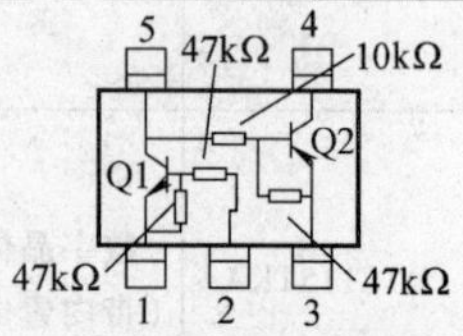 Q1：RN1104F。Q2：RN2107F　USV
2C	RB851Y	肖特基二极管、硅外延平面型、高频检测	ROHM	VR：3V；IF：30mA；Tj：125℃；VF max.：0.46V；IR max.：0.7μA；Ct：0.8pF	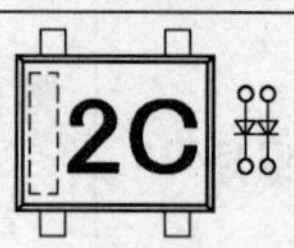 EMD4、SC-75A

50

（续）

代码	型号	功能与特点	厂家	参数	封装
2C	RB851YT2R	肖特基二极管	ROHM	VR：3V；IF：30mA；VF：0.46V；IR：0.7μA；Ct：0.8pF	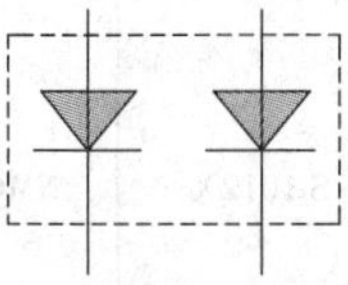 EMD4
3	1SS400GT2R	高频开关；开关二极管、硅外延平面型	ROHM	VRM：90V；VR：80V；IFM：225mA；IO：100mA；Isurge：500mA；Tj：150℃；VF max：1.2V；IR max：100nA；CT max：3pF；trr max：4ns	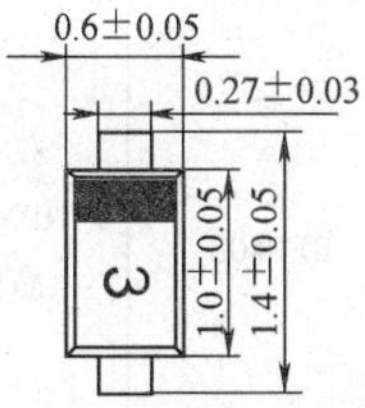 VMD2
3D	RB715F	共阴双肖特基二极管	ROHM	VRM：40V；Io：30mA；IFSM：200mA；Tj：125℃；VF max：0.37V；IR max：1μA；Ct：2pF	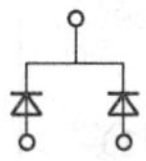 UMD3、SC-70 SOT-323
3E	RB717F	肖特基二极管	ROHM	VRM：40V；Io：30mA；IFSM：200mA；Tj：125℃；VF max：0.37V；IR max：1μA；Ct：2pF	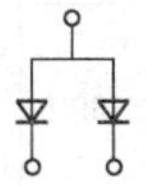 UMD3、SC-70 SOT-323
7	DF2S6.8FS	外延平面型	TOSHIBA	P：150mW；Tj：150℃；VZ：6.8V；Z_Z max：30Ω；IR max：0.5μA；C_T：25pF	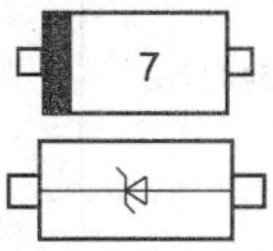 1-1L1A（Toshiba）
99	DTA115TM	数字晶体管（带内置电阻）	ROHM	VCBO：-50V；VCEO：-50V；VEBO：-5V；IC：-100mA；PC：150mW	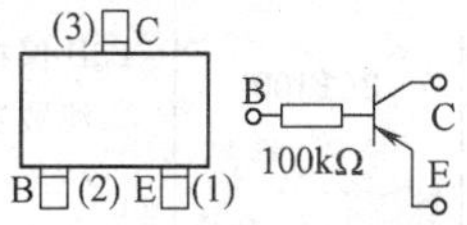 VMT3
99	DTA115TE	数字晶体管（带内置电阻）	ROHM	VCBO：-50V；VCEO：-50V；VEBO：-5V；IC：-100mA；PC：150mW	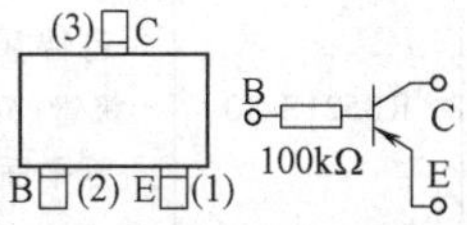 EMT3
99	DTA115TUA	数字晶体管（带内置电阻）	ROHM	VCBO：-50V；VCEO：-50V；VEBO：-5V；IC：-100mA；PC：200mW	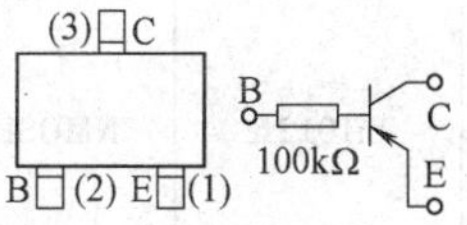 UMT3
99	DTA115TKA	数字晶体管（带内置电阻）	ROHM	VCBO：-50V；VCEO：-50V；VEBO：-5V；IC：-100mA；PC200mW	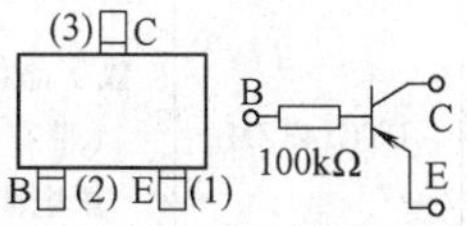 SMT3

（续）

代码	型号	功能与特点	厂家	参数	封装
A	Si1012X	NMOSFET	VISHAY	VDS：20V；VGS：±6V；ID：500mA；PD：150mW；ESD：2000V；IGSS：±0.5μA；IDSS：0.3nA；rDS（on）：0.53Ω	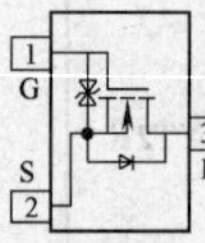 SC-89（SOT-490）
AL	BFP405	NPN 射频晶体管	INFINEON	VCEO：4.5V；VCES：15V；IC：25mA；IB：1mA；Ptot：75mW；hFE：95；fT：25GHz	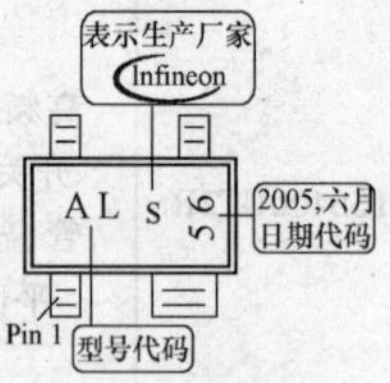 SOT343
AMs	BFP420	NPN 射频晶体管	INFINEON	VCEO：4.5V；VCBO：15V；VEBO：1.5V；IC：35mA；Ptot：160mW；fT：25GHz	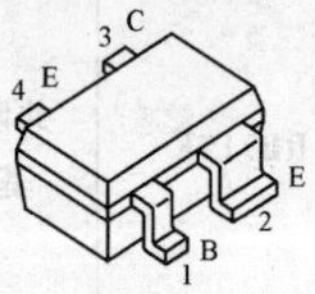 SOT343
B	RB520S-30	肖特基二极管	ROHM	VR：30V；IO：200mA；IFSM：1A；Tj：150℃；VF max：0.6V；IR max：1μA	EMD2、SOD-523、SC-79
BA	Si5441DC	PMOSFET	VISHAY	VDS：−20V；VGS：±12V；ID：−3.9A；IS：−1.1A；PD：1.3W	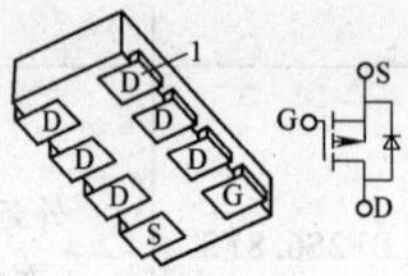 1206-8 ChipFE T
BGF100	BGF100	ESD 保护 + 滤波器	INFINEON	VA2 max：4V；VP max：14V；PIN：1mW；VE max：15kV；V1 max：2kV	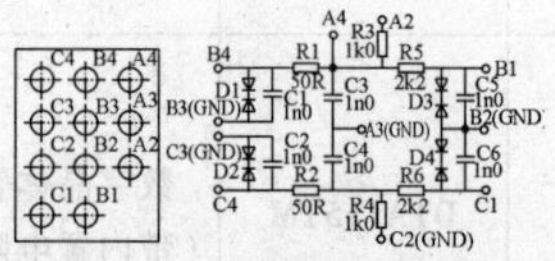 WLP-11-2
C	RB521S-30	肖特基二极管、硅外延平面型	onsemi	VR：30V；IO：200mA；IFSM：1A；VF max：0.5 V；IR max：30A	 EMD2、SC-79、SOD-523
C	Si1012R	NMOSFET	VISHAY	VDS：20V；VGS：±6V；ID：500mA；PD：150mW；ESD：2000V；IGSS：±0.5μA；IDSS：0.3nA；rDS（on）：0.53Ω	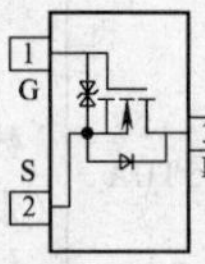 SC-75A（SOT−416）
E23	DTC143ZM	数字晶体管（带有内置电阻）	ROHM	VCC：50V；VIN：−5～30V；IO：100mA；PD：150mW；VO（on）：0.1V；fT：250MHz	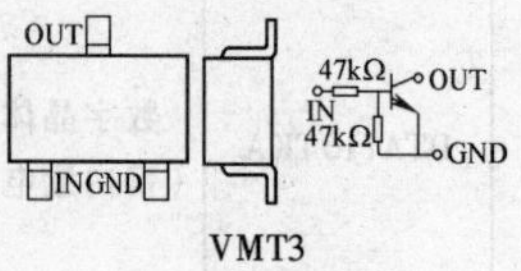 VMT3

52

（续）

代码	型号	功能与特点	厂家	参数	封装
E23	DTC143ZE	数字晶体管（带有内置电阻）	ROHM	VCC:50V;VIN: − 5 ～ 30V;IO:100mA;PD:150mW;VO（on）:0.1V;fT:250MHz	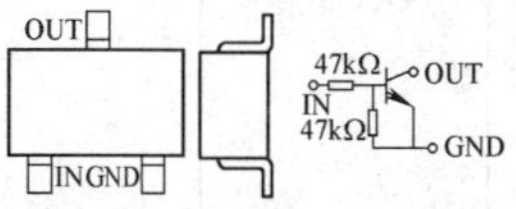 EMT3
E23	DTC143ZKA	数字晶体管（带有内置电阻）	ROHM	VCC:50V;VIN: − 5 ～ 30V;IO:100mA;PD:200mW;VO（on）:0.1V;fT:250MHz	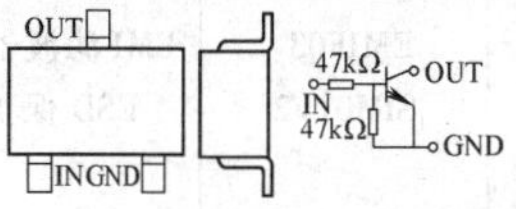 SMT3
EA	ESDA14V2-4BF2	ESD 保护二极管	ST	V_{PP}: ± 25kV;P_{PP}:50W;Tj:125℃;V_{BR} max:18V	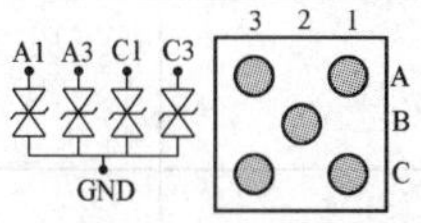 Flip-Chip
EA	ESDA14V2-4BF2	四路双向 ESD 保护阵列	ST	VPP: ± 25kV;PPP:50W;VBR:18V;IRM:1μA;Rd:3.2Ω;C:15pF	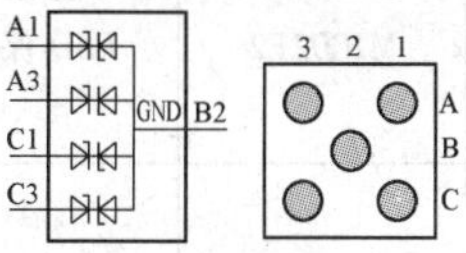 Flip-Chip
EA	ESDA14V2-4BF2	双向 ESD 保护阵列	ST	VPP: ± 25kV;PPP:50W;VBR:18V;IRM:1μA;Rd:3.2Ω;C:15pF	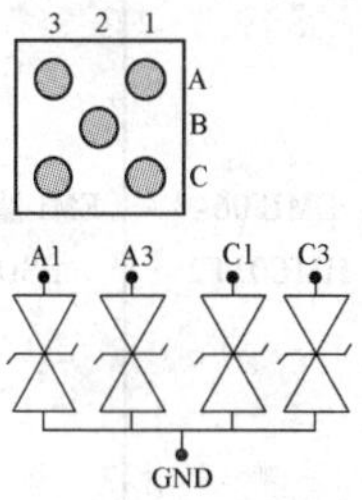 Flip-Chip
EF	ESDA14V2-4BF3	四路双向保护阵列	ST	VPP: ± 25kV;PPP:50W;VBR:18V; IRM: 0.5μA; Rd: 3.2W;C:15pF	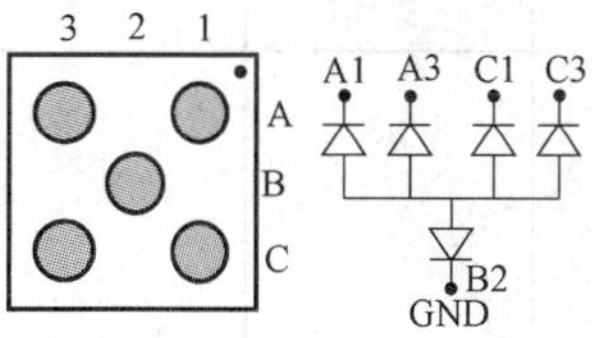 Flip-Chip
EG	ESDA14V2-2BF3	四路双向保护阵列	ST	VPP: ± 25kV;PPP:50W;VBR:18V; IRM: 0.5μA; Rd: 3.2Ω;C:12pF	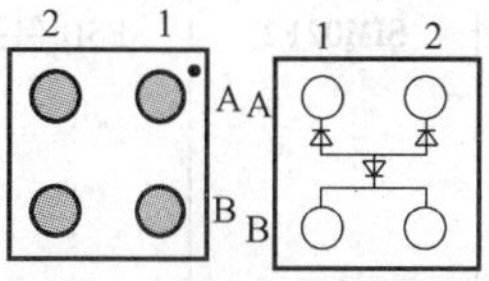 Flip-Chip
F3	PMEG3002AEL	肖特基二极管	NXP	VR:30V;IF:0.2A;IFRM:1A;IFSM:3A;Cd:17pF	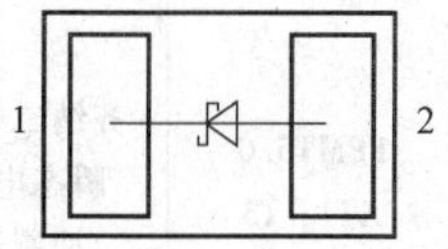 SOD882
F3	PMEG3002AEL	肖特基二极管	Philips	IF:0.2A;VR:30V;IFRM:1A;IFSM:3A	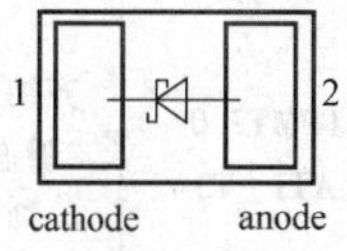 cathode　anode SOD882

53

（续）

代码	型号	功能与特点	厂家	参数	封装
FC	EMIF03-SIM01F2	EMI 滤波器 + ESD 保护	ST	VBR:6V；IRM:1μA；Rd:1.5Ω	Flip Chip
FJ	EMIF02-MIC02F2	EMI 滤波器 + ESD 保护	ST	Tj:125℃；Top:−40 ~ +85℃；Tstg:−55 ~ 150℃；VBR:16V；IRM:500nA；RI/O:470Ω；Cline:40pF	低通滤波器
GH	EMIF06-HMC01F2	EMI 滤波器 + ESD 保护	ST	VPP:2kV；VBR:14V；IRM:0.1μA；Cline:20pF；R2, R3, R4, R5, R6, R7:50Ω；R10, R11, R12, R13:75kΩ；R14:7kΩ 引脚功能:A1:cmd；A2:clk；A3:Vmmc/Vdd；A4:MMCclk；B1:dat1；B2:dat0；B3:gnd；B4:MMCcmd；C1:dat2；C2:gnd；C3:MMCdat1；C4:MMCdat0；D1:dat3；D2:gnd；D3:MMCdat3；D4:MMCdat2	Flip-Chip
GJ	EMIF03-SIM02F2	EMI 滤波器 + ESD 保护	ST	VPP:2kV；VBR:20V；Rd:1.5Ω	Flip Chip
MKE	1PMT5.0 AT1, T3	齐纳二极管瞬态电压抑制器	ONSEMI	VRWM:5V；VBR:6.7V；IT:10mA；IR:800μA；VC:9.2V；IPP:21.7A	EMD4
MKM	1PMT7.0 AT1, T3	齐纳二极管瞬态电压抑制器	ONSEMI	VRWM:7V；VBR:8.2V；IT:10mA；IR:500μA；VC:12V；IPP:16.7A	EMD4

（续）

代码	型号	功能与特点	厂家	参数	封装
MLE	1PMT12AT1，T3	齐纳二极管瞬态电压抑制器	ONSEMI	VRWM：12V；VBR：14V；IT：1mA；IR：5μA；VC：19.9V；IPP：10.1A	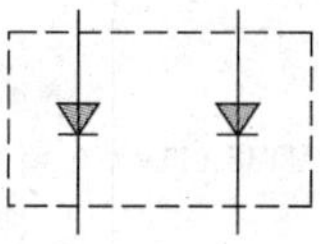 EMD4
MLP	1PMT16AT3	稳压二极管	onsemi	VRWM：16V；VBR min：17.8V；IT：1mA；IR：5μA；VC：26V	DO-216AA
MLP	1PMT16AT1，T3	齐纳二极管瞬态电压抑制器	ONSEMI	VRWM：16V；VBR：18.75V；IT：1mA；IR：5μA；VC：26V；IPP：7.7A	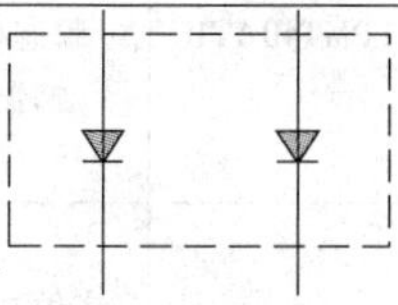 EMD4
MLT	1PMT18AT1，T3	齐纳二极管瞬态电压抑制器	ONSEMI	VRWM：18V；VBR：21.0V；IT：1mA；IR：5μA；VC：29.2V；IPP：6.8A	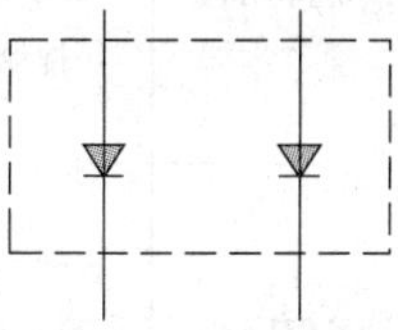 EMD4
MLX	1PMT22AT1，T3	齐纳二极管瞬态电压抑制器	ONSEMI	VRWM：22V；VBR：25.6V；IT：1mA；IR：5μA；VC：35.5V；IPP：5.6A	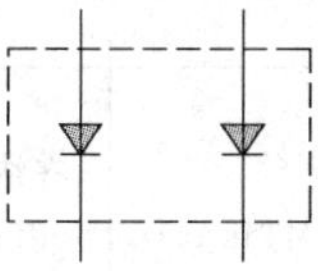 EMD4
MLZ	1PMT24AT1，T3	齐纳二极管瞬态电压抑制器	ONSEMI	VRWM：24V；VBR：28.1V；IT：1mA；IR：5μA；VC：38.9V；IPP：5.1A	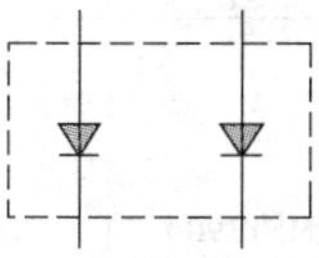 EMD4
MME	1PMT26AT1，T3	齐纳二极管瞬态电压抑制器	ONSEMI	VRWM：26V；VBR：30.4V；IT：1mA；IR：5μA；VC：42.1V；IPP：4.8A	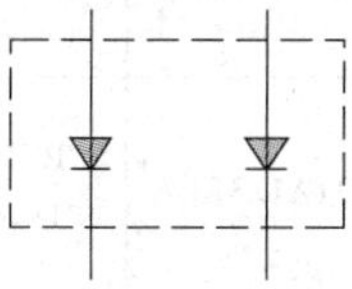 EMD4
MMG	1PMT28AT1，T3	齐纳二极管瞬态电压抑制器	ONSEMI	VRWM：28V；VBR：32.8V；IT：1mA；IR：5μA；VC：45.4V；IPP：4.4A	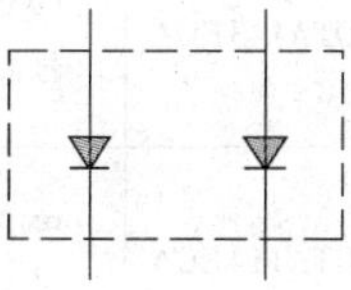 EMD4
MMK	1PMT30AT1，T3	齐纳二极管瞬态电压抑制器	ONSEMI	VRWM：30V；VBR：35.1V；IT：1mA；IR：5μA；VC：48.4V；IPP：4.1A	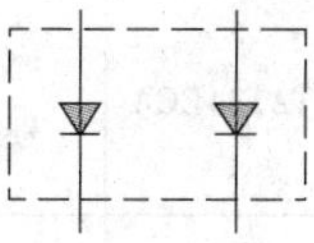 EMD4
MMM	1PMT33AT1	齐纳二极管瞬态电压抑制器	ONSEMI	VRWM：33V；VBR：38.7V；IT：1mA；IR：5μA；VC：53.3V；IPP：3.8A	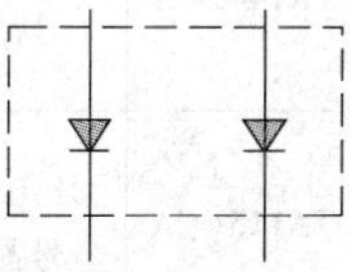 EMD4

55

（续）

代码	型号	功能与特点	厂家	参数	封装
MMP	1PMT36AT1	齐纳二极管 瞬态电压 抑制器	ONSEMI	VRWM：36V；VBR：42.1V；IT：1mA；IR：5μA；VC：58.1V；IPP：3.4A	EMD4
MMR	1PMT40AT1	齐纳二极管 瞬态电压 抑制器	ONSEMI	VRWM：40V；VBR：46.8V；IT：1mA；IR：5μA；VC：64.5V；IPP：2.7A	EMD4
MMX	1PMT48AT1	齐纳二极管 瞬态电压 抑制器	ONSEMI	VRWM：48V；VBR：56.1V；IT：1mA；IR：5μA；VC：77.4V；IPP：2.3A	EMD4
MMZ	1PMT51AT1	齐纳二极管 瞬态电压 抑制器	ONSEMI	VRWM：51V；VBR：59.7V；IT：1mA；IR：5μA；VC：82.4V；IPP：2.1A	EMD4
MNG	1PMT58AT1	齐纳二极管 瞬态电压 抑制器	ONSEMI	VRWM：58V；VBR：67.8V；IT：1mA；IR：5μA；VC：93.6V；IPP：1.9A	EMD4
p1A、t1A、W1A[①]	PMST3904	NPN	NXP	VCEO：40V；VCBO：60V；VEBO：6V；Ic：200mA；Ptot：200mW；ICBO：50nA；hFE：300	SOT323
P04	DDTA123ECA	PNP 小信号晶体管	DIODE	VCC：−50V；VIN：10～−12V；IO：−100mA；Pd：200mW；II：−3.8mA；fT：250MHz	SOT-23
P08	DDTA143ECA	PNP 小信号晶体管	DIODE	VCC：−50V；VIN：10～−30V；IO：−100mA；Pd：200mW；II：−1.8mA；fT：250MHz	SOT-23
P13	DDTA114ECA	PNP 小信号晶体管	DIODE	VCC：−50V；VIN：10～−40V；IO：−50mA；Pd：200mW；II：−0.88mA；fT：250MHz	SOT-23
P17	DDTA124ECA	PNP 小信号晶体管	DIODE	VCC：−50V；VIN：10～−40V；IO：−30mA；Pd：200mW；II：−0.36mA；fT：250MHz	SOT-23
P20	DDTA144ECA	PNP 小信号晶体管	DIODE	VCC：−50V；VIN：10～−40V；IO：−30mA；Pd：200mW；II：−0.18mA；fT：250MHz	SOT-23
P24	DDTA115ECA	PNP 小信号晶体管	DIODE	VCC：−50V；VIN：10～−40V；IO：−20mA；Pd：200mW；II：−0.15mA；fT：250MHz	SOT-23

（续）

代码	型号	功能与特点	厂家	参数	封装
P9	DAP222T1G	频段转换二极管	onsemi	VR：80V；I_F：100mA；I_{FM}：300mA；P_D：150mW；C_D max：3.5pF；trr max：4ns	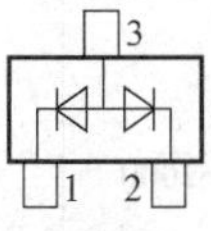 SC-75
R2	BFR93AW	5GHz宽带晶体管	Philips	VCBO：15V；VCEO：12V；IC：35mA；Ptot：300mW；hFE：90	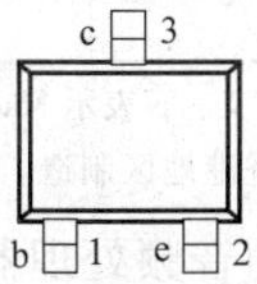 SOT23
RCs	BFP193	NPN射频晶体管	SIEMENS	VCEO：12V；VCES：20V；IC：80mA；IB：10mA；Ptot：580mW；fT：8GHz	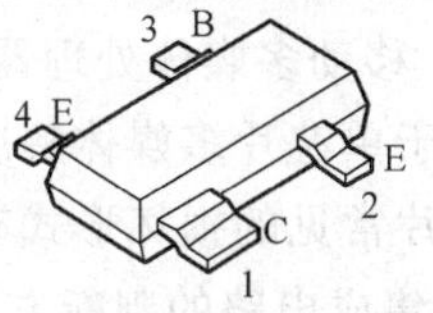 SOT-143
SA	BSS123	NMOSFET	FAIRCHILD	VDSS：100V；VGSS：±20V；ID：0.17A；PD：0.36W；RDS（on）：1.2Ω	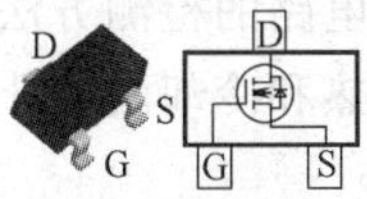 SOT-23
SD0	SMS7630-020	检波二极管	AIpha	VB min：1V；C_T：0.3pF；V_F：60～120mA；R_V：5000Ω	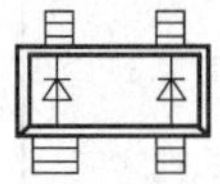 SOT-143
T4	NTS4409NT1G	NMOSFET	ONSEMI	VDSS：25V；VGS：±8V；ID：0.75A；PD：0.28W；IGSS：100nA；RDS（on）：249mΩ	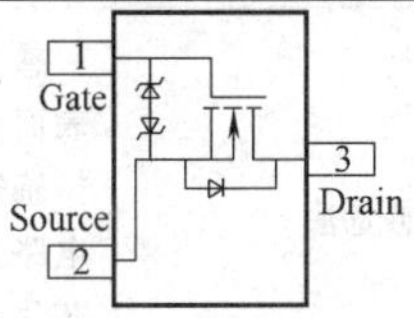 SC-70（SOT-323）
TS	NTS2101PT1G	PMOSFET	ONSEMI	VDSS：-8V；VGS：8V；ID：-1.4A；PD：0.29W；V（BR）DSS：-20V；VGS（TH）：-0.7V；RDS（on）：65mΩ；CISS：640pF；COSS：120pF；CRSS：82pF	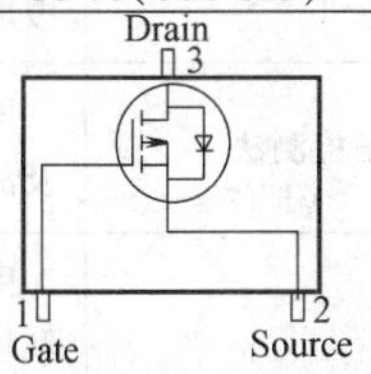 SC-70（SOT-323）
XH	RN1107	NPN	TOSHIBA	VCBO：50V；VCEO：50V；VEBO：6V；Ic：100mA；Pc：100mW；ICBO：100nA；hFE：80	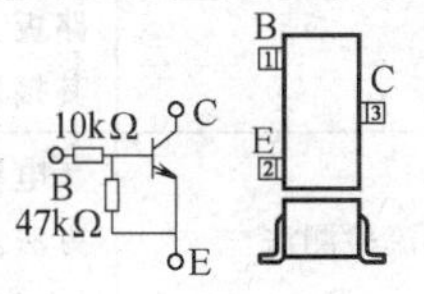 SSM
XI	RN1108	NPN	TOSHIBA	VCBO：50V；VCEO：50V；VEBO：7V；Ic：100mA；Pc：100mW；ICBO：100nA；hFE：80	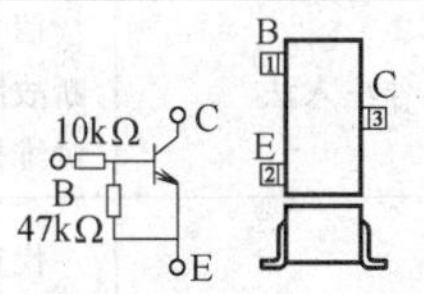 SSM
XJ	RN1109	NPN	TOSHIBA	VCBO：50V；VCEO：50V；VEBO：15V；Ic：100mA；Pc：100mW；ICBO：100nA；hFE：70	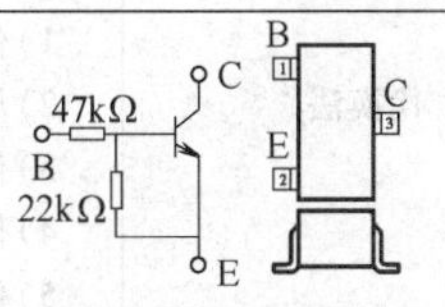 SSM

57

（续）

代码	型号	功能与特点	厂家	参数	封装
ZS2	ZHCS2000	二极管、高频整流、DC/DC 转换	ZETEX	VR：40V；IF：2A；IFAV：4A；IFSM：20A；Ptot：1.1W；trr：5.5ns；CD：50pF；VF：290mV；V（BR）R min：40V	SOT23-6

注：表示含义：p 表示 Made in Hong Kong；t 表示马来西亚制造；W 表示中国制造。
① 为我国香港地区制造。

1）移动音频处理器：主要是处理铃声、游戏背景音乐、MP3 曲目、合成语音等功能。

2）数码相机图像处理芯片：主要是处理摄像头与基带、LCD 间的联系与通信。

3）移动多媒体处理器：移动多媒体处理器一般将视频摄像头处理器与音频数字信号处理器集成为一体，属于单芯片多媒体解决方案系统。

芯片常见的损坏形式有击穿、开路、短路、软件故障、虚焊等。

2. 集成电路的判断方法

集成电路的检测方法：目测法、感觉法、电压检测法、电阻检测法、电流检测法、信号注入法、代换法、加热和冷却法、升压或降压法、综合法等，具体见表 3-33。

表 3-33 集成电路的检测方法

名称	解　说
目测法	目测法就是通过眼睛观察集成电路外表是否与正常的不一样，从而判断集成电路是否损坏。其主要检修功底就是要看哪些外表是损坏的标志。正常的集成电路外表：字迹清晰、物质无损、表面光滑、引脚无锈等。损坏的集成电路外表：表面开裂，裂纹或划痕，表面有小孔，缺角、缺块等
感觉法	感觉法就是通过人的感觉体验集成电路是否正常。这里，讲感觉主要有触觉、听觉、嗅觉。感觉法：集成电路表面温度是否过热，散热片是否过烫，是否松动，是否发出异常的声音，是否产生异常的味道。触觉主要靠手去摸感知温度，靠手去摇感知稳度。感知温度是根据电流的热效应判断集成电路发热是否不正常，即过热。集成电路正常在 −30～85℃ 之间，而且，安装一般远离热源。影响集成电路温度的因素：工作环境温度、工作时间、芯片面积、集成电路结构、存储温度以及带散热片的与散热片材料、面积有关。过热往往从温度的三个方面去考虑：温升的速度、温度的持久、温度的峰值
电压检测法	电压检测法就是通过检测集成电路的引脚电压值与有关参考值进行比较，从而得出集成电路是否有故障以及故障原因。电压检测法有两种数据：一种参考数据、另一种检测数据
电阻检测法	电阻检测法是通过测量集成电路各引脚对地正反直流电阻值和正常参考数值比较，以此来而判断集成电路好坏的一种方法。此方法分为在线电阻检测法和非在线电阻检测法两种：①在线电阻检测法是指集成电路与外围元器件保持相关电气连接的情况下所进行的直流电阻检测方法；它最大的优点就是无需把集成电路从电路板上焊下来；②非在线电阻检测法就是通过对裸集成电路的引脚之间的电阻值的测量，特别是对其他引脚跟其接地引脚之间的测量；它最大的优点是受外围元器件对测量的影响这一因素得以消除
电流检测法	电流检测法是指通过测量集成电路的各引脚的电流，其中以检测集成电路电源端的电流值为主的一种测量方法。因测量电流需要把测量仪器串联在电路上，所以，应用不是很广泛。同时，测电流可以通过测电阻与电压，再利用欧姆定理进行计算得出电流值
信号注入法	信号注入法是指通过给集成电路引脚注入测试信号（包括干扰信号），进而通过电压、电流、波形等反映来判断故障的一种方法。此方法关键之一，就是用合适的信号源。信号源可以分为专用信号源和非专用信号源。对维修人员来说，非专用信号源实用性强些。非专用信号源可以采用：万用表信号源、人体信号源
代换法	代换法就是用好的集成电路代用所怀疑坏的集成电路的一种检修方法。它最大的优点是干净利索、省事。在用此方法时需要注意以下几点： 1）代换法分为直接代换法和间接代换法 2）尽量采用原型号的集成电路代换 3）代换集成电路有时需要注意尾号的不同所代表的含义不同 4）代换的集成电路需要注意封装型式 5）代换的集成电路所要安装的散热片安装正确没有

（续）

名称	解　说
代换法	6）在没有判断集成电路的外围电路元器件是否损坏之前，不要急于代换集成电路。否则，会使代换上去的集成电路又会损坏 7）如果进行试探性代换，最好有保护电路 8）所代换的集成电路保证是好的，否则，会是检修工作陷入死胡同 9）拆除坏的集成电路要操作正确，拿新的集成电路注意消除人身上的静电
加热和冷却法	加热法是怀疑集成电路由于热稳定性变差，在正常工作不久时其温度明显异常，但是又没有十足把握，这时用温度高的物体对其辐射热，使其出现明显的故障，从而判断集成电路损坏。加热的工具可以用电烙铁烤、用电吹风机(热吹风机)吹，烤和吹的时间不能够太长，同时，不要对每个集成电路都这样进行。另外，对所怀疑的集成电路如果加热了也不见故障出现，则应该考虑停止加热 冷却法就是对集成电路的温度进行降温，使故障消失从而判断所降温的集成电路损坏的一种检修方法。冷却的物质或工具可用95%的酒精、冷吹风机，不能够用水、油冷却
升压或降压法	对所怀疑集成电路的电源电压数值的增加，就是升压法。升压法一般是故障(某个元件阻值变大)把集成电路的电源拉低，才采用的一种方法，否则较少采用。而且升压也不能够过高，应在集成电路电源允许范围内；对集成电路电源电压的数值减少，就是降压法。集成电路一般工作于低电压下，如果采用了低劣集成电路或其他原因引起集成电路工作电压过高以及引起集成电路自激，为消除故障，因此，可以采用降压法。降压的方法一个是采用电源端串接电阻法、电源端串接二极管法，以及提高电源电压法。 提高电源电压法在实际的检修过程中较少采用，原因是这种方法无论是外接电源、还是改变集成电路电源线的引进路径，都比较费工费时。但不管是升压法还是降压法电压要在极限电压以内
综合法	综合法就是各种方法的综合应用。但需要注意，尽量使用安全、简单、易行、经济、可靠、快速的方法以及这些方法的组合

3. 手机用电源芯片的特点

（1）手机用电源芯片的种类

1）低压差稳压器（LDO Linear Regulators）、超低压差（VLDO）稳压器。

2）电池充电管理（Battery Chargers）。

3）电源管理集成单元（PMU）。

4）基于电感器储能的稳压器（DC/DC Converters）。

5）基于电容器储能的稳压器（Charge Pumps）。

6）锂电池保护器（Lithium Battery Protection）。

手机电源由早期的多电源芯片＋多独立的稳压器系统到后来的 PMU 集成电源管理器、被集成的 PMU 基带处理器、被集成的 PMU 射频处理器、被集成的 PMU 应用处理器等。不同手机制式需用电源芯片不同，具体如下：

1）GSM/GPRS：低压差稳压器/基于电容器储能的稳压器（Charge pump）。

2）CDMA：电源管理集成单元（PMU）/低压差稳压器/基于电容器储能（Charge pump）。

3）3G：PMU/低压差稳压器（LDO）/基于电容器储能（Charge pump）。

4）PHS：低压差稳压器（LDO）/基于电容器储能（Charge pump/DC-DC）。

（2）低压差稳压器

1）低压差稳压器的特点与工作原理

低压差稳压器也叫作低压差线性稳压器。由于手机电池充足电时的电压为 4.2V，放完电后的电压为 2.3V，变化范围大。作为精密电子设备的手机对于电源要求无纹波、无噪声等要求。因此，手机电路中有关电路的电源输入端一般要求加入低压差线性稳压器，例如摄像头电源驱动、蓝牙模块电源驱动等电路就是如此。

低压差稳压器的基本工作原理：如图 3-41，从 R1 与 R2 中引入的取样电压加在比较放大器的同相输入端＋，并且与加在比较放大器的反相输入端的基准电压进行比较，比较后的差值经比较放大器放大，再引入调整管的基极，进行输出电压的稳定调整；如果输出电压降低时，基准电压与取样电压的差值会

增加，则比较放大器输出到调整管的基极的电流会增大，从而使调整管压降减小，则输出电压会升高，达到输出电压即降即抑的作用。如果输出电压大于所需要的电压，则取样电压与基准电压比较后，使引入调整管的基极电流减小，则串联的调整管压降增大，则输出电压会减小。

实际中的低压差稳压器内置电路更完善，调整管更多的是采用场效应晶体管（因此，LDO 可以分为 NPN LDO、PNP LDO、CMOS LDO），如图 3-42 所示。

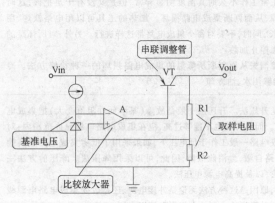

图 3-41　低压差稳压器的基本工作原理

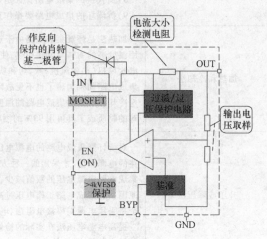

图 3-42　采用场效应晶体管的低压差稳压器

CMOS LDO 与双极晶体管（Bipolar）LDO 的比较见表 3-34。

表 3-34　CMOS LDO 与双极晶体管 LDO 的比较

参数	I_{GND}	V_{DO}	NOISE 噪声
CMOS LDO	低	低	低
Bipolar LDO	高	高	低

2）低压差线性稳压器的主要参数（见表 3-35）

表 3-35　低压差线性稳压器的主要参数

名称	解说
输出电压	选择低压差线性稳压器首先考虑的参数一般是其输出电压。低压差线性稳压器的输出电压有固定输出电压与可调输出电压两种类型。手机中一般采用固定输出电压的低压差线性稳压器
最大输出电流	选择低压差线性稳压器的最大输出电流，应根据后续电路功率来选择
输入输出电压差	输入输出电压差越低，表明线性稳压器的性能越好
接地电流	接地电流又叫作静态电流。接地电流是指串联调整管输出电流为零时，输入电源提供的稳压器工作电流。一般低压差稳压器的接地电流很小
负载调整率	LDO 的负载调整率越小，表明 LDO 抑制负载干扰的能力越强
线性调整率	LDO 的线性调整率越小，输入电压变化对输出电压影响越小，表明 LDO 的性能越好
电源抑制比	电源抑制比反映了 LDO 对干扰信号的抑制能力

（3）电源芯片的识读方法（见表 3-36）

表 3-36　SPX XXXX A AX -DX.X 电源芯片的识读方法

SPX XXXX A A AX -D X.X	
SPX	生产工艺技术：其中，SP 为 CMOS 型；　　SPX 为双极型
XXXX	XXXX 表示元件型号
A	A 表示精度
AX	表示封装：其中，M1 为 TO-89-3；M3 为 SOT -223-3；M5 为 SOT -23-5；M 为 SOT-23-3；N 为 TO-92-3；R 为 MLP；R 为 TO-252-3；S 为 SOIC-8 U-TO-220-3；T5 为 TO263-5；T 为 TO-263-3；U5 为 TO-220-5
X.X	表示输出电压

4. 手机基频处理器

手机基频处理器简称基带。手机的基带也是不断地发展变化的：

1）早期的手机主要提供语音通话、文字短信传送，因此，基频零部件也简单，主要包括模拟基频、数字基频、记忆体、功率管理等部分。

2）随着手机的发展，手机基频处理器发展成基频双处理器：一个数位信号处理器负责语音信号的处理，一个应用处理器负责影音应用的处理。

3G、4G手机相比2G手机而言，需要处理大量的多媒体数据。因此，3G、4G手机需要另外采用应用处理器来加强处理大量的多媒体数据，也可以采用增强多媒体数据处理能力的基频处理器。例如，展讯3G系列芯片有 SC8800D、SC8800S；2G系列芯片有 SC6600D、SC6600H、SC6600I、SC6600R、SC6800D 等。

目前，3G手机基频处理器主要功能可以从以下这些功能块来认识：

1）芯片内核、通信功能、多媒体功能、存储器接口、外围设备接口、工作环境温度、耗电、封装等。其中，外围设备接口看是否具有以下几种：USB2.0接口、UART接口、PCM音频接口、SPI接口、I^2C接口、I^2S接口、GPIO接口、SIM/USIM卡接口、SDIO接口、蓝牙/CMMB/FM/ G-Sensor接口、JTAG接口、实时时钟接口等。

2）存储器接口主要看是否内置了什么类型的存储器控制器以及可以支持什么类型的存储器。

3）LCD显示功能方面，主要看支持分辨率，颜色数目以及是否内置LCD控制器与触摸屏控制器。另外，考虑是否支持双彩屏功能。

4）芯片内核看内核架构以及是否集成数字基带DBB、模拟基带ABB、电源管理模块PMU等。

部分3G手机芯片厂家见表3-37。

表 3-37　部分 3G 手机芯片厂家

制式	厂家	芯片
TD-SCDMA	联芯科技	DTIVYTMA2000 + TV、A2000 + HSDPA、A2000 + U、A2100
	展讯	SC8800H、SC8800D
	T3G	T3G7208
WCDMA	高通	MSM6275、MSM6200
	MKT	MTK6268
CDMA2000	高通	MSM6300、MSM6500、MSM6600

5. 射频芯片

手机射频芯片种类比较多，例如有射频收发器、射频发射器、射频接收器、射频滤波器、射频处理器等。

目前，3G手机需要支持3G信号，并且需要向下兼容2G信号。因此，目前，3G手机射频芯片需要既可以处理2G信号，又能够处理3G信号。例如，3G手机射频单芯片3G + GSM-EDGE射频方案目前被广泛应用。

3G手机单芯片射频电路有的内置了低噪声放大器，不需要外挂TX声表面滤波器。

3G手机射频芯片有 QS3000、QS3200、MT6908 等。MAXIM射频收发器如下：

MAX2390：W-CDMA 频带 II（1930～1990MHz）。

MAX2391：IMT2000/UMTS（2110～2170MHz）。

MAX2392：TD-SCDMA（2010～2025MHz）。

MAX2393：W-TDD/TD-SCDMA（1900～1920MHz）。

MAX2396：IMT2000/UMTS（2110～2170MHz）。

MAX2400：W-CDMA 频带 II（1930～1990MHz）。

MAX2401：W-CDMA 频带 III（1805～1880MHz）。

6. 存储器

（1）概述

半导体存储器的分类如下：

1）根据工艺：双极型存储器、MOS 型存储器。

2）容量大小：小容量块存储器、中容量块存储器、大容量块存储器。

3）体积大小：小块存储器、大块存储器。

4）根据功能：随机存储器（RAM）、只读存储器（ROM）。

5）随机存储器（RAM）：静态 RAM（SRAM）、PSRAM（伪静态 RAM）、LPSDRAM（低功耗 SDRAM）、动态 RAM（DRAM/iRAM）。

6）只读存储器（ROM）：掩模式 ROM（PROM）、可编程 ROM（PROM）、可擦除 PROM（EPROM）、电可擦除 PROM（EEPROM）、闪速存储器（Flash Memory）

7）闪速存储器：NOR 闪存存储器、NAND 闪存存储器。

8）动态存储器：单管动态存储器、三管动态存储器、四管动态存储器、EDO DRAM（快速页面模式动态存储器）、SDRAM（同步的方式进行存取动态存储器）、DDR SDRAM（双倍数据速率同步内存动态存储器）、DDR DRAM（双通道动态存储器）、DDR2 SDRAM（采用锁相技术的双通道动态存储器）。

9）存储器：内置存储器、外置存储器。

许多存储器具有系列产品线，提供不同的容量。另外，存储器还有加密内存、集成多种不同类型存储器的多芯片封装（MCP）等。其中，手机存储器基本采用闪存取代了 DRAM，NOR 闪存因具有高可靠性与宽系统接口主要用于存储程序代码。NAND 闪存因具有高密度、低成本一般用于存储数据。

手机存储器的架构随着手机的发展变化而不断变化。中低端手机中，多数采用 NOR 闪存 + SRAM 的分离器件架构；高档手机则采用存储器的多芯片封装。手机用存储器如图 3-43 所示。

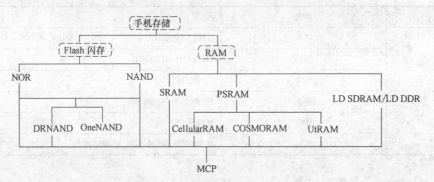

图 3-43　手机用存储器

部分存储器的特点与应用见表 3-38。

表 3-38　部分存储器的特点与应用

名称	解说
ORNAND	ORNAND 闪存是将 NOR 与 NAND 集成在一起的一类存储器
OneNAND	OneNAND 是一种面向手机统一存储的专用内存，其兼具 NOR 与 NAND 闪存的优点
SRAM	SRAM 具有存储密度小、成本高、体积大、信息可稳定保持、存储速度较快（一般为 200ns 左右）、大容量的 SRAM 不多见（常用容量一般不超过 1MB）等特点，因此，3G 手机 SRAM 较少应用
PSRAM	PSRAM 是在 SRAM 基础上发展的，它是包含一个 SRAM 接口的专用 DRAM。PSRAM 具有高密度存储器阵列与类似 SRAM 的特性，在 3G 手机中应是主流
LP-SDRAM	LP-SDRAM 比 PSRAM 具有更高的带宽与容量，与 NAND 间可以实现更高的接口速度，但功耗也大。LP-SDRAM 属于低功耗存储器，在 3G 手机中应是主流
RAM	数据存储器，不能长期保存数据，掉电后数据丢失，一般可对部分 RAM 配置掉电保护电路，在掉电过程中实现电源切换

（续）

名称	解说
DRAM	DRAM 具有集成度高、功耗低等特点
MCP	MCP 有 NOR + PSRAM、NAND + LP-SDRAM、NOR + NAND + Mobile DRAM 等多种形式
SIP	SIP 是指将微处理器或数字信号处理器与各种存储器集成在一起，可作为微系统独立运行的一种新型器件。SIP 比 MCP 具有更高的集成度

另外，3G 手机的存储器是不断变化的，例如从 iPhone 2G 到 iPhone 3G，再到 iPhone 3GS，iPhone 的两次升级，其升级在具体配置升级上的最明显的体现就是通信制式与内存容量的变化。

（2）闪存

1）部分闪存的种类（见表 3-39）

表 3-39　部分闪存的种类

名称	解说
MLC FLASH	MLC FLASH 就是多层单元结构的闪存。该闪存就是每个单元存储 2 位数据，有四个状态 00、01、10、11
SLC FLASH	SLC FLASH 就是单层单元结构的闪存。该闪存就是每个单元存储一位数据或者说 1 比特，有两种状态 0 或 1
TLC FLASH	TLC FLASH 就是三层单元结构的闪存。该闪存就是每个单元存储 3 位数据或者每个单元存储 4 位数据
单通道 FLASH	单通道 FLASH 就是 FLASH 使用了主控的 8 位数据线而与使用了几片闪存不关联
双通道	双通道 FLASH 就是 FLASH 使用了主控的 16 位数据线

2）NAND 闪存与 NOR 闪存的差异

① NOR 闪存是由 EPROM 衍生出来的。在擦除操作期间，NOR 采用电场，而不是紫外光来把单元的浮动门中存储的电子移走。

② NOR 闪存存储单元输入与输出的关系符合或非关系。NAND 闪存存储单元输入与输出的关系符合与非关系。

③ NOR 闪存各存储单元是并联；NAND 闪存各存储单元是串联。

④ NOR 闪存有独立的地址线和数据线。NAND 闪存地址线与数据线是公用的 I/O 线。

⑤ NOR 闪存储存单元为 BIT（位），NAND 闪存存储单元是页。

⑥ NAND 闪存以块（BLOCK）为单位进行擦除操作。

⑦ NOR 闪存具有安全性很好、高可靠性宽系统接口、成本高。NAND 闪存具有高速稳定的写速度、小尺寸、低成本，随机读速度很慢。

3）FLASH 与 EEPROM 的比较（见表 3-40）

表 3-40　FLASH 与 EEPROM 的比较

项目	FLASH	EEPROM
I/O	多个	只有两个 I/O 脚
读写	以块为单位读写	以字节
速度	快	慢
其他	手机的主程序和各种功能程序，一般存放在 FLASH 里。FLASH ROM 又叫字库。目前，3G 手机采用 NAND 闪存 16Gbits、32Gbits 大容量	EEPROM 也叫码片。EEPROM 有问题，主要是数据掉失，会出现手机被锁，或黑屏、低电等。EEPROM 可重新写入程序

4）SDRAM 常见的几个概念（见表 3-41）

63

表 3-41　SDRAM 常见的几个概念

名称	解　说
芯片位宽	为了组成存储器一定的位宽,需要多颗存储器芯片并联工作。例如,组成 64bit,对于 16bit 芯片,需要 4 颗(4×16bit=64bit)
逻辑 BANK	逻辑 BANK 是 SDRAM 内部的一个存储阵列。阵列就如同表格一样,将数据"填"进去
内存芯片容量	存储单元数量 = 行数 × 列数 × L-Bank 的数量。比如 128Mbit:2M × 16Bit × 4Banks:第一个数目是行列相乘的矩阵单元数目,第二个数目是单个存储体的位宽,第三个是逻辑 BANK 数目

5) DDR RAM 的特点

DDR RAM 也就是 DDR SDRAM, 即同步动态随机存储器, 其特点如下:

① 同步: 其时钟频率与 CPU 前端总线的系统时钟频率相同。

② 动态: 存储阵列需要不断刷新来保证数据不丢失。

③ 随机: 数据可随机存储与访问。

DDR 内存有在一个时钟周期内传输两次数据, 即能够在时钟的上升期、下降期各传输一次数据, 因此, DDR 内存也称为双倍速率同步动态随机存储器。

DDR 技术发展经过了 DDR、DDR2、DDR3 等。DDR2 与 DDR3 比较见表 3-42。

表 3-42　DDR2 与 DDR3 比较

项目	DDR2	DDR3
工作电压	1.8V	1.5V
预读	4bit	8bit
速度	高达 1066MHz	高达 2000MHz
增设	DDR3 比 DDR2 新增了重置(Reset)功能、ZQ 校准功能以及参考电压分成了两个参考电压	

手机用 DDR RAM 的种类比较, 例如 256Mbit、512Mbit、1Gbit、1Gbit 等。工作电压有 1.7～1.95V 等, 封装有 FBGA 等。

手机用 DDR RAM 主要引脚端有地址输入端、选择地址端、数据输入/输出端、片选端、写使能端、电源端、接地端、时钟端等。

6) 多芯片封装 MCP 的特点

3G 手机采用 MCP 会越来越普遍, MCP 内部结构示意图如图 3-44 所示。目前, MCP 内部结构叠层可达 9 层。

7. 功率放大器

(1) 概述

功率放大器 (Power Amplifier, PA) 是手机重要的外围器件, 它是将手机发射信号进行放大到一定功率, 便于天线发射出去。从此也可以发现, 功率放大器传输的信号是到天线上, 可见, 功率放大器信号的匹配很重要。

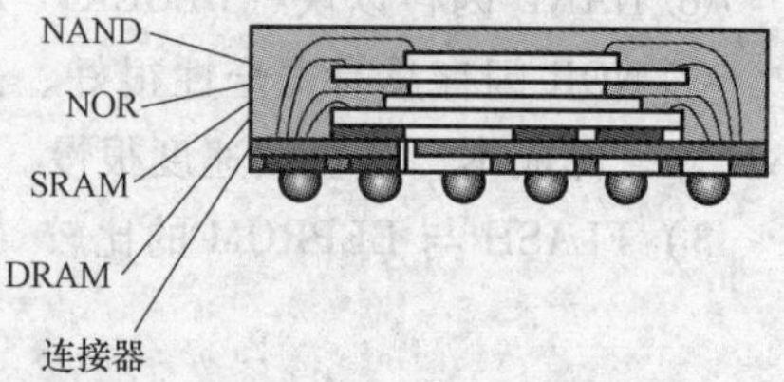

图 3-44　MCP 内部结构示意图

手机功率放大器的演进从分离件功率放大器→功率放大器 PA→功率放大模组(PAM)。功率放大模组主要厂家有 TriQuint、安华高、RFMD、Anadigics 等。

手机射频前端重要的 2 器件: 功率放大器与滤波器, 以前, 因工艺等原因一直是独立的器件。目前, 已经有 3G 手机的射频前端器件通过模块化技术将 PA、滤波器、开关、双工器等器件封装于一体。而开关也具有不同的种类: 单刀九掷、单刀十掷; 滤波器也具有不同的种类, 例低通滤波、表面声波滤波器等。

但是, 早期与初级的 3G 手机, 则是采用独立的功率放大器: 单频、单模的分立产品。当然, 也有采用双频段、多频段、多模的产品。

目前，WCDMA 线性 PA 一般是 4mm×4mm 、3mm×3mm 规格。一些手机功率放大器见表3-43。

表 3-43 手机功率放大器

厂家	型号
TriQuint	WCDM PAM：TQS6011、TQS6012、TQS6014、TQS6015、TQS6018 等 TQM766012：带有双工器的 CDMA & WCDMA / HSUPA 功率放大器模块、PCS / 频带 2 TQM756014：带有双工器的 CDMA & WCDMA / HSUPA 功率放大器模块、AWS / 频带 4 TQM716015：带双工器的 CDMA & WCDMA / HSUPA 功率放大器模块、Cellular / 频带 5 TQM776011：带有双工器的 WCDMA / HSUPA 功率放大器模块、频带 1
RFMD	RF720x 系列为 WCDMA/HSPA + 功率放大模组： 主要用于单频带特定运行：RF7200（频带 1）、RF7206（频带 2）、RF7203（频带 3、4、9 或 10）、RF7211（频带 11） 单个模块封装中整合了两个频带特定：RF7201（频带 1/8）、RF7202（频带 2/5）、RF7205（频带 1/5） 宽带功率放大模组：RF9372（单通道）、RF3278（双通道）、RF6278（三通道） 多模/多频带整合式功率放大模组：RF6？60
ANADIGICS	AWT6221：WCDMA/HSPA HELP3，适用于 UMTS 频段 2 及 5 的双模手机 AWT6222：WCDMA/HSPA HELP3，适用于 UMTS 频段 1 及 6 的双模手机 AWT6224：WCDMA/HSPA HELP3，适用于 UMTS 频段 1 及 8 的双模手机 AWT6321：双频 CDMA/EVDO 功率放大器，专用于蜂窝和 PCS 波段连接
Skyworks	SKY77161 是 TD-SCDMA PA 模块

3G 手机功率放大模组种类比较多：WCDMA 功放模块、TD-SCDMA 功放模块、CDMA2000、功放 + 滤波器模块等，3G 手机功率放大模组如图 3-45 所示。

功率放大模组的 1 脚往往具有一定的标志，有的功率放大器型号与实际标注有点差异，例如 AFEM-7780，实物型号标注一栏为"FEM-7780"，如图 3-46 所示。

图 3-45 3G 手机功率放大模组

（2）部分功率放大器模块速查（见表 3-44）

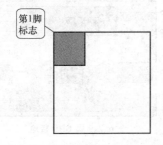  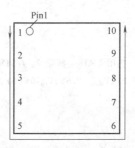

图 3-46 AFEM-7780 的识读

表 3-44 部分功率放大器模块速查

型号	解说	内部电路与引脚分布
ACPM-7881	应用 WCDMA 手机。f：1920 ~ 1980MHz；V_{dd1}、V_{dd3}：3.5V；V_{dd2}：2.85V	

（续）

型号	解　说	内部电路与引脚分布
ACPM-7311	应用 WCDMA（HSDPA）手机。f:824~849MHz;增益:28dB;封装:SM10、4mm×4mm×1.1mm	 Ven(1) Vmode0(2) Vmode1(3) TR Switch 偏置控制 逻辑控制 Vcc1(5) RFInput(4) 输入匹配 DA 级间匹配 PA 输出匹配 RF Output(8) Vcc2(6) 7、9、10 脚 GND 接地
ACPM-7312	应用 WCDMA（HSDPA）手机。f:824~849MHz;封装:4mm×4mm	Vcc1(5) 偏置控制 逻辑控制 Ven(1) Vcc2(6) Vmode(2) Vbp(3) RFIn(4) 输入匹配分接器 级间匹配 输出匹配 RF Out(8) 旁路电路 阻抗调整
ACPM-7331	应用 WCDMA（HSDPA）手机。f:1850~1910MHz;V_{CC}:3.2~4.2V;V_{mode0}:2.6V;增益:24.5dB;封装:4mm×4mm	Vcc2(10) RF Input(2) 输入匹配 DA 级间匹配 PA 输出匹配 RF Output(8) Vcc1(1) 偏置控制 逻辑控制 MMIC MODULE Vmode1(3) Vmode0(4) Ven(5) 6、7、9 脚 GND 接地
ACPM-7332	应用 UMTS 频带 2。f:1850~1910MHz;V_{cc1}、V_{cc2}:3.2~4.2V、V_{mode}:2.6V;V_{bp}:0V(L)、2.6V(H);封装:4mm×4mm	Vcc1(1) 偏置控制 逻辑控制 Ven(5) Vcc2(10) Vmode(4) Vbp(3) RF In(2) 输入匹配分接器 级间匹配 输出匹配 RF Out(8) 旁路电路 阻抗调整 6、7、9 脚 GND 接地
ACPM-7355	为 UMTS 双频功率放大器（频带 2、频带 5）。f:824~849MHz、1850~1910MHz;V_{cc}:3.2~4.2V;V_{mode}:2.6V;封装:4mm×5mm 表如下	旁路电路 阻抗调整 RFin_LB 输入匹配分接器 输出匹配 RFout_LB Vcc1 旁路电路 逻辑控制 Vcc2 Ven_LB Vmode Ven_HB Vbp RFin_HB 输入匹配分接器 输出匹配 RFout_HB 旁路电路 阻抗调整 1 脚 RFIn_Low;2 脚 Vmode;3 脚 Vbp;4 脚 Vcc1; 5 脚 Ven_Low;6 脚 Ven_Hi;7 脚 RFIn_Hi;8 脚 RFOut_Hi; 9 脚 GND;10 脚 GND;11 脚 Vcc2;12 脚 GND;13 脚 GND; 14 脚 RFOut_Low

ACPM-7355 模式表：

Ven	Vbp	Vmode	模式
H	L	L	大功率模式
H	L	H	中功率模式
H	H	H	旁路率模式
L	L	L	关断模式

（续）

型号	解　说	内部电路与引脚分布
ACPM-7357	为 UMTS 双频功率放大器（频带1、频带8）。f：890 ~ 915MHz、1920 ~ 1980MHz；V_{cc}：3.2 ~ 4.2V；V_{en_Low}：0 ~ 0.5V（L）、1.35 ~ 3.1V（H）；V_{mode}：0 ~ 0.5V（L）、1.35 ~ 3.1V（H）；V_{bp}：0 ~ 0.5V（L）、1.35 ~ 3.1V（H）；封装：4mm×5mm 　注：模式同 ACPM-7355	

应用 WCDMA（HSDPA）手机。f：880 ~ 915MHz；V_{cc}：3.2 ~ 4.2V；$V_{en\_}$：0 ~ 0.5V（L）、1.35 ~ 3.1V（H）；V_{mode0}、V_{mode1}：0 ~ 0.5V（L）、1.8 ~ 2.9V（H）；封装：4mm×4mm

ACPM-7371

Ven	Vmode0	Vmode1	范围	模式
H	L	L	~ 28dBm（WCMDA）	大功率模式
H	H	L	~ 16dBm	中功率模式
H	H	H	~ 8dBm	低功率模式
L	—	—	—	关断模式

7、9、10脚 GND 接地

为 UMTS 频带8（880 ~ 915MHz）功率放大器。V_{cc1}、V_{cc2}：3.2 ~ 4.2V；$V_{en\_}$：0 ~ 0.5V（L）、1.35 ~ 3.1V（H）；V_{mode}：0 ~ 0.5V（L）、1.35 ~ 3.1V（H）；V_{bp}：0 ~ 0.5V（L）、1.35 ~ 3.1V（H）；封装：4mm×4mm

ACPM-7372

Ven	Vmode	Vbp	Pout1	Pout2	模式
H	L	L	~ 28.5dBm	~ 27.5dBm	大功率模式
H	H	L	~ 17dBm	~ 16dBm	中功率模式
H	H	H	~ 8dBm	~ 7dBm	低功率模式
L	L	L	—	—	关断模式

Pout 1（Rel99）
Pout 2（HSDPA, HSUPA MPR = 0dB）

7、9、10脚 GND 接地

应用 WCDMA（HSDPA）手机。f：1920 ~ 1980MHz；V_{cc}：3.2 ~ 4.2V；$V_{en\_}$：1.9 ~ 2.9V（H）；V_{mode0}、V_{mode1}：0 ~ 0.5V（L）、1.9 ~ 2.9V（H）；封装：4mm×4mm

ACPM-7381

Vmode0	Vmode1	模式
L	L	大功率模式
H	L	中功率模式
H	H	低功率模式

6、7、9脚 GND 接地

为 UMTS 频带1（1920 ~ 1980MHz）功率放大器。V_{cc1}、V_{cc2}：3.2 ~ 4.2V；$V_{en\_}$：0 ~ 0.5V（L）、1.35 ~ 3.1V（H）；V_{mode}：0 ~ 0.5V（L）、1.35 ~ 3.1V（H）；V_{bp}：0 ~ 0.5V（L）、1.35 ~ 3.1V（H）；封装：4mm×4mm

ACPM-7382

Ven	Vmode	Vbp	Pout1	Pout2	模式
H	L	L	~ 28.5dBm	~ 27.5dBm	大功率模式
H	H	L	~ 17dBm	~ 16dBm	中功率模式
H	H	H	~ 8dBm	~ 7dBm	低功率模式
L	L	L	—	—	关断模式

Pout1（Rel99）
Pout2（HSDPA, HSUPA MPR = 0dB）

6、7、9脚 GND 接地

67

（续）

型号	解　说	内部电路与引脚分布
ACPM-7391	应用 WCDMA（HSDPA）手机。f：1750～1785MHz、1710～1755MHz；V_{cc}：3.2～4.2V；$V_{en\_}$：0～0.5V（L）、1.9～2.9V（H）；V_{mode0}、V_{mode1}：0～0.5V（L）、1.9～2.9V（H）；封装：4mm×4mm （表见下方）	6、7、9 脚 GND 接地

ACPM-7391 模式表

Ven	Vmode0	Vmode1	范围	模式
H	L	L	～28dBm（WCMDA）	大功率模式
H	H	L	～16dBm	中功率模式
H	H	H	～8dBm	低功率模式
L	—	—	—	关断模式

型号	解　说	内部电路与引脚分布
ACPM-7392	为 UMTS 频带4、频带9 功率放大器 V_{cc1}、V_{cc2}：3.2～4.2V；$V_{en\_}$：0～0.5V（L）、1.35～3.1V（H）；V_{mode}：0～0.5V（L）、1.35～3.1V（H）；V_{bp}：0～0.5V（L）、1.35～3.1V（H） Pout 1（Rel99） Pout 2（HSDPA，HSUPA MPR=0dB）	6、7、9 脚 GND 接地

ACPM-7392 模式表

Ven	Vmode	Vbp	Pout1	Pout2	模式
H	L	L	～28.4dBm（Band4） ～28.0dBm（Band9）	～27.4dBm（Band4） ～27.0dBm（Band9）	大功率模式
H	H	H	～17dBm	～16dBm	中功率模式
H	H	H	～8dBm	～7dBm	低功率模式
L	L	L	—	—	关断模式

型号	解　说	内部电路与引脚分布
ACPM-7886	应用 TD-SCDMA。f：2010～2025 MHz；增益：28dB；封装：4mm×4mm；1 脚一般是 3.5V；4 脚一般是 4V；5 脚需要＞2.5V，一般为 2.85V，也可以采用电池供电；10 脚一般为 3.5V	
AFEM-7780	应用 WCDMA（HSDPA）手机。 f：1920～1980MHz（Tx）、2110～2170MHz（Rx）；增益：24.5dB；封装：SMT20　4.0mm×7.0mm×1.1mm	2～4、6～9、11、12、14、17 脚 GND 接地
RF3163	3V 的 900MHz 线性功率放大器模块、可应用于 CDMA/AMPS、CDMA2000/1×RTT、W-CDMA、CDMA2000/1X-EV-DO	

（续）

型号	解　说	内部电路与引脚分布
RF3164	3V 的 1900MHz 线性功率放大器模块、可应用于 CDMA、CDMA2000/1XRTT、CDMA2000/1X-EV-DO f:1850～1910MHz；增益:28～1880dB；V_{cc}:3.2～4.2V	
RF3165	3V 的 1750MHz 线性功率放大器模块、可应用于 WCDMA 频带 3、4、9 手机 多模式的 WCDMA 3G 手机、扩频系统 f:1750～1780MHz；增益:28～1765dB；V_{cc}:3.2～4.2V；封装：QFN16 、3mm×3mm	
RF3266	3V 的 WCDMA 功率放大器模块、可应用于多模 WCDMA 的 3G 手机、TDSCDMA 手机（2010MHz～2025MHz、1880MHz～1920MHz 频段）、扩频系统 f:1920～1980MHz；增益:28dB；V_{cc}:3.4V；封装：QFN16、3mm×3mm×0.9mm	
RF5184	多频段 UMTS 功率放大器模块、可应用于频带 1、频带 2、频带 5、频带 8 的 UMTS 手机 f:824～915MHz(频带 5、频带 8)、1850～1980MHz(频带 1、频带 2)；封装:QFN、4mm×4mm	
RF5188	3V 的 1950MHZ WCDMA 线性功率放大器模块、可应用于 WCDMA 频带 1 手机、多模 WCDMA 3G 手机、TD SCDMA 手机、扩频系统	

（续）

型号	解　说	内部电路与引脚分布
RF5198	3V 的 1950MHzWCDMA 功率放大器模块、可应用于 WCDMA 频带 1 手机、多模 WCDMA 3G 手机、TD SCDMA 手机、扩频系统 f:1920 ~ 1980MHz；增益:28.5 ~ 1950dB；V_{CC}:3.2 ~ 4.2V；封装:QFN16、3mm × 3mm	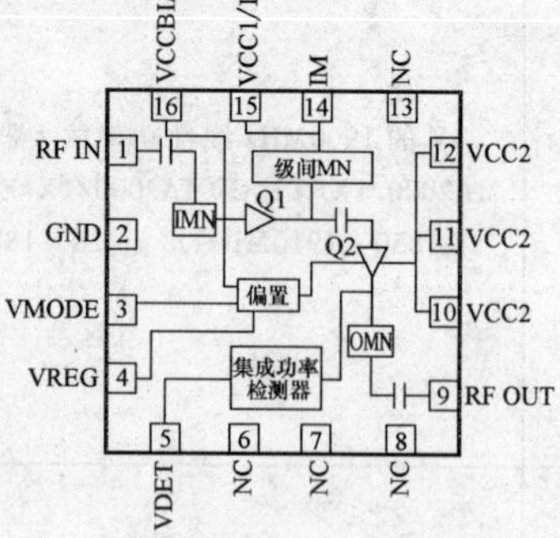
RF6100-1	3V 的 900MHz 线性功率放大器模块、可应用于 CDMA/AMPS、CDMA2000/1XRTT f:824 ~ 849MHz；增益:29 ~ 836dB；V_{CC}:3.2 ~ 4.2V	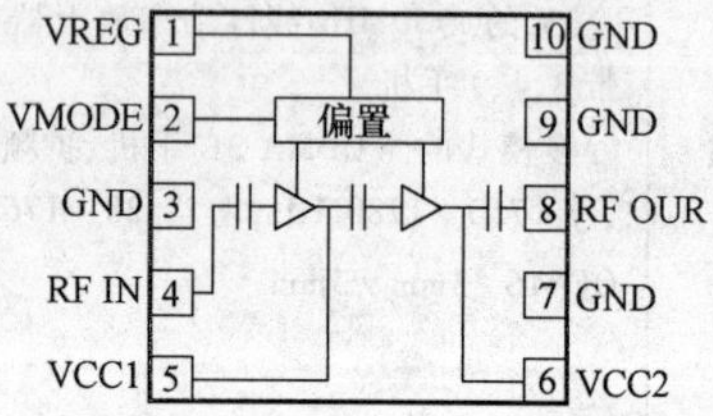
RF6100-4	3V 的 1900MHz 线性功率放大器模块、可应用于 CDMA、CDMA2000/1XRTT、CDMA2000/1X-EV-DO f:1850 ~ 1910MHz；增益:28 ~ 1880dB；V_{CC}:3.2 ~ 4.2V	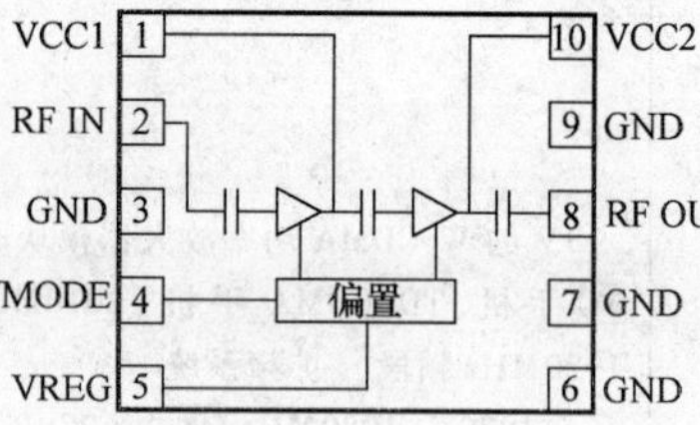
RF6263	3V 的 824 ~ 849MHz 线性功率放大器模块、可应用于 CDMA/AMPS、CDMA2000/1XRTT、CDMA2000/1X-EV-DO 匹配:50Ω；增益:28 ~ 836dB；V_{CC}:3.4V	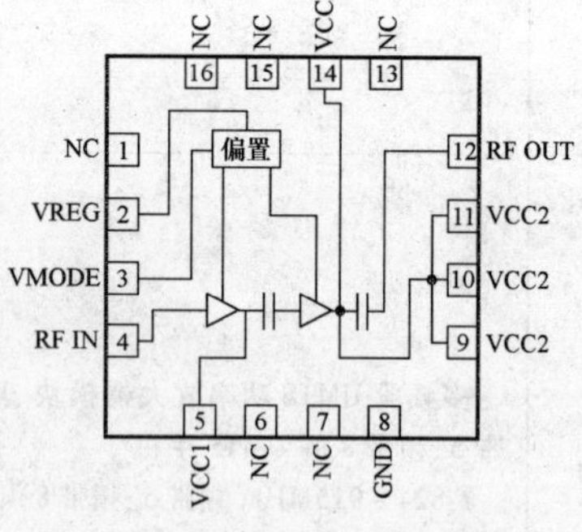
RF6266	3V 的 850/900MHz 线性功率放大器模块	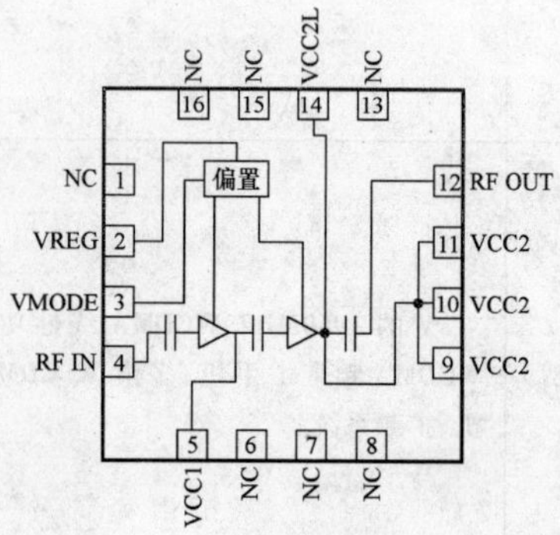

（续）

型号	解　说	内部电路与引脚分布
RF7201	3V 的 W CDMA 频带 1/8 双频功率放大器模块、可应用于双频 1/8 的 UMTS 手机 f:880～915MHz 和 1920～1980MHz；V_{CC}:3.4V	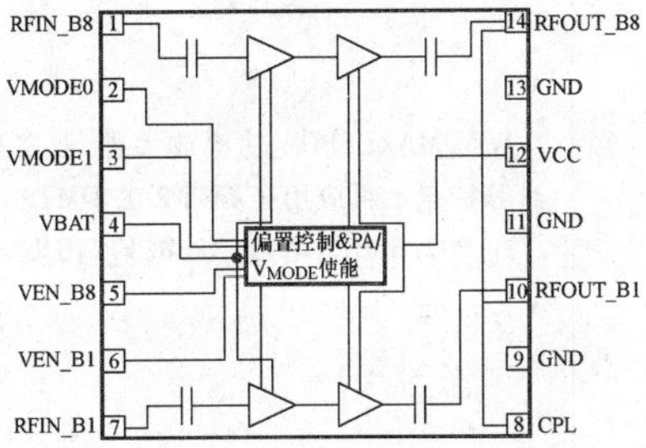
SKY77161	TD-SCDMA（2010～2025MHz）功率放大器模块 V_{CC}:3.2V～4.2V；V_{REF}:2.85V；封装:4mm×4mm	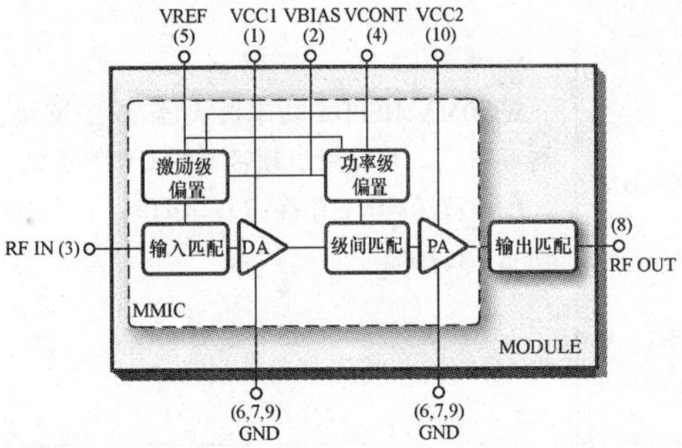
SKY77340	四频 GSM/EDGE 功率放大器（GSM850/900、DCS1800/PCS1900）	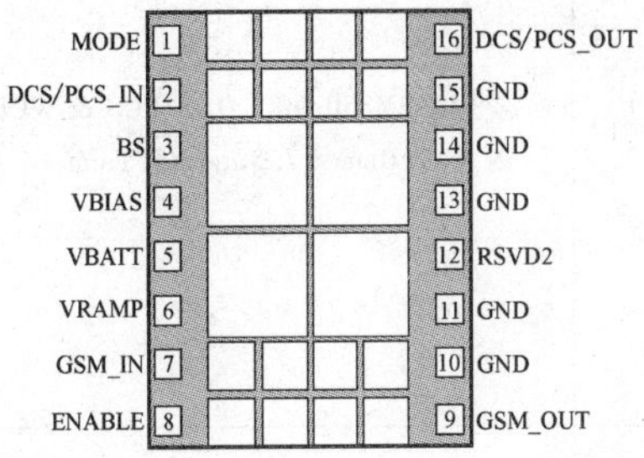
TQM616020	WCDMA/HSPDA 功率放大器-双工模块、具有耦合器、检波器等特点。可应用于频带 5、频带 6 的 UMTS 手机 f:1907.6MHz；增益:25dB；封装:LGA16、7mm×4mm×1.1mm	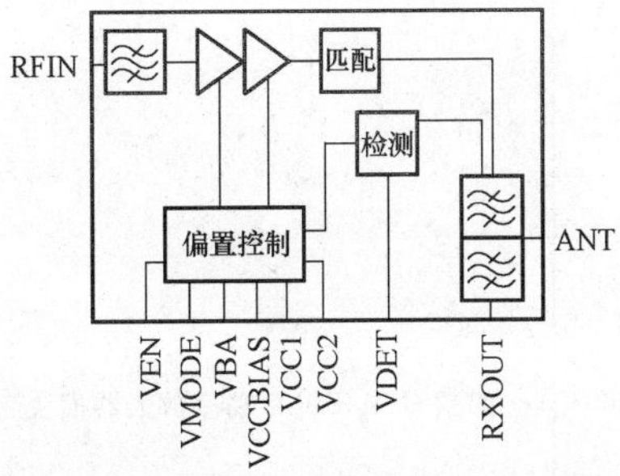
TQM616025	WCDMA/HSPDA 功率放大器-双工模块、具有耦合器、检波器等特点。可应用于频带 5、频带 6 的 UMTS 手机 f:846.6MHz；增益:25dB；V_{CC}:3V；封装:LGA16、7mm×4mm×1.1mm	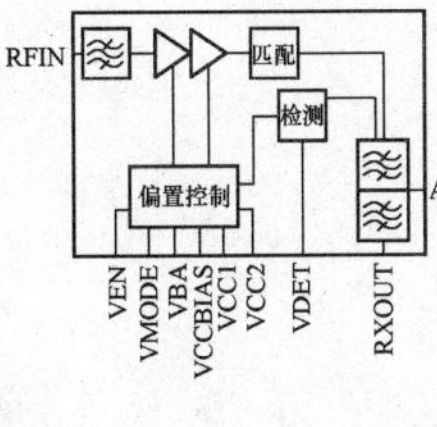 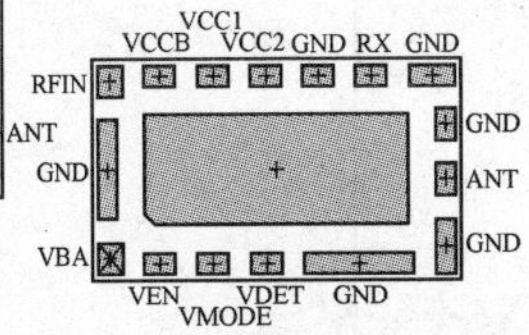

(续)

型号	解　　说	内部电路与引脚分布
TQM666022	WCDMA/HSPDA 功率放大器-双工模块、具有耦合器、检波器等特点。可应用于频带 2 的 UMTS 手机 f:1907.6MHz;增益:25dB;V_{CC}:3V;封装:LGA16、7mm×4mm×1.1mm	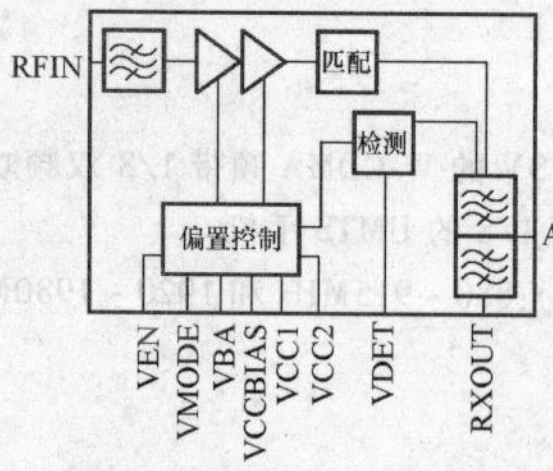
TQM676021	WCDMA/HSPDA 功率放大器-双工模块、具有耦合器、检波器等特点。可应用于频带 1 的 UMTS 手机 f:1977.6MHz;增益:25.2dB;V_{CC}:3V;封装:LGA16、7mm×4mm×1.1mm	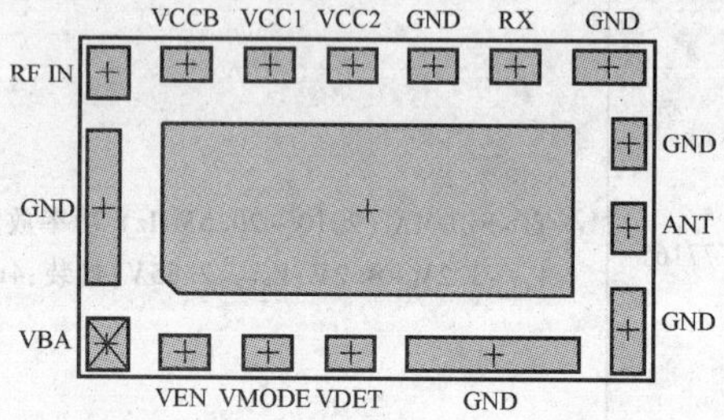
TQM6M9014	应用 GSM850/900、DCS/PCS & WCDMA B1,B2,B5/6,B8 封装:7.0mm×7.5mm×1.1mm	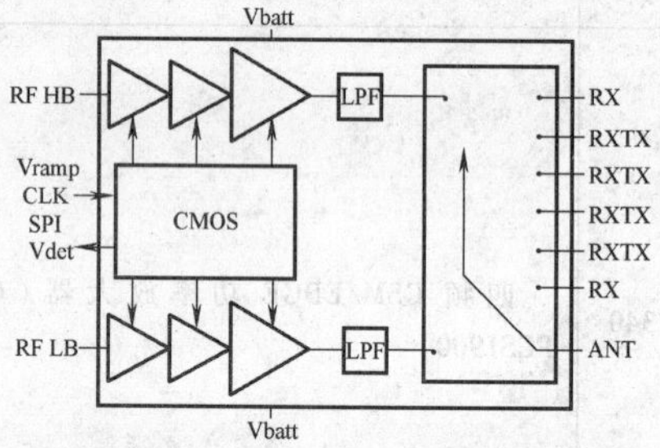
TQM7M5003	四频 GSM/EDGE 功率放大器模块	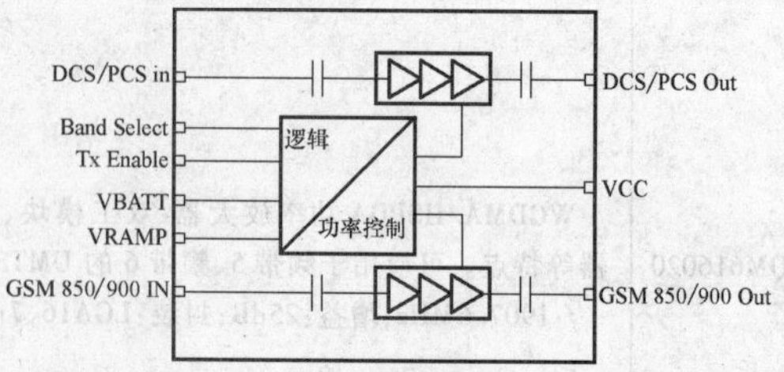 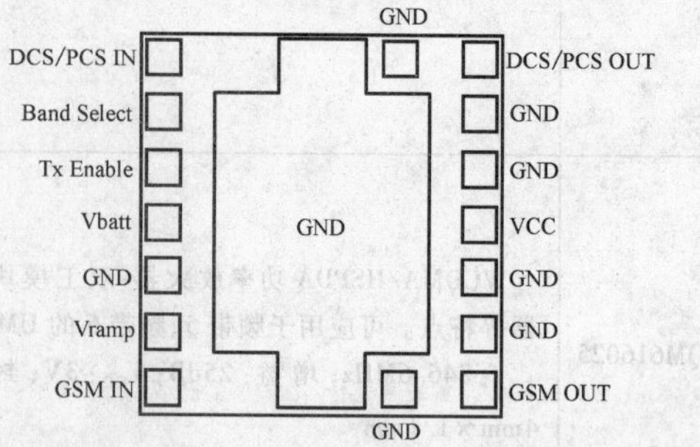

72

（续）

型号	解　说	内部电路与引脚分布
WS2512-TR1G	应用 WCDMA（HSDPA）手机 f: 1920～1980MHz	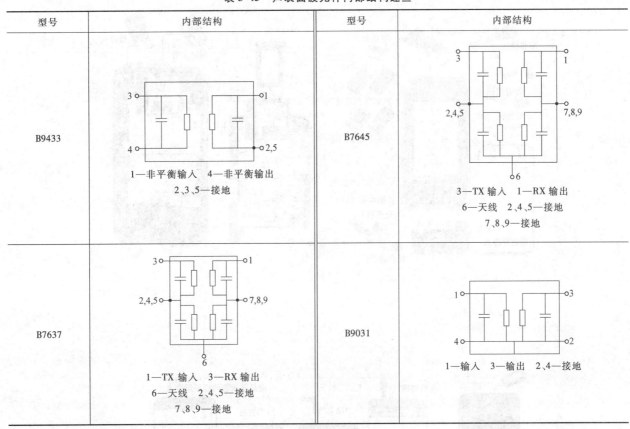

应用 WCDMA（HSDPA）手机

f: 1920～1980MHz

V_{ref}/V	V_{cont}	V_{cc}/V	范围	模式
2.85	L	3.4	～28dBm	大功率模式
2.85	L	3.4	～16dBm	中功率模式
2.85	H	1.5	～7dBm	低功率模式
0	—	3.4	—	关断模式

3、6、7、9—GND 接地

3.2.9　其他

1. 声表面波元件内部结构速查（见表3-45）

表3-45　声表面波元件内部结构速查

型号	内部结构	型号	内部结构
B9433	1—非平衡输入　4—非平衡输出 2、3、5—接地	B7645	3—TX 输入　1—RX 输出 6—天线　2、4、5—接地 7、8、9—接地
B7637	1—TX 输入　3—RX 输出 6—天线　2、4、5—接地 7、8、9—接地	B9031	1—输入　3—输出　2、4—接地

2. 手机陶瓷瞬时电压抑制器速查（见表3-46）

表3-46　手机陶瓷瞬时电压抑制器速查

型号	最大工作电压/V AC	冲击电流/A	电容/nF	能量吸收/J
CA04P2S14THSG，CA04P2V150THSG，CA05P4-S14THSG，CT0402S14AHSG，CT0402V150HSG	14	1～2	2～10	30
CT0402S5ARFG-CT0603V150RFG	4～14		0.6～3	
CT0402L14G-CT0603M7G	4～17	10～30	33～200	7.5～200

73

（续）

型号	最大工作电压/V AC	冲击电流/A	电容/nF	能量吸收/J
CT0603K14G-CT0603S20ACCG	14~25	5~30	10~120	0.075~300
CA05P4S17TCCG	17	10	33	10
CA04P2S17TLCG	17	10	75	0.01
CA05P4S14THSG	14	2	10	30
CA05P4S17TCCG	17	10	33	10

3. iPhone3G 内部结构（见图 3-47）

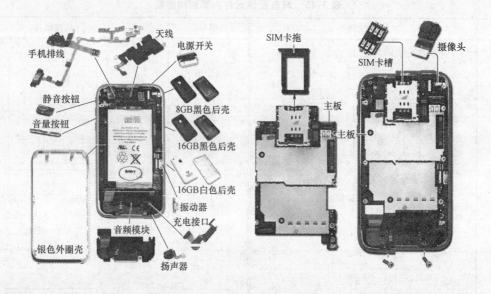

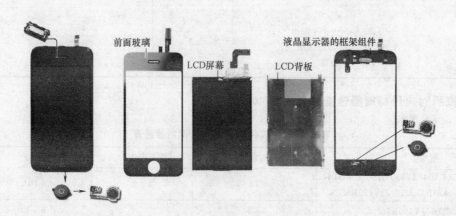

图 3-47   iPhone3G 内部结构

4. iPhone4S 主板元件分布情况

iPhone 4S "L" 型主板与美国本土的 CDMA 版 iPhone 4 的主板有的相似。iPhone4S 主板元件分布情况如图 3-48 所示。

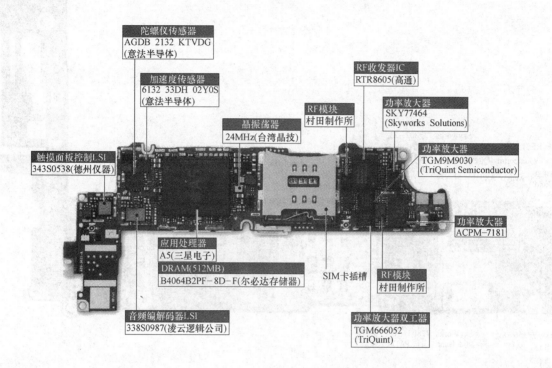

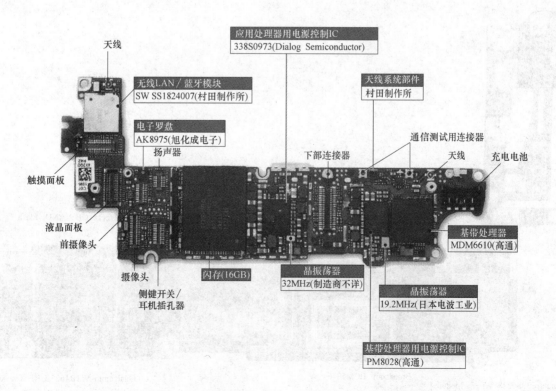

图 3-48　iPhone4S 主板元件分布情况

5. iPhone6 主板元件分布（见图 3-49）

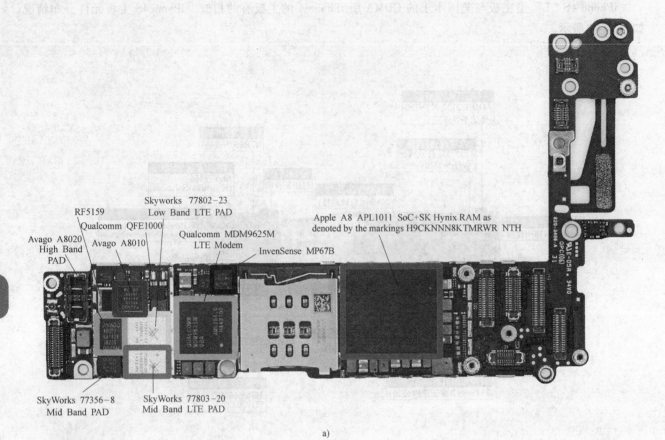

a)

b)

图 3-49　iPhone6 主板元件分布

6. iPhone 6plus 内部结构（见图 3-50）

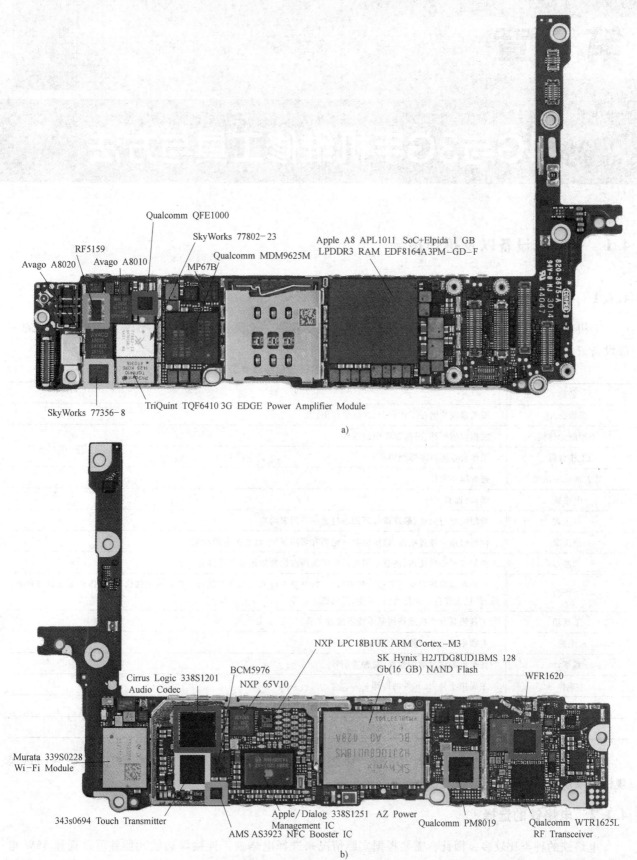

a)

b)

图 3-50 iPhone 6plus 内部结构

第4章

4G与3G手机维修工具与方法

4.1 工具与设备以及拆焊指导

4.1.1 手机维修需要哪些设备或者工具

手机维修工具与仪器仪表包括拆装机工具或者仪器仪表、检测工具或者仪器仪表，手机维修用的一般设备或者工具见表4-1。

表4-1 手机维修用的一般设备或者工具

名称	解说
黑橡胶片	厚黑橡胶片铺在工作台上，起绝缘作用
小抽屉元件架	放相应的配件、拆机过程中的零件
工作台灯	工作台灯可以加强照明
放大镜或显微镜	查看细小元件
电烙铁	焊接、拆卸元件
万用表	检测电路与元件，最好指针万用表与数字万用表均有
稳压源	检测时用的外置电源，稳压电源一定要有短路保护、过流关电等功能
示波器	检测波形等时使用，注意检测时所应用的所有仪器的地线都应接在一起
工作台	不要在强磁场高电压下进行维修操作，需在防静电的工作台上进行。工作台上的仪表、工作台要做好静电屏蔽，并且工作台要保持清洁、卫生，工具摆放有序
工具箱	工具箱具有手机维修的基本设备或者工具
毛刷	毛刷主要用于清除灰尘等作用
频率计	频率计测试发射的频率、时钟等信号
撬棒	主要用于外壳、元件的拆卸
镊子	镊子可以用于取侧面键、安放元件等作用
牙科挑针	牙科挑针可以用于听筒的挑出

另外，还需要抗静电垫子、抗静电手镯、T6型等电动螺丝刀、$\phi1.4\mathrm{mm}$ 十字螺丝刀、$0.02\sim1\mathrm{mm}$ 等规格的塞规、热风枪等工具或者仪器。

4.1.2 电烙铁的选择

电烙铁的种类比较多，因此，需要根据实际情况来选择电烙铁：连接焊热敏元器件可以选择35W电烙铁；大型焊件金属极、接地片等可选择100W以上电烙铁；一般小型、精密件可选择20W外热式；贴片元器件一般选择20W、25W左右的内热式电烙铁，但是，一般不得超过40W。电烙铁的种类见表4-2。

表4-2　电烙铁的种类

名称	解　说
内热式电烙铁	内热式电烙铁一般由连接杆、烙铁芯、手柄、弹簧夹、烙铁头等组成。 该类型的电烙铁烙铁芯安装在烙铁头的里面。烙铁芯采用镍铬电阻丝绕在瓷管上制成,一般35W电烙铁其电阻为1.6kΩ左右;20W电烙铁其电阻为2.4kΩ左右。电烙铁的功率越大,烙铁头的温度也越高。烙铁功率20W时,端头温度大约为350℃;烙铁功率25W时,端头温度大约为400℃;烙铁功率45W时,端头温度大约为420℃;烙铁功率75W时,端头温度大约为440℃
外热式电烙铁	一般由烙铁头、手柄、烙铁芯、外壳、插头等所组成。烙铁头具有凿式、圆形、尖锥形、圆面形和半圆沟形等不同的形状。该类型的电烙铁烙铁头安装在烙铁芯内。外热式电烙铁功率一般都较大
气焊烙铁	该类型电烙铁是一种用液化气、甲烷等可燃气体燃烧加热烙铁头的烙铁。主要适用于无法供给交流电、供电不便等场合
恒温电烙铁	该类型电烙铁是指温度很稳定的电烙铁,其烙铁头内装有磁铁式的温度控制器,以控制通电时间,达到恒温目的
吸锡电烙铁	该类型电烙铁是将活塞式吸锡器与电烙铁熔于一体的既可拆又可焊的工具
调温电烙铁	调温电烙铁主要用手工焊接贴片元器件。调温电烙铁分为手动调温与自动调温两种。贴片元器件可以选择200~280℃调温式尖头烙铁
热风枪	热风枪一般用于SMT电子生产工艺、精密SMD电路板维修,主要适合微型的贴片电子零件、BGA、FBGA等大规模IC的拆焊维修需要。一些设备大量采用了BGA球栅阵列封装模块。BGA是以贴片形式焊接在主板上。因此,维修人员来说选择热风枪、熟练掌握热风枪是必需的

4.1.3　热风枪的选择与维护保养

（1）热风枪的选择

热风枪,简称风枪,又叫焊风枪,它是一种适合于贴片元器件拆焊、焊接的工具。

1）热风枪的选择

目前,有许多智能化的风枪:具有恒温、恒风、风压温度可调、智能待机、关机、升温、电源电压的适合范围宽等特点。根据实际情况选择即可。

2）热风枪的结构

热风枪主要由气泵、线性电路板、气流稳定器、外壳、手柄组件等组成。

（2）热风枪的维护与保养、注意事项

1）使用热风枪前要检查各连接螺钉是否拧紧。

2）第一次使用时,在达到熔锡温度时要及时上锡,以防高温氧化烧死,影响热风枪寿命。

3）不要在过高的温度下长时间使用热风枪。

4）不能用锉刀、砂轮、砂纸等工具修整热风枪烙铁尖。

5）及时用高温湿水海绵去除烙铁尖表面氧化物,并及时用松香上锡保护。

6）严禁用热风枪烙铁嘴接触各种腐蚀性的液体。

7）不能对长寿烙铁嘴做太大的物理变形、磨削整形,以免对合金镀层造成破坏而缩短使用寿命或失效。

8）低温使用是热风枪烙铁,应使用完及时放回到烙铁架上。

9）在焊接的过程中尽可能地用松香助焊剂湿润焊锡及时去除焊锡表面氧化物。如果热风枪烙铁嘴没有上锡的话,热风枪烙铁嘴的氧化物是热的不良导体。熔锡的温度会因此提高50℃以上才能满足熔锡的要求。

10）如果要焊接面积较大的焊点,最好换用接触面较大的热风枪烙铁嘴,以增加温度的传导能力及恒温的特性。

11）根据故障代码,可发现热风枪存在一些故障。

12）热风枪应具有符合参数要求的接地线的电源，否则防静电性能将会丢失。

13）热风枪电源的容量必须满足要求，最低不得少于600W。

14）环境的温度和湿度必须符合要求，不能在低于0℃以下温度下工作，以防塑料外壳在低温下冻伤破裂损坏及造成人身伤害。热风枪显示器也会在低温下停止工作。

15）严禁在开机的状态下插拔风枪手柄和恒温烙铁手柄，以防在插拔的过程中造成输出短路。

16）热风枪手柄的进风口不能堵塞或异物插入，以防鼓风机烧毁及造成人身伤害。

17）严禁在开机的状态下用手触摸风筒及更换风嘴、烙铁嘴、发热芯或用异物捅风嘴。

18）严禁在使用的过程中摔打主机和手柄，有线缆破损的情况下禁止使用。

19）严禁用高温的部件如"风嘴、发热筒、恒温烙铁尖、发热芯"触及人体和易燃物体，以防高温烫伤和点燃可燃物体。

20）严禁用热风枪来吹烫头发或加热可燃性气体，如"白酒、酒精、汽油、洗板水、天那水、丙酮、三氯甲烷"等，以防点燃气体造成火灾事故。

21）严禁用水降温风筒和恒温烙铁或把水泼到机器里。

22）严禁在无人值守的状态下使用风枪和恒温烙铁。

23）严禁风枪/恒温烙铁在没降到安全温度50℃之下包装和收藏。

24）严禁不按规范更换易损部件。

25）严禁不熟识操作规程的人或小孩使用，在工作时请放置在小孩触摸不到的地方，以免造成人身伤害事故。

26）设备在异常的情况下失控或意外着火时，请及时关闭电源用干粉灭火器灭火，以防事故的进一步扩大，并及时进行相应处理。

27）在无地线的情况下使用时，要用试电笔或用万用表确保设备的金属部分不带电时，方可使用。如果有电感应时可调转电源插头。

28）不要随便丢弃报废的设备，以防机器内的某些重金属污染环境，条件许可交给回收公司处理或放进可回收的垃圾专柜。

4.2 维修技法（见表4-3）

表4-3 维修技法

维修技法	解 说
询问法	询问法是通过询问故障手机主，了解对维修有指导意思的情况。询问时一定要有所针对性，询问的内容包括：手机是否被修过、以前维修的部位、是否摔过、是否进水、是否调换、元件是否装错等，据此判断是否同样的故障又产生，以及可以快速找准故障范围及产生原因提供有力参考信息
观察法	观察法可以分为断电观察法与通电观察法。通电观察法是在3G、4G手机通电情况下，观察手机，以发现故障原因，进而排除故障，达到维修的目的 检修3G、4G手机时，采用通电测试检查，如果发现有元件烧焦冒烟，则需要立即断电 断电观察法就是在不给3G、4G手机通电的情况下，拆开机子，观察机子的连接器是否松动、焊点是否存在虚焊、有关元器件是否具有损坏的迹象：爆身、开裂、漏夜、烧焦、缺块、针孔等 观察法的一些应用如下： 1）电阻：起泡、变色、绝缘漆脱落、烧焦、炸裂等现象，说明该电阻已损坏 2）手机外壳：破损、机械损伤、前盖、后盖、电池之间的配合、LCD的颜色是否正常、接插件、接触簧片、PCB的表面有无明显的氧化与变色 3）摔过的机器：外壳有裂痕、线路板上对应被摔处的元件、元件脱落、断线 4）进水手机：主板上有水渍、生锈、引脚间有杂物等 5）按键不正常：按键点上有无氧化引起接触不良 6）接触点或接口：目视检查接触点或接口的机械连接处是否清洁无氧化 7）电池与电池弹簧触片间的接触松动、弹簧片触点脏：造成手机不开机、有时断电等现象 8）手机屏幕上的信息：信号强度值不正常、电池电量不足够

（续）

维修技法	解　　说
观察法	9）显示屏不完好：屏幕损坏 10）线路板上焊料、锡珠、线料、导通物落入：清洁 11）芯片、元器件更换错：更换 12）走私的、低劣的芯片、元器件：更换 13）手机的菜单设置不正确：重新设置 14）天线套、胶粒、长螺丝、绝缘体等缺装：重新装上 15）LED 状态指示：根据状态确诊故障 16）集成电路及元器件引脚发黑、发白、起灰：往往是引发故障的地方 17）元件脱落、断裂、虚焊等现象，进水腐蚀损坏集成电路或电路板等均可以通过观察来发现
代换法	代换法是用相应的好元件代换怀疑的故障元件，从而判断怀疑的正确性，即找到故障的真正原因，达到维修的目的 维修 3G、4G 手机时，对于难测件，凭测量引脚电压、电流来判断有时比较费时，如果怀疑为性能不良的晶体管、损坏的集成电路、轻微鼓包的电容等可以不用万用表检测，直接更换，以加快检修速度
电流法	电流法是通过检测电流这一物理量来判断元件或者电路是否正常，从而达到维修目的。电流法使用的可靠性主要是能够判断哪些电流数值是正确的，哪些电流检测数值是不正确的。或者电流范围是否正确 手机几乎全部采用超小型贴片元件，如果断开某处测量电流不是很实际。因此，可采用测量电阻的端电压值再除以电阻值来间接测量电流 将手机接上外接稳压电源，按开机键时观察稳压源电流表情况来判断
电压法	电压法是通过检测电压这一物理量来判断元件或者电路是否正常，从而达到维修目的。电压法使用的可靠性主要是能够判断哪些电压数值是正确的，哪些电压检测数值是不正确的 电压法需要注意不同状态下的关键电压数据，例如状态有通话状态、发射状态、守候状态等。关键点的电压数据：电源管理 IC 的各路输出电压、RFVCO 工作电压、13MHzVCO 工作电压、CPU 工作电压与复位电压、BB 集成电路工作电压等 3G 频率段不同功率级别，直流变换器给功率放大器的供电电压有差异
电阻法	电阻法是采用万用表检测元件或者零部件、电路的阻值是否正常来判断异常的原因或者部位的一种方法 电阻法检测短路（阻值为 0）、断路（阻值为∞），具有很大优势
短路法	短路法是将电路中怀疑的元件短路来判断异常的原因或者部位的一种方法。短路法一般用于应急修理、交流信号通路的检测，如天线开关、功放等元件损坏时，手边暂时没有，可直接把输入端和输出端短路，如果短路后手机恢复正常，则说明该元件损坏 短路法的应用如下： 1）加电大电流时，功放是直接采用电源供电的，可取下供电支路电感或电阻，不再出现大电流，说明功放已击穿损坏 2）不装 USIM 卡手机有信号，装卡后无信号，怀疑功放有问题，同样可断开功放供电或功放的输入通路，若有信号，证明功放已损坏
开路法	开路法也为断路法。开路法就是把怀疑的电路或元件进行断开分离，如果断开后故障消失，则说明问题系断开的电路或者元件异常所致
对比法	对比法也为比较法。对比法是对维修机的元件、位置、电压值、电流值、波形的正常与否，与同型号的正常机的相应项目进行对比，从而查找故障原因，直到解决问题 另外，对比还可以是实物与资料的对比
清洗法	3G/4G 手机如果进水、进油污或者受水汽影响，可能出现引发元件间串电、操作失灵、3G/4G 手机不工作、烧坏电路板的现象。因此，维修 3G/4G 手机要注意故障是否系 3G/4G 手机进水、进汤等流质物质，引起的故障 3G/4G 手机进水不要开机，应立即卸下电池，进行烘干、清洗 3G/4G 手机出故障时，需要注意受话器簧片、振动电机簧片、SIM 卡座、电池簧片、振铃簧片、送话器簧片等是否脏，需要清洗 对于旧型号的手机可重点清洗 RF 和 BB 之间的连接器簧片、按键板上的导电橡胶。清洗可用无水酒精或超声波清洗机进行清洗
软件维修方法	手机的控制软件易造成数据出错、部分程序或数据丢失的现象，对手机加载软件是一种常用的维修方法 软件问题如下： 1）供电电压不稳定造成软件资料丢失或错乱 2）不开机、无网络或其他软件故障

（续）

维修技法	解　说
软件维修方法	3）吹焊存储器时温度不当造成软件资料丢失或错乱 4）软件程序本身问题造成软件资料丢失或错乱 5）存储器本身性能不良易造成软件资料丢失或错乱，导致 软件写入可以通常用免拆机维修仪重写软件资料实现。软件维修时，需要注意存储器本身是否损坏，如果存储器硬件损坏，则软件维修也不起作用
温度法	温度法是通过检测或者感知元件表面温度，判断元件是否异常的一种方法，从而达到排除故障的目的。如果元件表面温升异常，则肯定存在问题 温度法检测的电路有电源部分、PA、电子开关等小电流漏电或元件击穿引起的大电流。温度法一般可以结合吹热风或自然风、喷专用的制冷剂、手摸、酒精棉球等手段来进行操作 另外，还可用松香烟熏线路板，使元件上涂上一层白雾，加电后观察，哪个元件雾层先消失，即为发热件
补焊法	由于手机电路的焊点面积小，能够承受的机械应力小，容易出现虚焊故障，并且虚焊点难以用肉眼发现。因此，可以根据故障现象，以及原理分析判断故障可能在哪一单元，然后在该单元采用"大面积"补焊并清洗，以排除可疑的焊接点。补焊时，一般首先通过放大镜观察或用按压法判断出故障部位，再进行补焊排除故障
频率法	频率法是通过检测电路的信号有无、频率是否正确来判断故障所在。手机实时时钟信号 32.768kHz 振荡器、主时钟 13MHz 等均可以采用频率法来检测
波形法	波形法是通过检测电路的信号波形的有无、波形形状是否正确来判断故障所在。手机中应用示波器主要用在逻辑电路的检测 波形法检测时需要注意手机在正常工作时，电路在不同的工作状态下的信号波形也不同 无信号时：先测有无正常的接收基带信号，来判断是否是逻辑电路的问题，如果有正常的接收基带信号，说明逻辑电路存在异常 不发射：先测有无正常的发射基带信号，来判断是否是逻辑电路的问题，如果有正常的发射基带信号，说明逻辑电路存在异常
频谱法	频谱法是通过频谱分析仪对射频电路的检测来判断故障所在。频谱分析仪主要是对射频幅度、频率、杂散信号的检测与跟踪 频谱分析仪也可以检测 13MHz 主频率是否正确
按压法	按压法是按压元件或者零部件，从而发现故障原因以及故障部位的一种方法。按压法对于元件接触不良、虚焊引起的各种故障比较有效。按压字库、CPU 时，需要用大拇指和食指对应芯片两面适当用力按压，不可以过于粗暴
悬空法	悬空法是把一部分功能电路悬空不应用，从检查出故障原因。悬空法应用比较多是检测手机的供电电路有无断路 悬空法检测手机的供电电路有无断路方法如下：维修电源的正端接到手机的地端，维修电源的负极与手机的正电端悬空不用。电源的正极加到电路中所有能通过直流的电路上，此时，用示波器（或万用表，地均与维修电源的地连接）测怀疑断路的部位，如没有电压说明断路；如果有电压说明没有断路
信号法	信号法是通过给手机相应电路通入一定频率的信号，从而检测信号通路是否正常的一种方法 信号源可采用信号发生器产生，也可采用导线在电源线上绕几圈，利用感应信号。信号法常用于接收、发射等功能电路的检修
假负载法	在某元件的输入端接上假负载，手机可以正常工作，则说明假负载后面的电路正常，再把假负载移到该元件的输出端，如不能正常工作，说明该元件异常。假负载也可以接在一定功能电路的输入级与输出级，从而判断该功能电路是否正常。应用假负载法时，需要根据实际情况来选择长导线或锡丝或镊子或示波器探头或一定功率电阻等负载
调整法	调整法就是恰当调整元件数值、电路指标或者调整布局，从而达到排除故障的方法 调整法常用于以下方面的维修： 1）发射信号过强引起的发射关机 2）发射信号过弱引起的发射复位 3）发射信号过弱引起的重拨 4）功放、功控电路无效或者增益不够
区分法	区分法是根据电路特点、功能、控制信号、供电电路等相关性来进行故障区域的区分，从而达到排除故障的目的。例如，可以根据供电电路的不同数值电压进行区域的区分，达到确定故障点的目的 另外，3G/4G 手机检修常分为三线四系统区分维修。四系统为基带系统、射频系统、电源系统、应用系统。三线为信号线、控制线、电源线

（续）

维修技法	解　说
分析法	分析法是根据手机结构、工作原理进行分析,从而判断故障发生的部位,甚至具体元件 由于手机基本结构、基本工作原理一样,因此,任何手机的基本结构、基本工作原理分析具有一定的通用性。但是,具体的机型具体电路具有一定的实际差异性。另外,同一平台的手机工作原理具有一定的参考性
黑匣子法	黑匣子法是针对一些手机电路、集成电路不需要具体了解其内部各元件以及电路工作原理,而是把它们看作一个整体,只把握电路的输入、输出、电源、控制信号是否正常,从而判断故障的一种方法
跨接法	跨接法是利用电容或者漆包线跨接有关元件或者某一单元电路,其中,漆包线一般用于 0Ω 电阻与一些单元电路的跨接,电容(例如 100pF)一般用于射频滤波器的跨接
听声法	听声法是从待修手机的话音质量、音量情况、声音是否断续等现象初步判断故障。也可以根据外加的信号,判断声音是否正常来判断
综合法	综合法是综合使用多种方法,多种技巧,多种手段,甚至多种维修仪器,达到修好手机的目的

第 5 章

故障检修

5.1 手机硬故障

5.1.1 手机常见硬件故障现象（见表5-1）

表 5-1　手机常见硬件故障现象

类型	现　象
主板	开机掉电、不充电、刷机刷不过、开机黑屏、刷机死循环、不连电脑、刷机 160X 报错、不开机、开机花屏、白屏、蓝屏、开机机器有异响、开机点不亮等
电池	待机时间短、电池显示不正常、不亮、电池时间短等
屏幕	触屏部分失灵、触屏全部失灵、白屏、花屏、屏裂、漏液、闪屏、暗屏、红屏等
通信模块	通话无声、通话中自动无声、通话电流声、无信号、信号弱、无 WiFi、无蓝牙、不开机、不充电、刷机 1011 错误、刷机 23 错误、暗屏下接不到电话等
键盘故障	键盘打不出字、键盘输入字符不对等
扬声器	扬声器无声音、扬声器有杂音等
WiFi	漏电、锁屏、WiFi 信号弱、无 WiFi、来电话手机没有反应但呼叫方显示通等
电源	不充电、大电流等
信号字库	报错 23、无 WiFi、没信号等
CPU	刷机报错等
大字库	刷机报错等
听筒插口	不充电、不开机、无声音等
天线电路	信号差、拨打电话困难、接收困难等

5.1.2 手机常见故障原因（见表5-2）

表 5-2　手机常见故障原因

现　象	原　因
暗屏下接不到电话	通信模块故障
白屏	①屏幕故障；②显示屏损坏；③显示 IC 损坏；④主字库损坏；⑤软件故障
不充电	①通信模块故障；②CPU 主板故障；③尾插接口损坏或尾插排线断；④电池老化，连接处焊接脱落；⑤充电 IC 损坏；⑥主板电源烧坏
不读卡	①卡座损坏，接触不好；②读卡 IC 异常；③通信字库异常
不开机	①通信模块故障；②CPU 主板故障
不连电脑	CPU 主板故障
触摸不灵、显示屏异常	①显示屏损坏；②触摸 IC 损坏；③触摸 IC 驱动管损坏

（续）

现象	原　　因
触屏部分或全部失灵	屏幕故障
待机时间短	电池故障
电池显示不正常	电池故障
花屏、屏裂、屏幕漏液	屏幕故障
不上电不亮	电池故障
刷机 1011、23 错误	通信模块故障
刷机 160X 报错	CPU 主板故障
刷机刷不过、刷机死循环	CPU 主板故障
通话电流声、通话无声	通信模块故障
通话中自动无声	通信模块故障
无 WiFi、无蓝牙	通信模块故障
无送话	①尾插损坏；②送话 IC 损坏
无听筒	①听筒损坏；②感应线损坏；③听筒 IC 损坏
无信号、信号弱	通信模块故障
信号问题	①天线损坏，引起无信号或信号弱；②信号中频损坏，引起无信号；③功放损坏，引起无信号；④卡座损坏，接触不好；⑤通信空白；⑥字库错误；⑦WiFi IC 损坏，引起无 WiFi 信号
有信号打不出	①信号中频损坏；②功放损坏；③通信字库空白
自动开关机	①尾插异常；②音频线异常；③主板异常

5.1.3　手机常见故障维修对策（见表 5-3）

表 5-3　iPhone 常见故障维修对策

故障、现象	可能原因	维修对策
"NO WiFi"、WiFi 有信号连接不上	WiFi 集成电路损坏	更换 WiFi 集成电路
WCDMA 无服务，使用手机卡可正常通话	检查 WCDMA 射频电路	检查相关电容、电感、集成电路，发现异常的更换即可
白屏幕、屏幕裂	摔过、外力压坏	更换液晶屏幕
版本过低、白苹果、升级	系统错误、版本需要更新	软件刷机
报错"1011"	通信板 BIOS 数据损坏	更换 BIOS
不充电	电池异常	更换电池
不充电	主板充电 IC 坏	更换主板充电 IC
不充电、USB 连不上电脑以及 HOME 键失灵	充电排线坏	更换充电排线
不开机、主机进水	摔过、电路腐蚀等	主板维修
不能发送短信	通信板 BIOS 数据损坏	更换 BIOS
不送话、扬声器嘶哑、小声、无声	充电排线或传声器异常	更换排线
充不了电	检查电池温度检测电路、充电控制电路、电池	更换异常件即可
待机后不能滑锁	触摸屏损坏、液晶屏损坏	更换触摸屏、更换液晶屏
电池用电快、电池不开机	电池漏液、电池损坏、电池寿命到了	更换电池
耳机无声、开关键不灵、无振动、自动关机	耳机排线异常	更换耳机排线
耳机无声音	腐蚀、接触不良	更换音频组件
关机自动开机、无法开机	耳机排线异常、充电排线异常	更换排线
关机自动开机、无法开机	主板电源 IC 异常	更换主板电源 IC
关机自动开机、无法开机	通信板电源 IC 异常	更换通信板电源 IC
开关键损坏	使用过多、用力过猛	更换开关组件

85

（续）

故障、现象	可能原因	维修对策
开机死机、滑锁定屏、操作反应慢	WiFi 集成电路损坏	更换 WiFi 集成电路
免提通话正常，但音乐播放不正常	查语音编/译码器、应用处理器	更换异常件即可
屏幕部分触摸不灵、全部失灵、屏幕爆裂	触摸屏损坏、液晶屏损坏	更换触摸屏、更换液晶屏
屏幕破裂	摔过、外力压坏	更换屏幕总成
三无即"NO WiFi、无蓝牙、无 IMEI"	通信板 BIOS 数据损坏	更换 BIOS
使用 GSM 手机卡，手机显示无服务，不能拨打电话，使用联通手机卡可正常通话	检查 GSM 射频电路	检查相关电容、电感、集成电路，发现异常的更换即可
使用移动、联通手机卡，手机都显示信号差	检查接收射频前级电路、天线连接器	检查相关电容、电感、集成电路，发现异常的更换即可
使用移动 SIM 卡与联通 SIM 卡，手机都是显示无服务	检查 GSM 与 WCDMA 射频的公共电路	检查相关电容、电感、集成电路，发现异常的更换即可
手机能通话，到受话器中杂音比较大	检查受话器音频线路中的旁路电容、音频集成电路	更换异常件即可
手机偶尔会自动关机	检查电流检测电路、电压检测电路	更换异常件即可
听不到对方声音、破音	听筒进水、听筒摔坏	更换听筒
听筒、麦克、外音同时没有	通信板 BIOS 数据损坏	更换 BIOS
听筒无音	听筒异常	更换听筒
外部音频终端的音频信号无法送入 iPhone 中	检查语音编/译码器与系统连接器间的电路、接口	检查相关电容、电感、接口、集成电路，发现异常的更换即可
无 WiFi、无服务、无蓝牙	摔过、电路腐蚀等	主板维修
无法充电、接口损坏	接口进液体、尾插排线损坏	更换尾插
无法返回、HOME 键失灵	老化、摔过、挤压	更换返回组件
无外音、破音	扬声器腐蚀、扬声器老化	更换扬声器
无外音、无按键音	主板音频 IC 损坏	更换音频 IC
无信号、信号时有时无、有信号不能打电话	通信板信号模块问题	更换信号模块 IC
无振动	振动组件损坏、振动组件卡住等	更换振动组件
照相死机、照相花屏	摄像头坏	更换摄像头

5.1.4 手机 SIM 卡读不了（见表5-4）

表5-4　手机 SIM 卡读不了的检修

原因	解　说
SIM 异常	如经过手机重启、卡重新插放等步骤，还是没有用，则找另外一部手机确认是否是 SIM 损坏引起的。如果在其他手机上依然是无反应等故障，则说明卡损坏了，需要补卡
手机故障	如果将其他手机的卡插入该手机中，仍不能够读取 SIM，则可能是卡槽损坏了，也可能是手机系统异常引起的
升级手机系统	进入手机的设置，查看手机系统是否为最新版本。如果不是最新版本，则在安全的情况下，尝试升级版本，可能会排除故障
恢复出厂设置	可能是基带异常引起的，基带没有刷好，引起信号差或者无 SIM 卡等故障。可以在恢复出厂设置，但是，需要先备份好手机的重要资料，例如通讯录、短信、照片等。备份好后，则可以前往设置中心恢复出厂设置
手机刷机	如果重启手机，依旧不显示 SIM 卡，则可以试试重新刷机，看能否排除故障

5.1.5　4G手机常见故障维修（见表5-5）

表5-5　4G手机常见故障维修

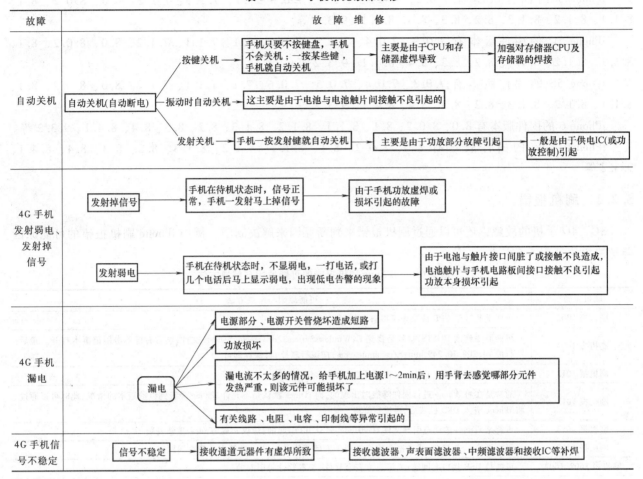

5.2　手机软故障

5.2.1　软故障概述

软故障也就是软件故障。3G、4G手机的一些软件故障是因破解、升级、恢复等不当操作而产生的，有的是因安装、删除程序与游戏而产生的。

3G、4G手机如果出现一个空白的屏幕，关闭菜单或运行缓慢，最有可能的是3G、4G手机出现了软故障。

3G、4G手机的软故障往往与固件有关。例如iPhone手机的固件就是iPhone手机存储基础iOS与实现通信软件的载体。其相当于电脑的操作系统（例如Windows XP）或功能更高级BIOS。

没有固件，3G、4G手机只是一部没有大脑的硬件。例如iPhone手机的固件分为应用部分和基带部分。应用部分主要指的iOS的iPhone OS操作系统，而基带主要就是iPhone手机通信系统。两部分加起来，合成为一个xxxx.ispw文件存在。

iPhone系列手机的部分固件如下：

iPhone 3G的固件版本有2.2、2.2.1、3.0、3.0.1、4.0、4.0.1、4.0.2、4.1、4.2.1等。

iPhone 3GS的固件版本有5.0、5.0.1、5.1.1、6.0、6.0.1、6.1、6.1.2、6.1.3、6.1.6等。

iPhone 4的固件版本有6.1.2、6.1.3、7.0、7.0.2、7.0.3、7.0.4、7.0.6、7.1、7.1.1、7.1.2等。

iPhone 4S 的固件版本有 5.0（9A334）、5.0.1（9A405）、5.0.1（9A406）、5.1（9B179）、8.1.1、8.1.2、8.1.3、8.2、8.3、8.4、8.4.1、9.3.2 等。

iPhone 5 的固件版本有 7.0.2、7.0.3、7.0.4、7.0.6、7.1、7.1.1、7.1.2、8.0、8.0.2、8.1、8.1.1、8.1.2、8.1.3、8.2、8.3、8.4、8.4.1、9.3.2 等。

iPhone 5C 的固件版本有 7.0.3、7.0.4、7.0.5、7.0.6、7.1、7.1.1、7.1.2、8.0、8.0.2、8.1、8.1.1、8.1.2、8.1.3、8.2、8.3、8.4、8.4.1、9.3.2 等。

iPhone 5S 的固件版本有 7.0.3、7.0.4、7.0.5、7.0.6、7.1、7.1.1、7.1.2、8.0、8.0.2、8.1、8.1.1、8.1.2、8.1.3、8.2、8.3、8.4、8.4.1、9.3.2 等。

iPhone 6 的固件版本有 8.0、8.0.2、8.1、8.1.1、8.1.2、8.1.3、8.2、8.3、8.4、8.4.1、9.3.2 等。

iPhone6 Plus 的固件版本有 8.0、8.0.2、8.1、8.1.1、8.1.2、8.1.3、8.2、8.3、8.4、8.4.1、9.3.2 等

5.2.2 刷机报错

3G、4G 手机的故障，还可以通过刷机报错来判断原因来解决问题。例如 iPhone 刷机报错的可能原因与解决方法见表 5-6。

表 5-6　iPhone 刷机报错的可能原因与解决方法

刷机报错	可能原因与解决方法
刷机报 1002	可能重装基带 CPU 或字库可以解决问题
刷机报 1004	可能需要修改 HOSTS，也就是找到 C:WindowsSystem32driversetc 下 hosts 文件，然后右键单击用记事本打开。最后一行的 74.208.10.249 http://gs.apple.com，把该行删掉，再保存即可
刷机报 1013	可以通过打开越狱工具 pwn 激活手机，后重启解决问题
刷机报 1015	通常是在将 iPhone 进行固件降级时出现的，而 iTunes 默认是不允许 iPhone 降级到以前版本的情况，此时可以通过将 iPhone 进入 DFU 模式后，再进行降级
刷机报 1413	可能是 iTunes 的动态引导文件 iPodUpdaterExt.dll 引起的，建议卸载 iTunes，重新安装
刷机报 1417	可能更换 USB 接口，或者把数据线插到主机后面的 USB 供电口等方法解决问题
刷机报 1602、1604	可能是 USB 接口有问题，或第三方安全软件、杀毒软件等引起的
刷机报 160X（1601、1602 等统称 160X）	如果手机摔坏，报 1601，大部分说明 CPU 异常
刷机报 21 或 9	说明手机码片有问题，或软件资料不匹配
刷机报 29	说明电池检测脚不正常，可以通过更换电池或检测主板检测脚是否断线来排除故障
刷机报 3194	说明调取的版本过低，可以通过刷高版本来解决问题
刷机报 1602	说明需要写基带字库资料

尝试通过 iTunes 更新或恢复固件 iPhone 时，更新或恢复过程可能中断，iTunes 可能显示警告信息。常遇到 iTunes 中的警告信息（发生未知错误）可能包括下列数字之一，它们对应的原因见表 5-7。

表 5-7　iTunes 中的警告信息对应原因

包括数字	解说	原因或者解决方法
-19	未知错误 -19	从 iTunes 的"摘要"标签中取消选择"连接此 iPhone 时自动同步"→重新连接 iPhone→更新可能会解决该问题
0xE8000025	未知错误 0xE8000025	更新最新的 iTunes 可能会解决问题
1	未知错误 1	可能是未进入降级模式等原因引起的，更换 USB 插口、重启电脑可能会解决问题
2	未知错误 2	停用/卸载第三方安全软件、防火墙软件可能会解决问题
6	未知错误 6	安装默认数据包大小设置不正确造成的现象
9	未知错误 9	iPhone 意外从 USB 总线上脱落，并且通信中断时一般会出现该错误，以及恢复过程中手动断开设备连接时也会出现该错误。一般可以通过执行 USB 隔离故障诊断、尝试其他 USB 端口、消除第三方安全软件的冲突来解决该错误

（续）

包括数字	解说	原因或者解决方法
13	未知错误 13	执行 USB 隔离故障诊断、尝试其他 USB 30 针基座接口电缆、消除第三方安全软件冲突、尝试通过其他良好的电脑与网络进行恢复等进行解决问题
14	未知错误 14	执行 USB 隔离故障诊断、尝试其他 USB 30 针基座接口电缆、消除第三方安全软件冲突、尝试通过其他良好的电脑与网络进行恢复等进行解决问题
19	未知错误 19	从 iTunes 的"摘要"标签中取消选择"连接此 iPhone 时自动同步"→重新连接 iPhone→更新可能会解决问题
20	未知错误 20	可能是安全软件干扰、更新引起的故障
21	未知错误 21	可能是安全软件干扰、更新引起的故障
34	未知错误 34	可能是安全软件干扰、更新引起的故障
37	未知错误 37	可能是安全软件干扰、更新引起的故障
1000	未知错误 1000	如果错误出现在 iPhone 更新程序日志文件中，则可能是解压、传输恢复设备期间由 iTunes 下载的 IPSW 文件时发生错误引起的。排除方安全软件干扰、其他设备冲突可能会解决问题
1013	未知错误 1013	可以重启电脑、重装系统、跳出恢复模式等方法来解决问题
1013	未知错误 1013	调整 hosts 文件、安全软件，确保与 gs.apple.com 的连接不被阻止，可能会解决问题
1015	未知错误 1015	可能是软件降级导致的错误、使用旧的 .ipsw 文件进行恢复时出现的错误、系统不支持降级到以前的版本出现的错误等
1015	未知错误 1015	可能是软件版本与基带版本不对应等原因引起的问题
1479	未知错误 1479	尝试联系 Apple 进行更新或恢复时会出现该错误。重新连接重新启动可能会解决问题
1602	未知错误 1602	执行 USB 隔离故障诊断、消除第三方安全防火墙软件冲突、尝试通过其他良好的电脑与网络进行恢复等来解决
1603	未知错误 1603	重新启动 iPhone、重置 iPhone 同步的历史和恢复、更新 iTunes、更新 iPhone、重新启动计算机、更换 USB 插口、创建一个新的用户账户和恢复等方法可能会解决问题
1604	未知错误 1604	执行 USB 隔离故障诊断、尝试其他 USB 30 针基座接口电缆、消除第三方安全软件冲突、尝试通过其他良好的电脑与网络进行恢复等来解决
2001	未知错误 2001	移除一些 USB 设备和备用电缆后重新启动电脑以及解决安全软件冲突可能会解决问题
2002	未知错误 2002	移除一些 USB 设备和备用电缆后重新启动电脑以及解决安全软件冲突可能会解决问题
2005	未知错误 2005	移除一些 USB 设备和备用电缆后重新启动电脑以及解决安全软件冲突可能会解决问题
2006	未知错误 2006	移除一些 USB 设备和备用电缆后重新启动电脑以及解决安全软件冲突可能会解决问题
2009	未知错误 2009	移除一些 USB 设备和备用电缆后重新启动电脑以及解决安全软件冲突可能会解决问题
3194	未知错误 3194	使用的软件版本与硬件设备不匹配，更新软件可能会解决问题
1014	未知错误 1014	当出现未能恢复 iPhone 发生未知错误 1014 时，手机其实已经完成恢复了。这是用 tinyumbrella 点一下 Exit Recovery 就可以启动手机了

5.3 iPhone 手机常见故障维修

5.3.1 iPhone3G 手机常见故障维修（见表 5-8）

表 5-8 iPhone3G 手机常见故障维修

故障	故障维修
进水	iPhone 进水后，不要开机，一般需要清洗。因为手机进水后，可能造成电路板存在污损，也可能会导致电路发生故障以及断线。另外，进水手机的水分挥发后，线路板上可能会留下多种杂质与电解质，则会改变线路板设计时的一些分布参数，导致一些指标与性能下降 对于一般的进水机，可以放在超声波清洗仪进行清洗，利用超声波清洗仪的振动把线路板上以及集成电路模块底部的各种杂质、电解质清理干净。清洗液可用无水酒精或天那水 对于浸在水里时间长的手机，清洗后还需要进行干燥处理。因为浸水时间较长，水分可能已进入线路板内层。因此，可以把线路板浸泡在无水酒精里，浸泡时间在 24～36h，利用无水酒精的吸水性，使水分与无水酒精完全混合。然后，把线路板放于干燥箱进行干燥处理，温度为 60℃左右，时间为 20h 左右，这样基本可以把线路板内层的水分排除

（续）

故　障	故　障　维　修
iPhone 摔过	iPhone 摔过，容易出现以下故障：①外壳损伤、变形，更换外壳即可；②集成电路、分立元器件容易开焊造成各种故障，需要进行补焊处理；③晶体振荡器容易损坏，摔坏导致不起振或者振荡频率不准，产生不开机、无信号等故障
iPhone3G 不开机	iPhone3G 不开机主板的原因如下：①32.768Hz 异常，引发 iPhone3G 不开机；②CPU 双层模块异常，引发 iPhone3G 不开机；③SIM 卡座不认卡异常，引发 iPhone3G 不开机；④副电源集成电路损坏，引发 iPhone3G 不开机；⑤功放异常，引发 iPhone3G 不开机；⑥射频集成电路异常，引发 iPhone3G 不开机；⑦天线开关异常，引发 iPhone3G 不开机；⑧外部接口异常，引发 iPhone3G 不开机；⑨显示接口异常，引发 iPhone3G 不开机；⑩显示模块异常，引发 iPhone3G 不开机；⑪照相滤波电容异常，引发 iPhone3G 不开机；⑫主 CPU 异常，引发 iPhone3G 不开机；⑬主电源集成电路损坏，引发 iPhone3G 不开机；⑭主时钟 26MHz 异常，引发 iPhone3G 不开机；⑮主字库供电模块异常，引发 iPhone3G 不开机；⑯主字库异常，引发 iPhone3G 不开机
一台 iPhone3G 能够开机，但不能够充电	经检测尾插的电压，发现为 5V，属于正常，这也说明该 iPhone3G 尾插可能是正常的。检查充电电路中充电 IC，发现异常。更换充电 IC 后，试机，一切正常
一台 iPhone3G 开机显示恢复模式	经询问，本台故障机摔过。经刷机，报错 28。更换硬盘后，故障依旧没有解决。检测硬盘 3V 供电线，发现断线。采用飞线连接后，试机，一切正常
一台 iPhone3G 信号弱	根据故障现象信号弱，说明故障可能在功放、天线开关等电路或者元件上。经检测发现功放异常，更换功放后，试机，一切正常

5.3.2　iPhone3GS 手机常见故障维修（见表 5-9）

表 5-9　iPhone3GS 手机常见故障维修

故　障	故　障　维　修
一台 iPhone 3GS 进水没有灯光	首先检测 iPhone3GS 主板上所表示的检测点，如果有 1.7V 电压，则可以采用飞线到灯，解决没有灯光的问题 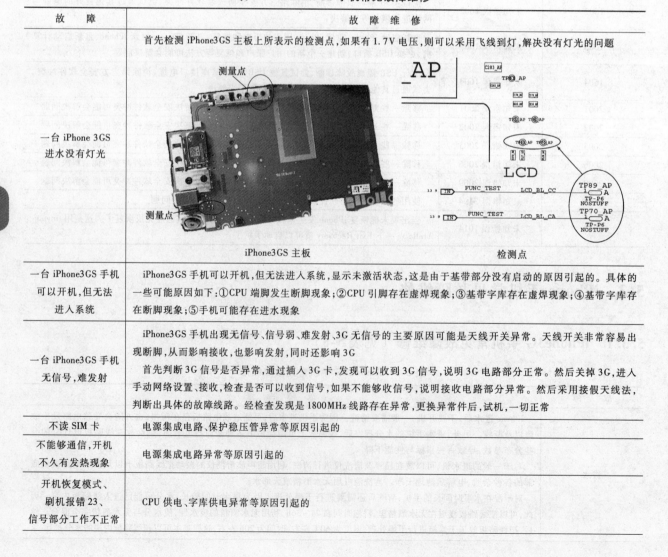 iPhone3GS 主板　　　　　　　检测点
一台 iPhone3GS 手机可以开机，但无法进入系统	iPhone3GS 手机可以开机，但无法进入系统，显示未激活状态，这是由于基带部分没有启动的原因引起的。具体的一些可能原因如下：①CPU 端脚发生断脚现象；②CPU 引脚存在虚焊现象；③基带字库存在虚焊现象；④基带字库存在断脚现象；⑤手机可能存在进水现象
一台 iPhone3GS 手机无信号，难发射	iPhone3GS 手机出现无信号、信号弱、难发射、3G 无信号的主要原因可能是天线开关异常。天线开关非常容易出现断脚，从而影响接收，也影响发射，同时还影响 3G 首先判断 3G 信号是否异常，通过插入 3G 卡，发现可以收到 3G 信号，说明 3G 电路部分正常。然后关掉 3G，进入手动网络设置、接收，检查是否可以收到信号，如果不能够收信号，说明接收电路部分异常。然后采用接假天线法，判断出具体的故障线路。经检查发现是 1800MHz 线路存在异常，更换异常件后，试机，一切正常
不读 SIM 卡	电源集成电路、保护稳压管异常等原因引起的
不能够通信，开机不久有发热现象	电源集成电路异常等原因引起的
开机恢复模式、刷机报错 23、信号部分工作不正常	CPU 供电、字库供电异常等原因引起的

（续）

故　障	故　障　维　修
开机提示此配件未针对此 iPhone 优化	尾插、电源集成电路、主板断线等原因引起的
无铃声、无送话、无免提声音	iPhone3GS 手机的声音是由一个独立的芯片来控制的,但是供电与线路出现问题时,造成声音故障,一般可以通过重装或更换解决问题
不开机	电源(338S0678 和 338S0533)损坏

5.3.3　iPhone4 手机常见故障维修（见表 5-10）

表 5-10　iPhone4 手机常见故障维修

故　障	解　说
iPhone 4 摔过后,扬声器就没有声了	扬声器损坏了,更换扬声器即可。还有可能是排线、音频 IC、放大 IC 等异常引起的
iPhone 4 摔一下后无法照相	可能是摄像头、摄像头 1.8V 供电、保护和滤波电容、相关元件等异常引起的
不能充电	可能是电源集成电路异常等原因引起的
经常提示"不是 iPhone 专门配件"或者"有音频干扰,需要打开飞行模式"等	如果是进水引起的,则拆下来清理。也可能是主板异常,则需要维修主板
传声器或扬声器异常	可能是音频 IC 异常等原因引起的
通话时对方听到噪声	顶部的传声器可能堵塞、可能是保护壳发出的异常声音
怎样维修 iPhone 4 进水损坏	除去表面的腐蚀、除去残留物、清洁 BGA 芯片、用牙刷和酒精擦洗电路板、用热风枪烘燥等措施可能会维修进水的 iPhone 4 iPhone 4 进水,如果电池拆不下来,主板会一直供电,很容易烧坏主板。也不可以在太阳下或吹风机晾干后再用,因为主板是一直供电,并且手机内部还是有水分的 iPhone 4 进水,第 1 件事就是不开机,第 2 件事就是卸电池,第 3 件事就是清洁
一台 iPhone 4 打电话无声音	经询问机主,得知该台 iPhone4 在地上曾摔过。结合故障现象不打电话时一切声音均正常,打电话时所有声音没有,说明很可能是主板上音频芯片摔碎损坏引起。更换后,试机,一切正常
一台 iPhone 4 屏灯不亮	iPhone4 在光线较强的地方可以看到屏幕有显示,接打电话都正常,但是屏幕灯不亮或者很暗。根据故障现象,进行分析。iPhone4 液晶屏灯为串联供电,主板对屏灯供电为 18V。如果主板环境湿度较高,或者有进水现象,或者有静电现象等,均可能对屏灯升压芯片造成烧坏,导致屏灯不亮。经检测,发现屏灯升压芯片异常,更换后,试机,一切正常
一台 iPhone4 听筒时有声音时无声音	iPhone4 听筒有时候没有声音,如果压一下听筒又有声音,有时候杂音大,有时候声音断断续续。根据故障现象可以判断该台 iPhone4 可能是摔过或者听筒受外力发生脱焊、音频芯片异常引起的。经检测发现系音频芯片脱焊引起的,补焊后,试机,一切正常
一台 iPhone 4 的玻璃被振碎	iPhone 4 的玻璃被振碎一般情况下就是更换配件。但是,需要注意 iPhone 4 的玻璃被振碎需要了解是前面板,还是后面板的。iPhone 4 前面板玻璃损坏,iPhone 一般依然可以打开,并且正常工作。不过,需要明白,iPhone 4 的前玻璃与液晶屏是融合在一起的,更换其中的一个,需要一块更换。也就是说,更换 iPhone 4 的前玻璃,意味着就是更换液晶屏,即换全套屏。因此,需要注意 iPhone 屏幕(为钢化玻璃)比较脆,要小心保护好

5.3.4　iPhone5 手机常见故障维修（见表 5-11）

表 5-11　iPhone5 手机常见故障维修

故　障	解　说
按键失灵	可能需要更换按键
打电话时不能自动关闭屏幕	可能需要更换听筒感应线

（续）

故　　障	解　　说
耳机不出声、耳机只有单声道	可能需要更换音频模块
进水导致的花屏	一般可以定性为屏幕本身问题，一般是屏幕背光纸内部进液体导致花屏。该故障可以通过更换屏幕解决问题
进水导致的灰屏	进水灰屏可能是屏幕本身问题，也可能是主板问题。主板问题常见的是主板 CPU 短路、主板屏供电电源短路等异常引起的
没有任何铃声、没有送话接收	该问题可能是听筒、尾插传声器、外置扬声器、主板音频芯片等异常引起的
屏幕受到强烈振动或挤压造成的外观破损	可能需要更换整体屏幕
摄像头无法使用，闪光灯长亮，无法录像	该问题可能是摄像头、摄像头闪光灯、主板摄像头底座等异常引起的
手机听筒无声、不清晰	可能需要更换听筒感应线
手机网络信号或者 WiFi 网络信号不稳定	可能需要更换天线
外置扬声器没有声音，或声音突然变小的情况下	可能需要更换外置扬声器
显示无 SIM 卡	该问题可能是主板卡槽、SIM 卡、主板基带、通信板等异常引起的

5.3.5　iPhone5S 手机常见故障维修（见表 5-12）

表 5-12　iPhone5S 手机常见故障维修

故　障	解　说	故　障	解　说
按键失灵	可能需要更换按键，或者清洗按键	没有声音	可能需要更换听筒、扬声器、音频芯片等
不能拍摄	可能需要更换闪光灯 IC、摄像头等	屏裂	可能需要更换屏幕
电池不充电	可能需要更换电池、尾插等	手机 WiFi 网络信号不稳定	可能需要更换天线、WiFi 芯片等
花屏	可能需要更换屏幕、连接器等	手机听筒无声	可能需要更换听筒感应线、听筒等

5.3.6　iPhone3G 主板的维修（见图 5-1）

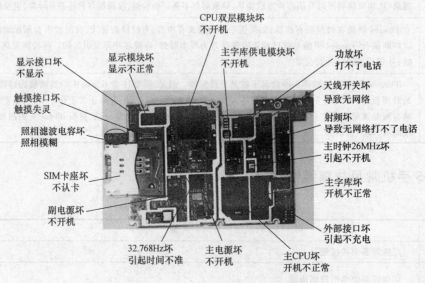

显示接口坏
不显示

显示模块坏
显示不正常

CPU双层模块坏
不开机

主字库供电模块坏
不开机

功放坏
打不了电话

天线开关坏
导致无网络

触摸接口坏
触摸失灵

射频坏
导致无网络打不了电话

照相滤波电容坏
照相模糊

主时钟26MHz坏
引起不开机

SIM卡座坏
不认卡

主字库坏
开机不正常

副电源坏
不开机

外部接口坏
引起不充电

32.768Hz坏
引起时间不准

主电源坏
不开机

主CPU坏
开机不正常

图 5-1　iPhone3G 主板的维修方法

5.3.7　iPhone4 主板的维修（见图 5-2）

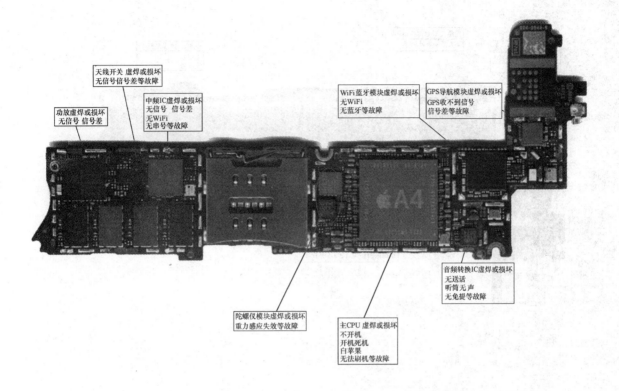

功放虚焊或损坏
无信号 信号差

天线开关 虚焊或损坏
无信号信号差等故障

中频IC虚焊或损坏
无信号 信号差
无WiFi
无串号等故障

WiFi蓝牙模块虚焊或损坏
无WiFi
无蓝牙等故障

GPS导航模块虚焊或损坏
GPS收不到信号
信号差等故障

音频转换IC虚焊或损坏
无送话
听筒无声
无免提等故障

陀螺仪模块虚焊或损坏
重力感应失效等故障

主CPU 虚焊或损坏
不开机
开机死机
白苹果
无法刷机等故障

a)

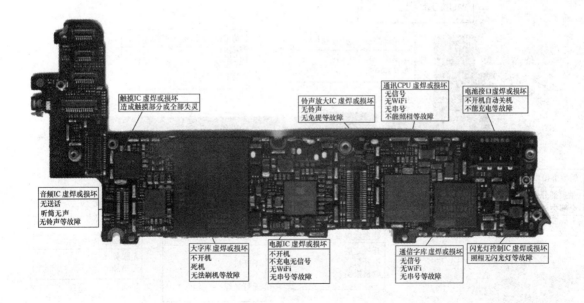

触摸IC 虚焊或损坏
造成触摸部分或全部失灵

铃声放大IC 虚焊或损坏
无铃声
无免提等故障

通讯CPU 虚焊或损坏
无信号
无WiFi
无串号
不能照相等故障

电池接口虚焊或损坏
不开机自动关机
不能充电等故障

音频IC 虚焊或损坏
无送话
听筒无声
无铃声等故障

大字库 虚焊或损坏
不开机
死机
无法刷机等故障

电源IC 虚焊或损坏
不开机
不充电无信号
无WiFi
无串号等故障

通信字库 虚焊或损坏
无信号
无WiFi
无串号等故障

闪光灯控制IC 虚焊或损坏
照相无闪光灯等故障

b)

图 5-2　iPhone4 主板的维修方法

5.3.8　iPhone4S 主板的维修（见图 5-3）

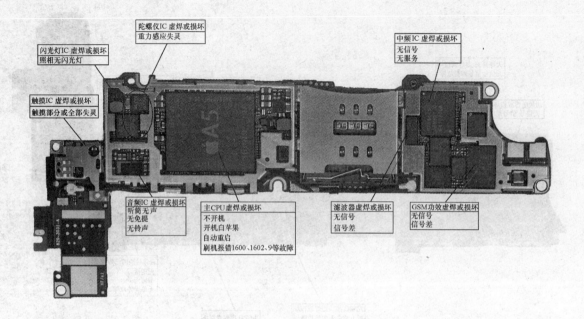

陀螺仪IC 虚焊或损坏
重力感应失灵

中频IC 虚焊或损坏
无信号
无服务

闪光灯IC 虚焊或损坏
照相无闪光灯

触摸IC 虚焊或损坏
触摸部分或全部失灵

音频IC 虚焊或损坏
听筒无声
无免提
无铃声

主CPU 虚焊或损坏
不开机
开机白苹果
自动重启
刷机报错1600、1602、9等故障

滤波器虚焊或损坏
无信号
信号差

GSM功效虚焊或损坏
无信号
信号差

a)

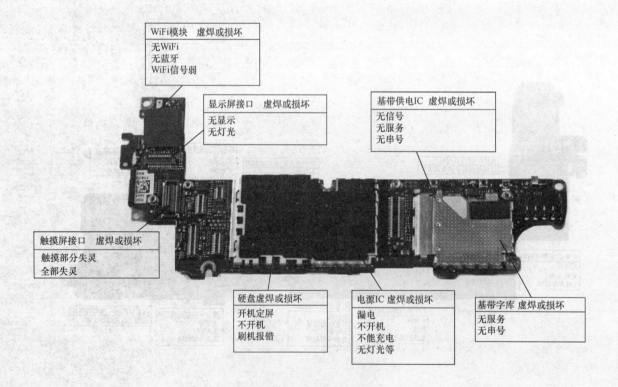

WiFi模块　虚焊或损坏
无WiFi
无蓝牙
WiFi信号弱

显示屏接口　虚焊或损坏
无显示
无灯光

基带供电IC　虚焊或损坏
无信号
无服务
无串号

触摸屏接口　虚焊或损坏
触摸部分失灵
全部失灵

硬盘虚焊或损坏
开机定屏
不开机
刷机报错

电源IC 虚焊或损坏
漏电
不开机
不能充电
无灯光等

基带字库　虚焊或损坏
无服务
无串号

b)

图 5-3　iPhone4S 主板维修方法

第6章

4G与3G手机一线维修即时查

6.1 集成电路

6.1.1 74AUP2G3404GN 逻辑集成电路

74AUP2G3404GN 为 XSON6、SOT1115 封装。NXP 生产的型号代码为 aZ。74AUP2G3404GN 功能结构如图 6-1 所示，引脚分布如图 6-2 所示。

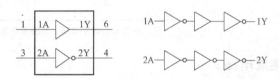

图 6-1 74AUP2G3404GN 功能结构

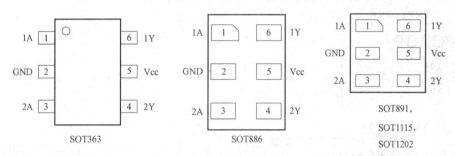

图 6-2 74AUP2G3404GN 引脚分布

74AUP2G3404GN 引脚功能见表 6-1，逻辑功能见表 6-2。

表 6-1 74AUP2G3404GN 引脚功能

引脚符号	1A	GND	2A	2Y	V_{CC}	1Y
功能	数据输入端	接地端	数据输入端	数据输出端	电源端	数据输出端

表 6-2 74AUP2G3404GN 逻辑功能

输入 1A	输出 1Y	输入 2A	输出 2Y
L	L	L	H
H	H	H	L

注：H 表示高电平；L 表示低电平。

6.1.2 74AUP2G07GF 逻辑集成电路

iPhone 4S 采用的 74AUP2G07GF 为 SOT891 封装。其 iPhone 4S 中的应用电路如图 6-3 所示，引脚分布

如图 6-4 所示。

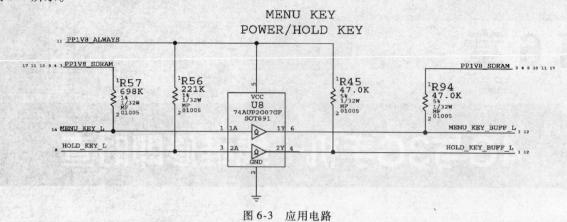

图 6-3　应用电路

74AUP2G07GF 为漏极开路输出。NXP 的 SOT891 的标识为 p7。74AUP2G07GF 逻辑功能见表 6-3。

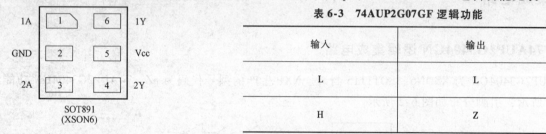

图 6-4　引脚分布

表 6-3　74AUP2G07GF 逻辑功能

输入	输出
L	L
H	Z

注：H 表示高电平电压；L 表示低电平电压；Z 表示高阻抗状态。

6.1.3　74LVC1G08 逻辑集成电路

74LVC1G08 在 iPhone3G 中的应用电路如图 6-5 所示，引脚分布如图 6-6 所示。

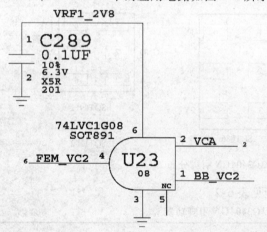

图 6-5　74LVC1G08 应用电路

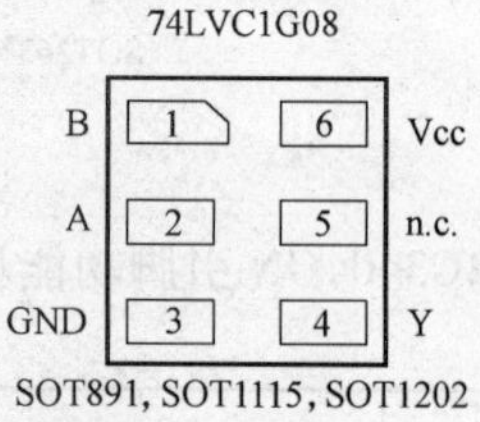

图 6-6　引脚分布

74LVC1G08 不同的生产厂家有不同的封装，其标识也各有差别，具体见表 6-4。

表 6-4　74LVC1G08 的标识

标识	厂家	型号	封装	标识	厂家	型号	封装
VE	PHILIPS	74LVC1G08GW	SC-88A、SOT353	V08	NXP	74LVC1G08GV	SOT753
V08	PHILIPS	74LVC1G08GV	SC-74A、SOT753	VE	NXP	74LVC1G08GM	SOT886
UV	DIODES	74LVC1G08W5	SOT25	VE	NXP	74LVC1G08GF	SOT891
UV	DIODES	74LVC1G08SE	SOT353	VE	NXP	74LVC1G08GN	SOT1115
UV	DIODES	74LVC1G08Z	SOT553	VE	NXP	74LVC1G08GS	SOT1202
VE	NXP	74LVC1G08GW	SOT353-1	VE	NXP	74LVC1G08GX	SOT1226

74LVC1G08 的逻辑功能见表 6-5。

表 6-5 74LVC1G08 的逻辑功能

输入	A	L	L	L	H	H
	B	L	L	H	L	H
输出	Y	L	L	L	L	H

6.1.4 74LVC1G34GX 单路缓冲器

74LVC1G34GX 为 X2SON5、SOT1226 封装，型号代码为 YN。74LVC1G34GX 逻辑电路如图 6-7 所示，引脚分布如图 6-8 所示。74LVC1G34GX 的应用电路如图 6-9 所示。

74LVC1G34 逻辑功能表见表 6-6，引脚功能见表 6-7。

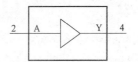
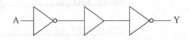

图 6-7 74LVC1G34GX 逻辑电路

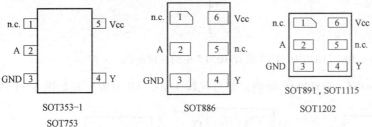

图 6-8 74LVC1G34GX 引脚分布

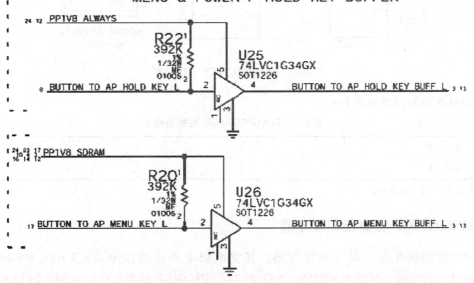

图 6-9 74LVC1G34GX 的应用电路

表 6-6 74LVC1G34 逻辑功能表

输入端/A	L	H
输出端/Y	L	H

注：L 表示低电平；H 表示高电平。

表 6-7 74LVC1G34 引脚功能

符号	TSSOP5、X2SON5 引脚	XSON6 引脚	功能	符号	TSSOP5、X2SON5 引脚	XSON6 引脚	功能
n. c.	1	1	空脚	Y	4	4	数据输出端
A	2	2	数据输入端	n. c.	—	5	空脚
GND	3	3	接地端	VCC	5	6	电源端

97

6.1.5 74AUP2G34GN 低功耗双路缓冲器

74AUP2G34GN 在 IPHONE5 中的 MENU & POWER／HOLD KEY 电路中有应用，电路如图 6-10 所示。

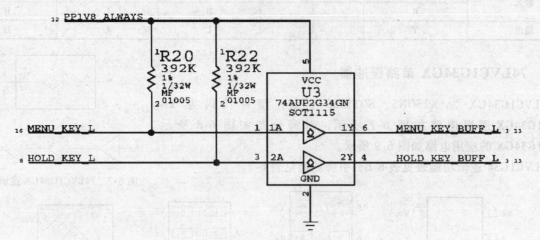

图 6-10 74AUP2G34GN 在 IPHONE5 中的应用电路

NXP 的 74AUP2G34GN 为 XSON6、SOT1115 封装，型号代码为 aA。其引脚分布如图 6-11 所示。

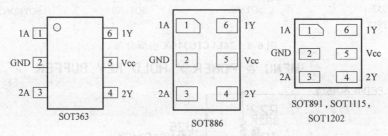

图 6-11 74AUP2G34GN 引脚分布

74AUP2G34GN 逻辑功能见表 6-8。

表 6-8 74AUP2G34GN 逻辑功能

输入/nA	L	H
输出/nY	L	H

注：H 表示高电平，L 表示低电平。

6.1.6 74AUP3G04GF 三路反相缓冲器

74AUP3G04GF 为低电压三路反相缓冲器，其宽电源电压范围为 0.8 ~ 3.6V。iPhone5 中应用的 74AUP3G04GF 为 SOT1089，封装为 XSON8。NXP 的 74AUP3G04GF 的型号代码为 p4。74AUP3G04GF 的引脚分布如图 6-12 所示，在 IPHONE5 中的应用电路如图 6-13 所示。

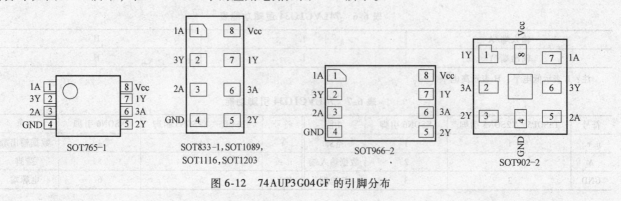

图 6-12 74AUP3G04GF 的引脚分布

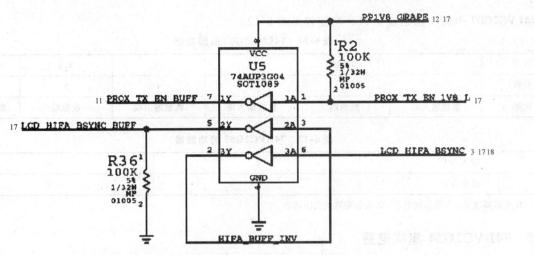

图 6-13 74AUP3G04GF 在 IPHONE5 中的应用电路

74AUP3G04 的引脚功能见表 6-9，功能表见表 6-10。

表 6-9 74AUP3G04 的引脚功能

符号	SOT765-1、SOT833-1、SOT1089、SOT996-2、SOT1116 、SOT1203 引脚	功能
1A、2A、3A	1、3、6	数据输入端
1Y、2Y、3Y	7、5、2	数据输出端
GND	4	接地端
Vcc	8	电源端

表 6-10 74AUP3G04 的功能表

输入/nA	L	H
输出/nY	H	L

注：H 表示高电平；L 表示低电平。

6.1.7 74LVC2G07GF 非反相缓冲器

74LVC2G07GF 为带开漏输出的两个非反相缓冲器。IPHONE5 中应用的 74LVC2G07GF 为 SOT891，封装为 XSON6。NXP 的 74LVC2G07GF 的型号代码为 V7。74LVC2G07GF 的引脚分布如图 6-14 所示。74LVC2G07GF 在 IPHONE5 中的应用电路如图 6-15 所示。

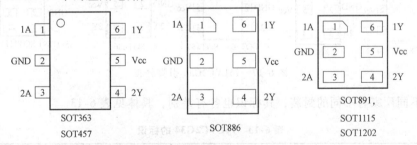

图 6-14 74LVC2G07GF 的引脚分布

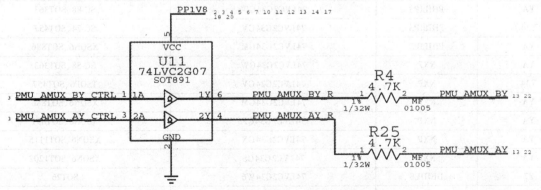

图 6-15 74LVC2G07GF 在 IPHONE5 中的应用电路

99

74LVC2G07 引脚功能见表 6-11，功能表见表 6-12。

表 6-11　74LVC2G07 引脚功能

符号	1A	GND	2A	2Y	Vcc	1Y
引脚	1	2	3	4	5	6
功能	数据输入端	接地端	数据输入端	数据输出端	电源端	数据输出端

表 6-12　74LVC2G07 的功能表

输入/nA	L	H
输出/nY	L	Z

注：H 表示高电平；L 表示低电平；Z 表示高阻抗关闭状态。

6.1.8　74LVC2G34 集成电路

74LVC2G34 在 iPhone3G 中的应用电路如图 6-16 所示，引脚分布如图 6-17 所示。

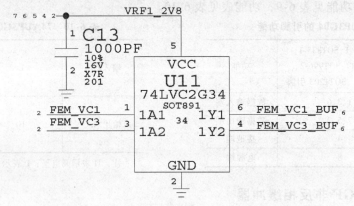

图 6-16　74LVC2G34 在 iPhone3G 中的应用电路

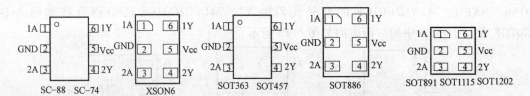

图 6-17　74LVC2G34 引脚分布

74LVC2G34 不同厂家有不同的封装，其标识也各有差别，具体见表 6-13。

表 6-13　74LVC2G34 的标识

标识	厂家	型号	封装
YA	PHILIPS	74LVC2G34GW	SC-88、SOT363
Y34	PHILIPS	74LVC2G34GV	SC-74、SOT457
YA	PHILIPS	74LVC2G34GM	XSON6、SOT886
YA	NXP	74LVC2G34GW	SC-88、SOT363
Y34	NXP	74LVC2G34GV	TSOP6、SOT457
YA	NXP	74LVC2G34GM	XSON6、SOT886
YA	NXP	74LVC2G34GF	XSON6、SOT891
YA	NXP	74LVC2G34GN	XSON6、SOT1115
YA	NXP	74LVC2G34GS	XSON6、SOT1202
Z7	DIODES	74LVC2G34W6	SOT26
Z7	DIODES	74LVC2G34DW	SOT363

6.1.9　74AUP1G08GF 低功耗双输入与门

IPHONE5 中应用的 74AUP1G08 为 SOT891，也就是 XSON6 封装。其后缀为 GF，也就是完整型号为 74AUP1G08GF。NXP 的 74AUP1G08GF 的型号代码为 pE。74AUP1G08GF 逻辑电路如图 6-18 所示，引脚分布如图 6-19 所示。74AUP1G08GF 在 iPhone5 中应用电路如图 6-20 所示。

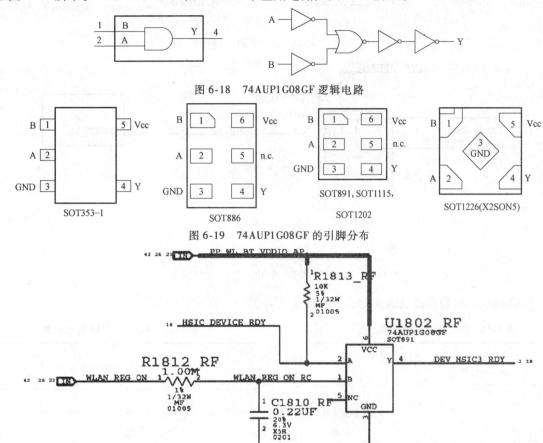

图 6-18　74AUP1G08GF 逻辑电路

图 6-19　74AUP1G08GF 的引脚分布

图 6-20　74AUP1G08GF 在 IPHONE5 中应用电路

74AUP1G08 引脚功能见表 6-14，功能表见表 6-15。

表 6-14　74AUP1G08 引脚功能

符号	TSSOP5、X2SON5 引脚	XSON6 引脚	功能
B	1	1	数据输入端
A	2	2	数据输入端
GND	3	3	接地端
Y	4	4	数据输出端
n. c.	—	5	空脚
Vcc	5	6	电源端

表 6-15　74AUP1G08 的功能表

输入		输出
A	B	Y
L	L	L
L	H	L
H	L	L
H	H	H

注：H 表示高电平；L 表示低电平。

6.1.10　74LVC1G32GF 单路双输入或门

iPhone5 中应用的 74LVC1G32GF 为 SOT891，封装是 XSON6。NXP 的 74LVC1G32GF 的型号代码为 VG。74LVC1G32GF 逻辑电路如图 6-21 所示，引脚分布如图 6-22 所示。74LVC1G32GF 在 iPhone5 中应用电路如图 6-23 所示。

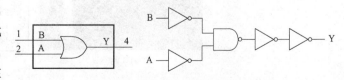

图 6-21　74LVC1G32GF 逻辑电路

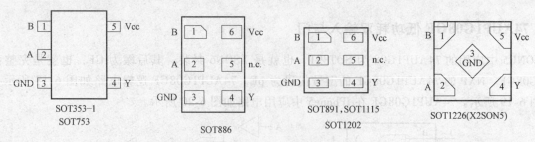

图 6-22　74LVC1G32GF 的引脚分布

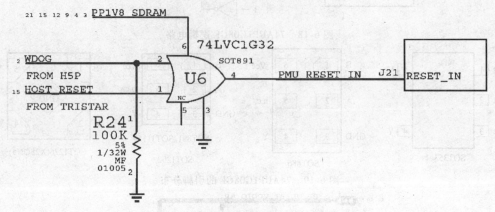

图 6-23　74LVC1G32GF 在 IPHONE5 中应用电路

74LVC1G32 引脚功能见表 6-16，功能表见表 6-17。

表 6-16　74LVC1G32 引脚功能

符号	TSSOP5、X2SON5 引脚	XSON6 引脚	功能
B	1	1	数据输入端
A	2	2	数据输入端
GND	3	3	接地端
Y	4	4	数据输出端
n. c.	—	5	空脚
VCC	5	6	电源端

表 6-17　74LVC1G32 的功能表

输入		输出
A	B	Y
L	L	L
L	H	L
H	L	L
H	H	H

注：H 表示高电平；L 表示低电平。

6. 1. 11　AD6905 基带处理器与数据调制解调器

AD6905 为 TD-HSDPA、TD-SCDMA、GSM/GPRS/EGPRS 基带处理器与数据调制解调器，AD6905 在 3G　TD-SCDMA 中兴 U210 手机中有应用，实物与引脚分布如图 6-24 所示。

a) 实物　　　　b) 引脚分布

图 6-24　AD6905 实物与引脚分布

AD6905 采用 mBGA 封装，其引脚符号见表 6-18。

表 6-18　AD6905 引脚符号

引脚	符号	引脚	符号	引脚	符号	引脚	符号
A1	GND	C3	Not Populated	E5	Not Populated	G7	Not Populated
A2	TESTMODE	C4	Not Populated	E6	Not Populated	G8	Not Populated
A3	nLWR_LBS	C5	Not Populated	E7	Not Populated	G9	Not Populated
A4	nRD	C6	Not Populated	E8	Not Populated	G10	Not Populated
A5	DATA[1]	C7	Not Populated	E9	Not Populated	G11	Not Populated
A6	DATA[3]	C8	Not Populated	E10	Not Populated	G12	Not Populated
A7	DATA[5]	C9	Not Populated	E11	Not Populated	G13	Not Populated
A8	DATA[7]	C10	Not Populated	E12	Not Populated	G14	Not Populated
A9	DATA[9]	C11	Not Populated	E13	Not Populated	G15	Not Populated
A10	DATA[11]	C12	Not Populated	E14	Not Populated	G16	Not Populated
A11	DATA[13]	C13	Not Populated	E15	Not Populated	G17	CLKOUT_GATE
A12	DATA[14]	C14	Not Populated	E16	Not Populated	G18	Not Populated
A13	GPIO_24	C15	Not Populated	E17	Not Populated	G19	GND
A14	GND	C16	Not Populated	E18	Not Populated	G20	Not Populated
A15	VPLL	C17	Not Populated	E19	GPIO_58	G21	GPIO_124
A16	OSCOUT	C18	Not Populated	E20	Not Populated	G22	GPIO_123
A17	OSCIN	C19	Not Populated	E21	MC_DAT[1]	H1	nSDCAS
A18	PWRON	C20	Not Populated	E22	USB_DM	H2	nSDRAS
A19	BSIFS	C21	GPIO_63	F1	GPIO_51	H3	Not Populated
A20	CSDO	C22	GPIO_62	F2	GPIO_49	H4	nA3CS
A21	CLKOUT	D1	nA0CS	F3	Not Populated	H5	Not Populated
A22	GND	D2	BURSTCLK	F4	ADD[3]	H6	ADD[2]
B1	nWE	D3	Not Populated	F5	Not Populated	H7	Not Populated
B2	Not Populated	D4	Not Populated	F6	Not Populated	H8	Not Populated
B3	Not Populated	D5	ADD[6]	F7	ADD[7]	H9	VMEM
B4	nHWR_UBS	D6	ADD[8]	F8	ADD[9]	H10	VMEM
B5	DATA[0]	D7	ADD[10]	F9	ADD[11]	H11	VCORE
B6	DATA[2]	D8	ADD[12]	F10	ADD[13]	H12	VCORE
B7	DATA[4]	D9	ADD[14]	F11	ADD[15]	H13	VCORE
B8	DATA[6]	D10	ADD[16]	F12	ADD[17]	H14	VINT1
B9	DATA[8]	D11	ADD[18]	F13	ADD[19]	H15	Not Populated
B10	DATA[10]	D12	ADD[20]	F14	ADD[21]	H16	Not Populated
B11	DATA[12]	D13	ADD[22]	F15	ASDO	H17	USB_ID
B12	DATA[15]	D14	ADD[23]	F16	BSDO	H18	Not Populated
B13	GND	D15	GPIO_32	F17	Not Populated	H19	VUSB
B14	CLKIN	D16	ASFS	F18	Not Populated	H20	Not Populated
B15	VRTC	D17	BSDI	F19	USB_VBUS	H21	WUDQ
B16	GND	D18	CSFS	F20	Not Populated	H22	UCLK
B17	GND	D19	Not Populated	F21	MC_DAT[2]	J1	nSDCS
B18	ASDI	D20	D20 Not Populated	F22	MC_CLK	J2	nSDWE
B19	BSOFS	D21	GPIO_57	G1	nRESET	J3	Not Populated
B20	CSDI	D22	USB_DP	G2	GPIO_53	J4	GPIO_52
B21	Not Populated	E1	nA2CS	G3	Not Populated	J5	Not Populated
B22	GPIO_76	E2	nA1CS	G4	ADD[1]	J6	ADD[0]
C1	nADV	E3	Not Populated	G5	Not Populated	J7	Not Populated
C2	nWAIT	E4	ADD[5]	G6	ADD[4]	J8	VMEM

（续）

引脚	符号	引脚	符号	引脚	符号	引脚	符号
J9	Not Populated	L3	Not Populated	M19	GND	AA7	GPIO_72
J10	Not Populated	L4	L4 nNDCS	M20	Not Populated	AA8	GPIO_78
J11	Not Populated	L5	Not Populated	M21	PPI_DATA[3]	AA9	GPIO_113
J12	Not Populated	L6	SCKE	M22	PPI_DATA[1]	AA10	USC[5]
J13	Not Populated	L7	Not Populated	N1	GPIO_5	AA11	USC[1]
J14	Not Populated	L8	VCORE	N2	GPIO_6	AA12	KEYPADROW[4]
J15	VMMC	L9	Not Populated	N3	Not Populated	AA13	KEYPADROW[1]
J16	Not Populated	L10	GND	N4	GPIO_7	AA14	KEYPADCOL[1]
J17	MC_DAT[0]	L11	GND	N5	Not Populated	AA15	GPIO_141
J18	Not Populated	L12	GND	N6	GPIO_4	AA16	GPIO_143
J19	MC_CMD	L13	GND	N7	Not Populated	AA17	GPIO_145
J20	WUDI	L14	Not Populated	P1	GPIO_8	AA18	GPIO_147
J21	WUDI	L15	VINT2	P2	GPIO_9	AA19	GPIO_149
J22	WDDQ	L16	Not Populated	P3	Not Populated	AA20	GPIO_151
K1	SCLKOUT	L17	GPIO_100	P4	GPIO_10	AA21	Not Populated
K2	SDA10	L18	Not Populated	P5	Not Populated	AA22	PPI_VSYNC
K3	Not Populated	L19	SIMDATAIO	P6	GPIO_12	AB1	GND
K4	GPIO_54	L20	Not Populated	P7	Not Populated	AB2	GPIO_37
K5	Not Populated	L21	EB2_ADDR[7]	R1	GPIO_11	AB3	GPIO_56
K6	GPIO_50	L22	PPI_DATA[0]	R2	GPIO_14	AB4	GPIO_60
K7	Not Populated	M1	GPIO_2	R3	Not Populated	AB5	GPIO_69
K8	VMEM	M2	GPIO_3	R4	GPIO_13	AB6	GPIO_71
K9	Not Populated	M3	Not Populated	R5	Not Populated	AB7	GPIO_73
K10	GND	M4	GPIO_1	R6	GPIO_16	AB8	GPIO_85
K11	GND	M5	Not Populated	R7	Not Populated	AB9	GPIO_99
K12	GND	M6	nNDBUSY	T1	GPIO_15	AB10	USC[3]
K13	GND	M7	Not Populated	T2	JTAGEN	AB11	CLKON
K14	Not Populated	M8	VCORE	T3	Not Populated	AB12	KEYPADROW[2]
K15	VSIM	M9	Not Populated	T4	GPIO_18	AB13	KEYPADCOL[4]
K16	Not Populated	M10	GND	T5	Not Populated	AB14	KEYPADCOL[3]
K17	MC_DAT[3]	M11	GND	T6	GPIO_35	AB15	GPIO_172
K18	Not Populated	M12	GND	T7	Not Populated	AB16	GPIO_142
K19	SIMCLK	M13	GND	AA1	GND	AB17	GPIO_144
K20	Not Populated	M14	Not Populated	AA2	Not Populated	AB18	GPIO_146
K21	EB2_ADDR[6]	M15	VCORE	AA3	GPIO_38	AB19	GPIO_148
K22	WDDI	M16	Not Populated	AA4	GPIO_59	AB20	GPIO_150
L1	GPIO_0	M17	VCPRO	AA5	GPIO_61	AB21	PPI_HSYNC
L2	nNDWP	M18	Not Populated	AA6	GPIO_70	AB22	GND

AD6905 组成 3G 电路典型框图如图 6-25 所示。

6.1.12 ADMTV102 CMMB 调谐器

模拟器件公司 CMMB 调谐器 ADMTV102 在 3G 手机中有应用，例如联想 TD900 TD-SCDMA 手机，如图 6-26 所示。

ADMTV102 支持 DVB-H、DVB-T、DMB-TH、CMMB 等移动电视标准的高集成度 CMOS 单芯片，无需 SAW 滤波器的零中频转换调谐器。它包含双通道的射频输入频带：VHF（174～245MHz）和 UHF（470～862MHz）。另外，L-band 为 1450～1492 MHz、FM 为 65～108MHz。

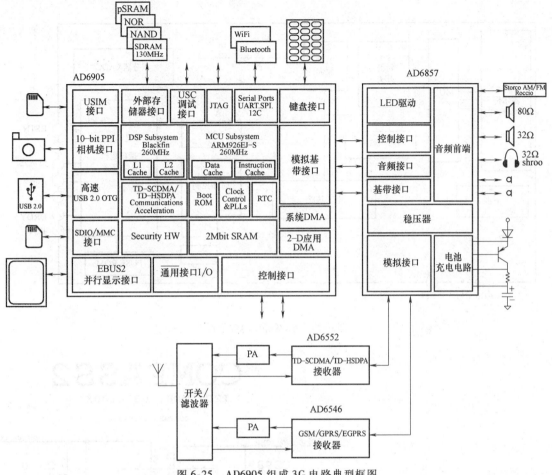

图 6-25 AD6905 组成 3G 电路典型框图

ADMTV102 内置：射频可编程增益放大器（RFPGA）、低通滤波器（LNA）、I/Q 下变频混频器、基带可变增益放大器、一个小数 N 分频锁相环（PLL）、带宽可调的低通滤波器、一个压控振荡器（VCO）。ADMTV102 内部结构如图 6-27 所示，引脚分布如图 6-28 所示。

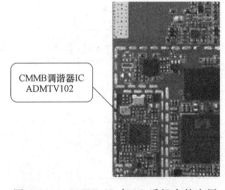

图 6-26 ADMTV102 在 3G 手机中的应用

6.1.13 AK8963C 3 轴电子罗盘芯片

AK8963C 为 3 轴电子罗盘芯片。AK8963C 内部框图如图 6-29 所示，引脚分布如图 6-30 所示。AK8963C 应用电路如图 6-31 所示。

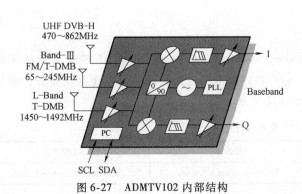

图 6-27 ADMTV102 内部结构

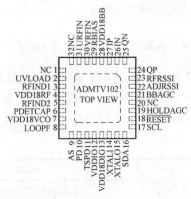

图 6-28 ADMTV102 引脚分布

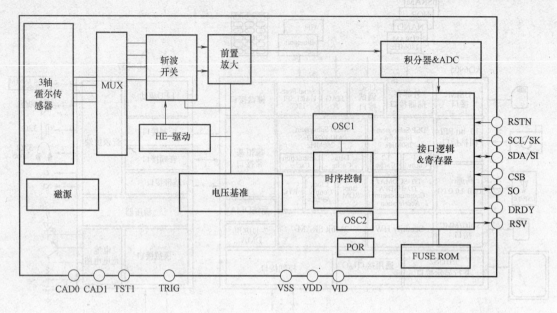

图 6-29　AK8963C 内部框图

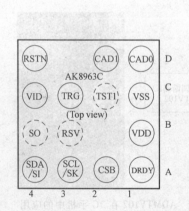

图 6-30　AK8963C 引脚分布

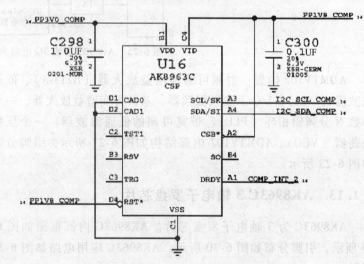

图 6-31　AK8963C 应用电路

6.1.14　AK8973 三轴电子指南针

AK8973 为三轴电子指南针，封装为 QFN 16：4.0mm×4.0mm×0.7mm。注意 AK8973 后面的字母不同以及 AK8973 系列，是属于不同发展阶段的产品，它们在内置电路与封装尺寸等方面存在差异，部分差异见表 6-19。AK8973 引脚分布和内部电路框图如图 6-32 所示。

表 6-19　AK8973 系列部分差异

型号	AK8973S	AK8970	AK8970N
封装	2.5mm×2.5mm×0.5mm	5.9mm×6.3mm×1.0mm	5.0mm×5.0mm×1.0mm

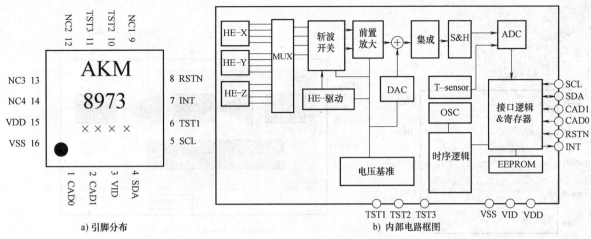

图 6-32 AK8973 引脚分布内部电路框图

AK8973 引脚功能见表 6-20。

表 6-20 AK8973 引脚功能

引脚	符号	I/O	电源系统	类型	功 能
1	CAD0	I	VID	CMOS	从地址 0 输入端
2	CAD1	I	VID	CMOS	从地址 1 输入端
3	VID	—		电源	正电源端（数字接口电路）：该引脚是一个正极电源引脚,该引脚可采用 1.85V 电源供电压
4	SDA	I/O	VID	CMOS	控制数据输入/输出端:输入施密特触发器;输出开漏极
5	SCL	I	VID	CMOS	控制数据时钟输入端:输入施密特触发器
6	TST1	I/O		模拟	测试端
7	INT	O	VID	CMOS	中断信号输出端:该引脚是用来检测外部 CPU
8	RSTN	I	VID	CMOS	复位端（低电平有效）
9	NC1				未连接
10	TST2	I/O		模拟	测试端
11	TST3	I/O		模拟	测试端
12	NC2				未连接
13	NC3				未连接
14	NC4				未连接
15	VDD			电源	电源端
16	VSS			电源	接地端

6.1.15 ACPM-7381 功率放大器

ACPM-7381 为 UMTS2100 4×4 功率放大器（1920~1980MHz）。ACPM-7381 的引脚分布与内部框图如图 6-33 和图 6-34 所示。

ACPM-7381 的真值表见表 6-21。

表 6-21 ACPM-7381 的真值表

	Symbol	Ven	Vmode0	Vmode1	Range
高功率模式	PR3	H	L	L	~28dBm
中功率模式	PR2	H	H	L	~16dBm
低功率模式	PR1	H	H	H	~8dBm
关机模式	—	L	—	—	—

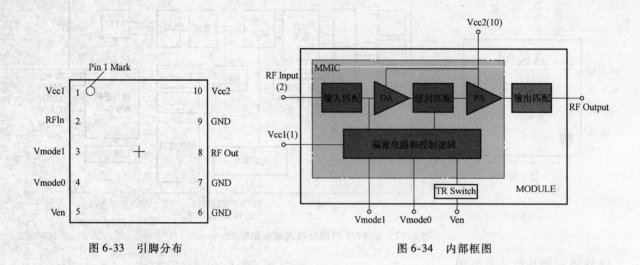

图 6-33　引脚分布　　　　　　　　　　图 6-34　内部框图

6.1.16　AP3GDL8B 陀螺集成电路

AP3GDL8B 是 8kHz 陀螺，其在 iPhone4S 中的应用电路如图 6-35 所示。

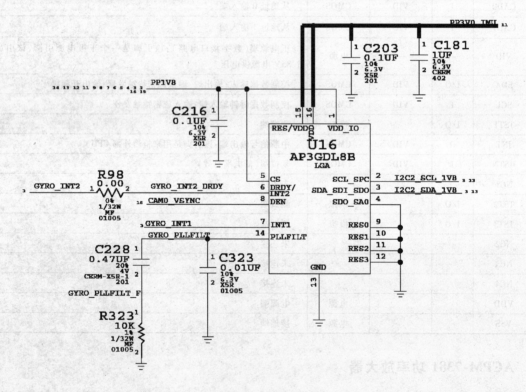

图 6-35　在 iPhone4S 中的应用电路

AP3GDL8B 引脚功能见表 6-22。

表 6-22　AP3GDL8B 引脚功能

引脚	功能符号	引脚	功能符号	引脚	功能符号	引脚	功能符号
1	VDD_IO	5	CS	9	RES0	13	GND
2	SCL_SPC	6	DRDY/ INT2	10	RES1	14	PLLFILT
3	SDA_SDI_SDO	7	INT1	11	RES2	15	RES/VDD
4	SDO_SA0	8	DEN	12	RES3	16	VDD

6.1.17 BG822CX 集成电路

BG822CX 为 3.3V 电源供电，工作在 800 ~ 2200MHz。可以覆盖 GSM900、GSM1800、GSM1900、IS-95、TD-SCDMA、SCDMA、PHS、WCDMA 共 8 个频段，并且为单芯片全集成了完整射频收发器：

IS-95：824 ~ 869MHz；　　　　　　　　　SCDMA：1785. 25 ~ 1804. 75MHz；

GSM900：890 ~ 915MHz；　　　　　　　　PHS：1891. 15 ~ 1917. 95MHz；

GSM1800：1710 ~ 1785MHz；　　　　　　WCDMA：920 ~ 1980MHz；

GSM1900：1850 ~ 1910MHz；　　　　　　TD-SCDMA：2010 ~ 2025MHz。

BG822CX 单芯片全集成完整射频收发器，具有软件控制技术，中频可变结构（中频频率在 40 ~ 100MHz 中任意配置），该芯片内置接收通道、发射通道、VCO 与 PLL，接收发射共用同一个 VCO/PLL，仅需外接一个 SAW 滤波器就可以实现接收功能；发射可直接输出到片外功放，实现中频到射频的发射功能。BG822CX 内部框图和应用电路如图 6-36 所示。

BG822CX 引脚功能见表 6-23。

表 6-23　BG822CX 引脚功能

引脚	符 号	I/O	功 能	引脚	符 号	I/O	功 能
1	LNAIN1	I	1800MHz 频段射频输入端	25	CPOUT	O	电荷泵电流输出
2	LNAIN2	I	900MHz 频段射频输入端	26	VDD_DIV		电源
3	VDDD		电源（数字电路）	27	GND_DIV		接地
4	GNDD		接地（数字电路）	28	VTUNE	I	压控振荡器电压调整输入
5	DIV_OUT	O	分频器锁相环输出	29	GND1_GSM		接地 1（GSM VCO）
6	RESET	I	复位（数字电路），低电平有效	30	GND2_GSM		接地 2（GSM VCO）
7	CS	I	3 总线串行接口使能信号输入	31	GND2_CDMA		接地 2（CDMA VCO）
8	SCL	I	3 总线串行接口时钟信号输入	32	GND1_CDMA		接地 1（CDMA VCO）
9	SDA	I/O	3 总线串行接口数据输入/输出	33	VCO_OUT		VCO 输出
10	EX_CLK	O	TCXO 时钟形成输出	34	EXVCO_IN	I	外部 VCO 输入
11	TCXO_IN	I	TCXO 信号输入	35	VDD_VCO		电源（VCO 电路）
12	CREF_Tx	O	Tx 通道参考电压	36	GND_VCO		接地（VCO 电路）
13	VDD_PA		电源（功率放大驱动电路）	37	VDD_PRE		电源（预分频器电路）
14	PAOUT1	O	900MHz 频段功率放大输出	38	RX_IFOUTP	I	接收正极中频信号输出
15	PAOUT2	O	1800MHz 频段功率放大输出	39	RX_IFOUTN	I	接收负极中频信号输出
16	GND_Tx		接地（Tx 通道）	40	VDD_VGA		电源（VGA 电路）
17	VDD_Tx		电源（Tx 通道）	41	CREF_Rx	O	电压基准输出（Rx 通道）
18	CREF_PLL	O	PLL 电压基准输出	42	VDD_BG		电源（接收带隙电路）
19	TX_IFINP	I	正极基带信号输入	43	VDD_Rx		电源（Rx 通道）
20	TX_IFINN	I	负极基带信号输入	44	GND_Rx		接地（Rx 通道）
21	IPHASE_ADJ	I	I 相调整输入	45	MIXER_INP	I	RX 混频器正极信号输入
22	QPHASE_ADJ	I	Q 相调整输入	46	MIXER_INN	I	RX 混频器负极信号输入
23	VDD_PLL		电源（PLL 电路）	47	VDD_LNA		电源（LNA 电路）
24	GND_PLL		接地（PLL 电路）	48	LNAOUT	O	LNA 输出

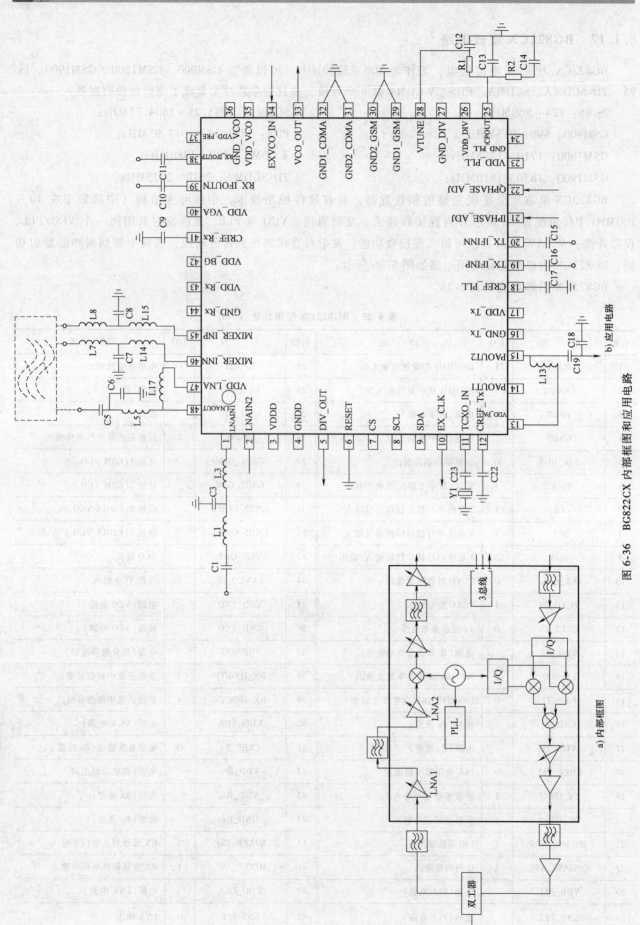

图 6-36 BG822CX 内部框图和应用电路

6.1.18　BGA615L7 低噪声放大器

　　BGA615L7 在 iPhone3G 中的应用电路如图 6-37 所示，内部结构如图 6-38 所示，引脚分布如图 6-39 所示。BGA615L7 为低噪声放大器，可以应用于 1575MHz GPS。BGA615L7 的标识代码为 BS，引脚功能见表 6-24。

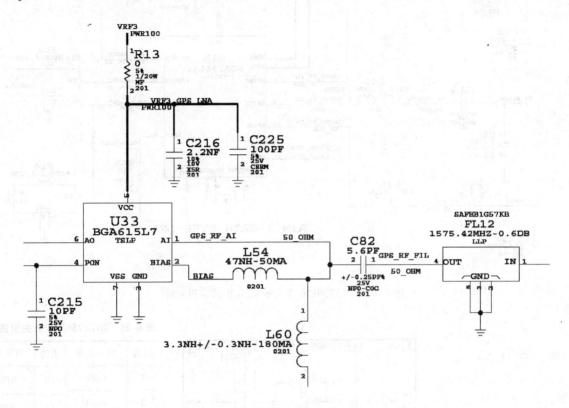

图 6-37　BGA615L7 在 iPhone3G 中的应用电路

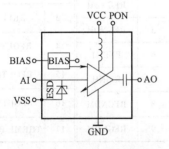

图 6-38　BGA615L7 内部结构

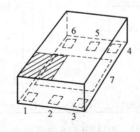

图 6-39　BGA615L7 引脚分布

表 6-24　BGA615L7 引脚功能

引脚	符号	功　　能
1	AI	LNA 输入端
2	BIAS	直流偏置端
3	GND	射频接地端
4	PON	功率控制端
5	VCC	电源端
6	AO	LNA 输出端
7	VSS	接地端

6.1.19　BGA736L16 集成电路

　　BGA736L16 在 iPhone3G 中的应用电路如图 6-40 所示，实物外形如图 6-41 所示，内部结构如图 6-42 所示。BGA736L16 的标识为 BGA736。

　　BGA736L16 有关引脚功能见表 6-25。

6.1.20　BGS12SL6 射频开关

　　BGS12SL6 的 TSLP-6-4 封装型号代码为 S。BGS12SL6 内部结构如图 6-43 所示，引脚分布如图 6-44 所示，应用电路如图 6-45 所示。

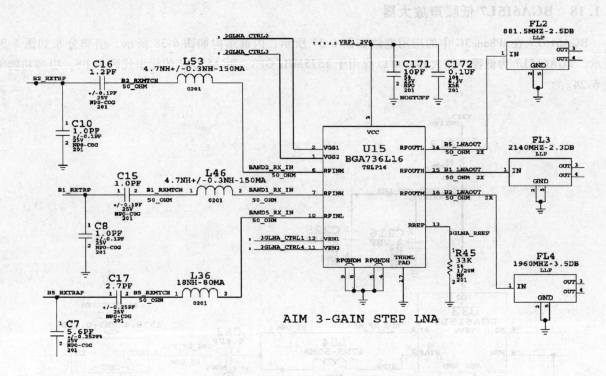

图 6-40　BGA736L16 在 iPhone3G 中的应用电路

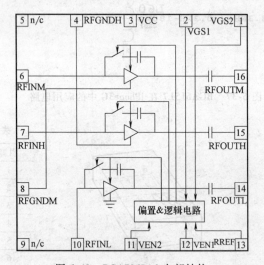

图 6-41　BGA736L16 实物外形　　　图 6-42　BGA736L16 内部结构

表 6-25　BGA736L16 有关引脚功能

引脚	符号功能	引脚	符号功能
1	VGS2	10	RFINL
2	VGS1	11	VEN2
3	VCC	12	VEN1
4	RFGNDH	13	RREF
5	RFGNDH	14	RFOUTL
6	RFINM	15	RFOUTH
7	RFINH	16	RFOUTM
8	RFGNDM	17	THRML PAD
9	RFGNDM		

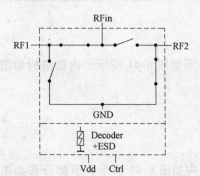

图 6-43　BGS12SL6 内部结构

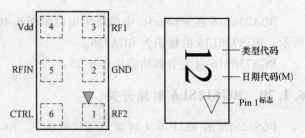

图 6-44　BGS12SL6 引脚分布

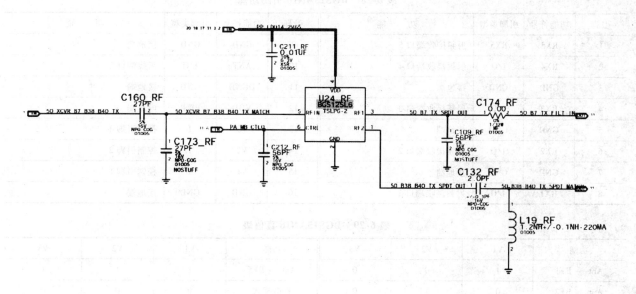

图 6-45　BGS12SL6 应用电路

BGS12SL6 引脚功能见表 6-26，真值表见表 6-27。

表 6-26　BGS12SL6 引脚功能

符号	RF2	GND	RF1	Vdd	RFIN	CTRL
类型	I/O	GND	I/O	PWR	I/O	I
功能	RF 端口 2	接地端	RF 端口 1	电源端	RF 输入端口	控制端

表 6-27　BGS12SL6 真值表

交换路径	RFin - RF1	RFin - RF2
Ctrl 端电平	0	1

6.1.21　BGS15AN16 集成电路

BGS15AN16 内部结构如图 6-46 所示，引脚分布如图 6-47 所示。

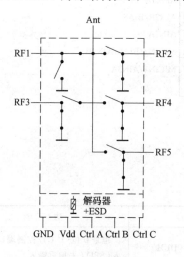

图 6-46　内部结构

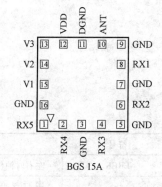

图 6-47　引脚分布

BGS15AN16 引脚功能见表 6-28，真值表见表 6-29。

表 6-28　BGS15AN16 引脚功能

引脚	功能符号	引脚类型	功　能	引脚	功能符号	引脚类型	功　能
1	RX5	RX5	射频接收端口 5	9	GND	GND	接地端
2	RX4	I/O	射频接收端口 4	10	ANT	I/O	天线端口
3	GND	GND	接地端	11	DGND	GND	接地端
4	RX3	I/O	射频接收端口 3	12	VDD	PWR	电压端
5	GND	GND	接地端	13	V3	I	控制引脚 3
6	RX2	I/O	射频接收端口 2	14	V2	I	控制引脚 2
7	GND	GND	接地端	15	V1	I	控制引脚 1
8	RX1	I/O	射频接收端口 1	16	GND	GND	接地端

表 6-29　BGS15AN16 真值表

功能	V1	V2	V3	功能	V1	V2	V3
Ant → RF1	1	0	0	Ant → RF5	1	1	1
Ant → RF2	0	1	0	省电模式	0	0	0
Ant → RF3	0	0	1	全部关闭	1	1	0
Ant → RF4	1	0	1	全部关闭	0	1	1

6.1.22　CS42L51 立体声耳机放大器编解码器

CS42L51 是低功耗，立体声耳机放大器编解码器。CS42L51 的引脚分布如图 6-48 所示，引脚功能见表 6-30。

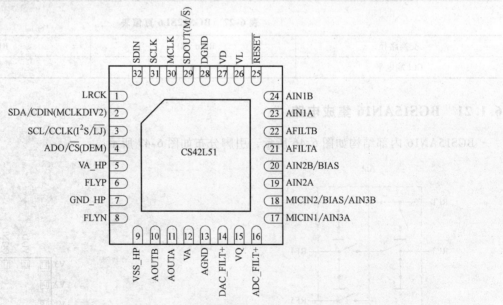

图 6-48　CS42L51 引脚分布

表 6-30　CS42L51 引脚功能

引脚	符号	功　能	引脚	符号	功　能
1	LRCK	左右时钟（输入/输出）	4	ADO/$\overline{CS}$（DEM）	地址 0 位（I^2C）/控制端口片选输入（SPI）（去加重输入）
2	SDA/CDIN（MCLKDIV2）	串行控制数据（输入/输出）（MCLK 的 2 分频输入）	5	VA_HP	耳机模拟功率（输入）
3	SCL/CCLK（I^2S/$\overline{LJ}$）	串行控制端口时钟（输入）（接口类型选择输入）	6	FLYP	电荷泵电容正极连接端

（续）

引脚	符 号	功 能	引脚	符 号	功 能
7	GND_HP	接地（模拟电路，输入）	21	AFILTA	滤波器连接（输出）
8	FLYN	电荷泵电容负极连接端	22	AFILTB	滤波器连接（输出）
9	VSS_HP	电荷泵负电压（输出）	23	AIN1A	模拟输入
10	AOUTB	模拟音频输出	24	AIN1B	模拟输入
11	AOUTA	模拟音频输出	25	RESET	复位（输入）
12	VA	电源（模拟电路，输入）	26	VL	数字接口电源（输入）
13	AGND	接地（模拟电路）	27	VD	电源（数字电路，输入）
14	DAC_FILT +	参考电压（输出）	28	DGND	接地（数字电路）
15	VQ	静态电压（输出）	29	SDOUT(M/S)	串行音频数据输出（主/从串口输入/输出）
16	ADC_FILT +	参考电压（输出）			
17	MICIN1/AIN3A	麦克风输入1	30	MCLK	主时钟（输入）
18	MICIN2/BIAS/AIN3B	麦克风输入2	31	SCLK	串行时钟（输入/输出）
19	AIN2A	模拟输入	32	SDIN	串行音频数据输入
20	AIN2B/BIAS	模拟输入			

6.1.23　CS42L63B 集成电路（见表6-31）

表 6-31　CS42L63B 引脚功能

引脚	功能符号	引脚	功能符号	引脚	功能符号
A1	MIC3A	C3	MIC2_DETECT_REF	E7	LINEOUT2A_REF
A10	VSP_SDOUT	C4	LINEINA_REF	E8	LINEOUT1_REF
A11	VSP_SDIN	C5	LINEINA	E9	HP_DETECT
A2	MIC3A_REF	C6	SCL	F1	MIC3B_BIAS
A3	MIC1	C7	SDA	F10	– VCP_FILT
A4	MIC3B	C8	ASP_LRCLK	F11	FLYC
A5	DMIC_SD	C9	VSP_LRCLK	F2	GNDA
A6	XSP_SCLK	D1	MIC3A_BIAS_FILT	F3	EAROUT
A7	XSP_SDOUT	D10	+ VCP_FILT	F4	SPEAKEROUTB +
A8	XSP_SDIN/DAC2B_MUTE	D11	VCP	F5	VP
A9	ASP_SDOUT	D2	MIC3A_BIAS	F5	VA
B1	MIC2	D3	MIC2_DETECT	F6	SPEAKEROUTA +
B10	GNDD	D4	MIC1_BIAS	F7	LINEOUT2B
B11	VD	D5	LINEINB_REF	F8	LINEOUT1A
B2	MIC2_REF	D6	LINEINB	F9	HPOUT_REF
B3	MIC1_REF	D7	LINEOUT2A	G1	FILT +
B4	MIC3B_REF	D8	GND	G10	HPOUTA
B5	DMIC_SCLK	D9	GND	G11	FLYN
B6	XSP_LRCLK	E1	MIC3B_BIAS_FILT	G3	EAROUT +
B7	ASP_SCLK	E10	GNDCP	G4	SPEAKEROUTB
B8	ASP_SDIN	E11	FLYP	G5	GNDP
B9	MCLK	E2	MIC1_BIAS_FILT	G6	SPEAKEROUTA
C1	MIC2_BIAS_FILT	E3	WAKE	G7	LINEOUT2B_REF
C10	VSP_SLCLK	E4	INT	G8	LINEOUT1B
C11	VL	E5	RESET	G9	HPOUTB
C2	MIC2_BIAS	E6	SPEAKER_VQ		

6.1.24 FSA6157L6X 集成电路

FSA6157L6X 内部结构与引脚分布如图 6-49 所示，引脚功能见表 6-32。

表 6-32　FSA6157L6X 引脚功能

引脚	功能符号	引脚	功能符号
1	S	4	B0
2	Vcc	5	GND
3	A	6	B1

FSA6157L6X 逻辑功能见表 6-33。

表 6-33　FSA6157L6X 逻辑功能

S	L	H
功能	B0 连接 A	B1 连接 A

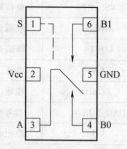

图 6-49　FSA6157L6X 内部结构与引脚分布

6.1.25 IF101 解调芯片

IF101 采用 TFQFP 或 LFBGA 封装，支持双 TUNER，工作功耗为 600mW，是 CMMB 信道解调芯片。IF101 采用 TQFN-128，引脚功能功能见表 6-34。

表 6-34　IF101 引脚功能

引脚	符号	IO	功能	引脚	符号	IO	功能
1	VDD33IO	电源	IO 电源 0 端(3.3V)	22	PAD_CIN2	AI	调谐输入 IN1
2	VSS33IO	接地	IO 接地端	23	PAD_DIN1	AI	调谐输入 QP1
3	VDD12CORE	电源	内核电源 1 端(1.2V)	24	PAD_DIN2	AI	调谐输入 QN1
4	VSS12CORE	接地	内核接地端	25	PAD_AVSS12B	接地	AFE 接地
5	VDD12CORE	电源	晶体振荡器电源端(1.2V)	26	PAD_AVDD12B	电源	AFE 电源(1.2V)
6	PAD_XIN	DI	晶体振荡输入时钟	27	PAD_DVDD12(ADC_DVDD)	电源	AFE 数字电路电源(1.2V)
7	PAD_XOUT	DO	晶体振荡输出时钟	28	PAD_DVSS12(ADC_VSS)	接地	AFE 数字电路接地
8	VSS12CORE	接地	晶体振荡器接地端	29	VDD33IO	电源	IO 电源 1(3.3V)
9	PAD_AVDD12A	电源	AFE 电源端(1.2V)	30	VSS33IO	接地	IO 接地 1
10	PAD_AVSS12A	接地	AFE 接地	31	VDD12CORE	电源	内核电源 1 端(1.2V)
11	PAD_VREFN	AIO	VREFN 参考信号负极端，一般外接去耦电容	32	VSS12CORE	接地	内核接地 1 端(1.2V)
12	PAD_VMID	AIO	VMID	33	VDD33IO	电源	IO 电源 2(3.3V)
13	PAD_VREFP	AIO	VREFN 参考信号正极端	34	VSS33IO	接地	IO 接地 2
				35	PAD_EDIO11	DIO	Q 通道溢出状态
				36	PAD_EDIO10	DIO	Q 通道欠载状态
14	PAD_AIN1	AI	调谐输入 IP0	37	PAD_EDIO9	DIO	Q 通道 ADCIO[9]
15	PAD_AIN2	AI	调谐输入 IN0	38	PAD_EDIO8	DIO	Q 通道 ADCIO[8]
16	PAD_BIN1	AI	调谐输入 QP0	39	PAD_EDIO7	DIO	Q 通道 ADCIO[7]
17	PAD_BIN2	AI	调谐输入 QN0	40	PAD_EDIO6	DIO	Q 通道 ADCIO[6]
18	PAD_AVDD33	电源	模拟电路电源(3.3V)	41	VDD33IO	电源	IO 电源 3(3.3V)
19	PAD_VREF	AIO	参考电压(1.22V)	42	VSS33IO	接地	IO 接地 3
20	PAD_AVSS33	接地	模拟电路接地	43	PAD_EDIO5	DIO	Q 通道 ADCIO[5]
21	PAD_CIN1	AI	调谐输入 IP1	44	PAD_EDIO4	DIO	Q 通道 ADCIO[4]

（续）

引脚	符 号	IO	功 能	引脚	符 号	IO	功 能
45	PAD_EDIO3	DIO	Q 通道 ADCIO[3]	86	PAD_MMIS_SYNC	DIO	MMIS 同步
46	PAD_EDIO2	DIO	Q 通道 ADCIO[2]	87	VDD12CORE	电源	内核电源 4 端(1.2V)
47	PAD_EDIO1	DIO	Q 通道 ADCIO[1]	88	VSS12CORE	接地	内核接地
48	PAD_EDIO0	DIO	Q 通道 ADCIO[0]	89	PAD_MMIS_D0	DIO	MMIS 数据 0
49	VDD12CORE	电源	内核电源 2 端(1.2V)	90	PAD_MMIS_D1	DIO	MMIS 数据 1
50	VSS12CORE	接地	内核接地 2 端	91	PAD_MMIS_D2	DIO	MMIS 数据 2
51	PAD_UARXD	DI	UART 接收器输入端	92	VDD33IO	电源	IO 电源 7
52	PAD_UATXD	DIO	UART 接收器输出端	93	VSS33IO	接地	IO 电源 7
53	PAD_SCL	DI	I^2C 时钟信号输入端	94	PAD_MMIS_D3	DIO	MMIS 数据 3
54	PAD_SDA	DIO	I^2C 数据信号输入端	95	PAD_MMIS_D4	DIO	MMIS 数据 4
55	PAD_RSTN	DI	系统复位端	96	PAD_MMIS_D5	DIO	MMIS 数据 5
56	PAD_INT	DIO	8051 外部中断	97	VDD12CORE	电源	内核电源 5
57	VDD33IO	电源	IO 电源 4(3.3V)	98	VSS12CORE	接地	内核接地
58	VSS33IO	接地	IO 接地 4	99	PAD_MMIS_D6	DIO	MMIS 数据 6
59	PAD_LAT0	DIO	PIO	100	PAD_MMIS_D7	DIO	MMIS 数据 7
60	PAD_LAT1	DIO	PIO	101	PAD_DIO13	DIO	ADC 测试模式,选择输入或输出模式
61	PAD_LAT2	DIO	PIO				
62	PAD_P1_7	DIO	8051 IO 端口 P1_7	102	PAD_DIO12	DIO	ADC 时钟信号输入或输出
63	PAD_P1_6	DIO	8051 IO 端口 P1_6				
64	PAD_P1_5	DIO	8051 IO 端口 P1_5	103	PAD_DIO11	DIO	I 通道溢出状态
65	PAD_P1_4	DIO	8051 IO 端口 P1_4	104	PAD_DIO10	DIO	I 通道欠载状态
66	VDD12CORE	电源	内核电源 3 端(1.2V)	105	VDD12CORE	电源	内核电源 6
67	VSS12CORE	接地	内核接地端	106	VSS12CORE	接地	内核接地
68	PAD_P1_3	DIO	8051 IO 端口 P1_3	107	PAD_DIO9	DIO	I 通道 ADCIO[9]
69	PAD_P1_2	DIO	8051 IO 端口 P1_2	108	PAD_DIO8	DIO	I 通道 ADCIO[8]
70	PAD_P1_1	DIO	8051 IO 端口 P1_1	109	PAD_DIO7	DIO	I 通道 ADCIO[7]
71	PAD_P1_0	DIO	8051 IO 端口 P1_0	110	PAD_DIO6	DIO	I 通道 ADCIO[6]
72	VDD33IO	电源	IO 电源 5(3.3V)	111	PAD_DIO5	DIO	I 通道 ADCIO[5]
73	VSS33IO	接地	IO 接地 5	112	VSS12CORE	电源	内核接地 7
74	PAD_P3_7	DIO	8051 IO 端口 P3_7	113	PAD_DIO4	DIO	I 通道 ADCIO[4]
75	PAD_P3_6	DIO	8051 IO 端口 P3_6	114	PAD_DIO3	DIO	I 通道 ADCIO[3]
76	PAD_P3_5	DIO	8051 IO 端口 P3_5	115	PAD_DIO2	DIO	I 通道 ADCIO[2]
77	PAD_P3_4	DIO	8051 IO 端口 P3_4	116	PAD_DIO1	DIO	I 通道 ADCIO[1]
78	PAD_P3_3	DIO	8051 IO 端口 P3_3	117	PAD_DIO0	DIO	I 通道 ADCIO[0]
79	PAD_P3_2	DIO	8051 IO 端口 P3_2	118	VSS33CORE	接地	IO 电源 8
80	PAD_P3_1	DIO	8051 IO 端口 P3_1	119	VSS33CORE	电源	IO 电源 8
81	PAD_P3_0	DIO	8051 IO 端口 P3_0	120	PAD_PUP	DIO	调谐器开
82	VDD33IO	电源	IO 电源 6(3.3V)	121	PAD_PDN	DIO	调谐器关
83	VSS33IO	接地	IO 接地 6	122	PAD_TESTPIN	DI	CPU 的禁用（JTAG模式）
84	PAD_MMIS_CLK	DIO	MMIS 时钟				
85	PAD_MMIS_VLD	DIO	MMIS 数据有效	123	PAD_TESTADC	DI	ADC 测试模式

（续）

引脚	符 号	IO	功 能	引脚	符 号	IO	功 能
124	DD33%IO%PAD_PLL_PVDD2POC_1	电源	锁相环电源（数字电路）	127	VDD%C%PAD_PLLAVDD	电源	锁相环电源（数字电路）
125	VDD%C%PAD_PLL_PVDD1DGZ_1	电源	锁相环电源（数字电路）	128	VSS%C%PAD_PLLAVSS	接地	锁相环电源（模拟电路）
126	VSS%C%PAD_PLLDVSS	接地	锁相环接地（数字电路）				

6.1.26　L3G4200D 集成电路

L3G4200D 引脚分布如图 6-50 所示，内部结构如图 6-51 所示。

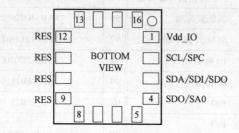

图 6-50　L3G4200D 引脚分布

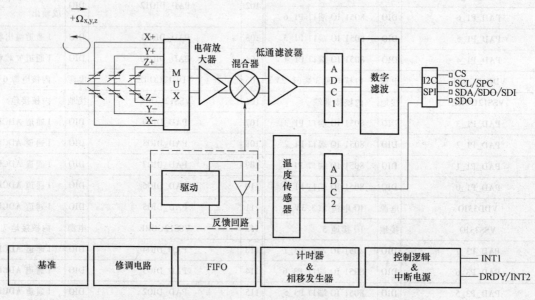

图 6-51　L3G4200D 内部结构

L3G4200D 引脚功能见表 6-35。

表 6-35　L3G4200D 引脚功能

引脚	符号	功 能
1	Vdd_IO	电源端
2	SCL/SPC	I^2C 串行时钟端（SCL）、SPI 串口时钟端（SPC）
3	SDA/SDI/SDO	I^2C 串行数据端（SDA）、SPI 串行数据输入端（SDI）、3-wire 串行接口数据输出端（SDO）
4	SDO/SA0	SPI 串行数据输出端（SDO）、I^2C 地址 0 位（SA0）

（续）

引脚	符号	功　　能
5	CS	SPI 启用端。I^2C/SPI 模式选择端（1：为 I^2C 模式。0：为 SPI 启用）
6	DRDY/INT2	数据就绪端
7	INT1	可编程中断端
8 ~ 12	Reserved	连接到地端
13	GND	接地端
14	PLLFILT	锁相环环路滤波端
15	Reserved	连接到电源端
16	Vdd	电源端

6.1.27　LIS331DL 三轴线性加速器

　　LIS331DL 属于低功耗三轴线性加速器或者传感器，其在 3G iPhone 手机中有应用。LIS331DL 为 LGA 16（3mm × 3mm × 1mm）封装。LIS331DL 集成了一个标准的 SPI/I^2C 数字接口、多种嵌入式功能：唤醒检测、动作检测、单击识别、双击识别、高通滤波器、两个专用的高度可编程中断线路。LIS331DL 引脚布局和实物如图 6-52 所示。

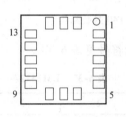

a) 引脚布局(仰视图)　　　　b) 实物

图 6-52　LIS331DL 引脚布局和实物

　　注意：LIS331DL 实物识读时，并不是型号完整标注出来，而是"33DL"。另外，其 14 脚、15 脚与 5 脚、12 脚、13 脚、16 脚间常接外接件为 10μF、100nF 电容。

　　LIS331DL 引脚功能见表 6-36。

表 6-36　LIS331DL 引脚功能

引脚	符号	功　　能	引脚	符号	功　　能
1	Vdd_IO	电源端（I/O）	8	CS	SPI 使能端 I^2C/SPI 模式选择端（1：I^2C 模式；0：SPI 启用）
2	NC	未使用			
3	NC	未使用	9	INT 2	惯性中断 2 端
4	SCL SPC	I^2C 总线时钟信号端 SPI 串行端口时钟信号端	10	Reserved	与地连接端
			11	INT 1	惯性中断 1 端
5	GND	接地端	12	GND	接地端
6	SDA SDI SDO	I^2C 总线数据信号端 SPI 串行端口数据信号端 3 总线串行接口数据输出端	13	GND	接地端
			14	Vdd	电源端
7	SDO	SPI 串行数据输出端 I^2C 总线地址位端	15	Reserved	与电源端连接
			16	GND	接地端

6.1.28　LM2512A 串行器

　　LM2512A 是移动像素链接（MPL-1）串行器，内置 24 位 RGB 显示接口、抖动模块等。它能够将 24 位 RGB 视频转换为 18 位 RGB 视频，并且图像质量不会出现明显的损失。LM2512A 具有 LLP40、UFB-GA49 封装结构，图例如图 6-53、图 6-54 所示。

119

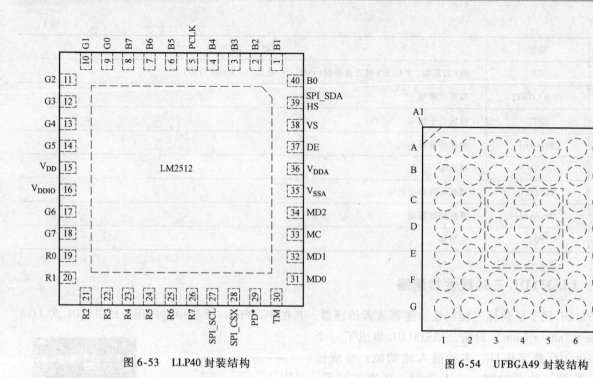

图 6-53　LLP40 封装结构

图 6-54　UFBGA49 封装结构

UFBGA49 引脚对应功能符号见表 6-37。

表 6-37　LM2512A　UFBGA49 引脚对应功能符号

	1	2	3	4	5	6	7
A	B1	SPI_SDA/HS	RES1	NC	MD2	MD1	MD0
B	B2	B0	VS	V_{DDA}	MC	TM	PD
C	PCLK	B3	DE	V_{SSA}	SPI_CSX	SPI_SCL	R7
D	V_{SSIO}	V_{DDIO}	B4	V_{SSIO}	V_{SSIO}	V_{DDIO}	R6
E	B6	B7	G5	B5	R1	R4	R5
F	G0	G1	G4	V_{DD}	G6	R0	R3
G	G2	G3	V_{SS}	V_{SSIO}	V_{DDIO}	G7	R2

LM2512A 内部框图如图 6-55 所示。

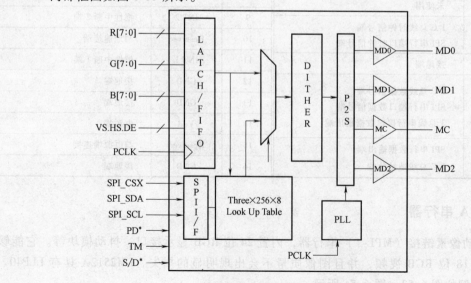

图 6-55　LM2512A 内部框图

6.1.29　LM4890ITL 音频功率放大集成电路

LM4890ITL 是 1W 音频功率放大集成电路，主要应用于早期具有 WCDMA 制式的诺基亚等机型上。其具有不同的封装结构以及识别方法，具体见表 6-38。

表 6-38　LM4890ITL 封装结构

型号	封 装 结 构	型号	封 装 结 构
LM4890IBP、LM4890IBPX	8 V01 1 −IN ... 7 +IN 2 GND ... 6 V_DD 3 Bypass ... 5 Shutdown 4 V02	LM4890IBL、LM48901BLX、LM4890ITL、LM4890ITLX	V01 A −IN ... +IN B GND ... V_DD C Bypass GND Shutdown 1 2 V02 3
LM4890LD	SHUTDOWN [1] [10] V02 BYPASS [2] [9] NC GND [3] [8] V_DD IN+ [4] [7] NC IN− [5] [6] V01	LM4890M、LM4890MM	SHUTDOWN 1 8 V02 BYPASS 2 7 GND +IN 3 6 V_DD −IN 4 5 V01

6.1.30　LMSP32QH-B52 集成电路

LMSP32QH-B52 在 iPhone4S 中的应用电路如图 6-56 所示。

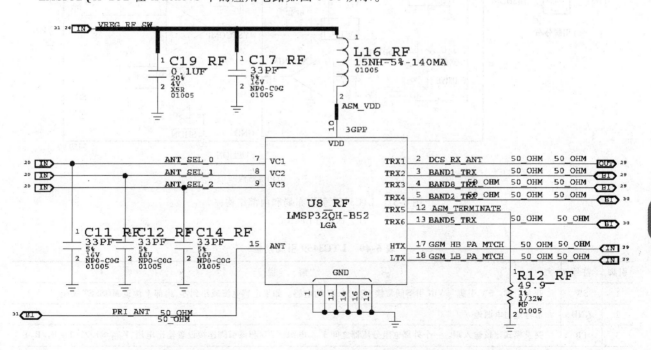

图 6-56　LMSP32QH-B52 在 iPhone4S 中的应用电路

LMSP32QH-B52 引脚功能见表 6-39。

表 6-39　LMSP32QH-B52 引脚功能

引脚	功能符号	引脚	功能符号	引脚	功能符号	引脚	功能符号
1	GND	6	GND	11	GND	16	GND
2	TRX1	7	VC1	12	TRX5	17	HTX
3	TRX2	8	VC2	13	TRX6	18	LTX
4	TRX3	9	VC3	14	GND	19	GND
5	TRX4	10	VDD	15	ANT		

6.1.31　LTC3459 微功率同步升压型转换器

LTC3459 是微功率同步升压型转换器，V_{IN} 范围为 1.5 ~ 5.5V，可从 3.3V 输入提供 5V/30mA，可从两节 AA 电池输入提供 3.3V/20mA，可编程输出电压高至 10V，提供了突发模式操作和与一个固定的峰值电流等特点。

LTC3459 采用 TSOT23-6 封装，引脚布局和内部结构如图 6-57 所示，引脚功能见表 6-40。

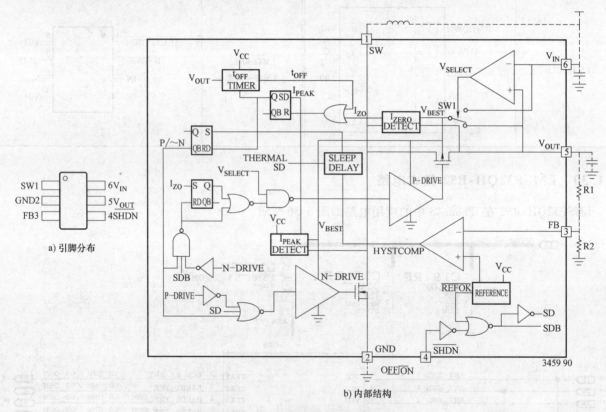

a) 引脚分布

b) 内部结构

图 6-57　LTC3459 引脚布局和内部结构

注：标识为 LTAHA

表 6-40　LTC3459 引脚功能

引脚	符号	解　说
1	SW	开关引脚。SW 引脚与 VIN 引脚间常接 15 ~ 33mH 的电感。如果电感电流减小到零，内部 P 沟道 MOSFET 关闭
2	GND	信号地与电源地
3	FB	突发模式比较输入端。一个外部电阻分压器之间 V_{OUT} 电源，GND 和该引脚连接设置输出电压：$V_{OUT} = 1.22(1 + R_1/R_2)$
4	$\overline{SHDN}$	关断输入端。该脚电压必须大于 1V，集成电路才启用
5	V_{OUT}	升压稳压器电压输出端。一般外接低 ESR、低 ESL 的 2.2 ~ 10μF 的陶瓷电容
6	V_{IN}	电源输入端。一般外接低 ESR、低 ESL 的至少 1μF 的陶瓷电容

6.1.32　LTC4088 电源管理稳压输出器

LTC4088 是锂离子/锂聚合物电池充电/USB 电源管理稳压输出器。LTC4088 内置同步开关输入稳压器、全功能电池充电器、一个理想的二极管等。LTC4088 专为 USB 应用的电池充电集成电路。LTC4088 的开关稳压器可利用逻辑控制自动地将其输入电流限制为 100mA、500mA 或 1A。输入电流限制为 1x—对于 100mA USB；5x—对于 500mA USB；10x—对于 1A 的墙上适配器供电型应用。

LTC4088 系列分为 LTC4088-1 与 LTC4088-2，其中 LTC4088-1 在充电器关断的情况下上电；LTC4088-2 在充电器接通的情况下上电。

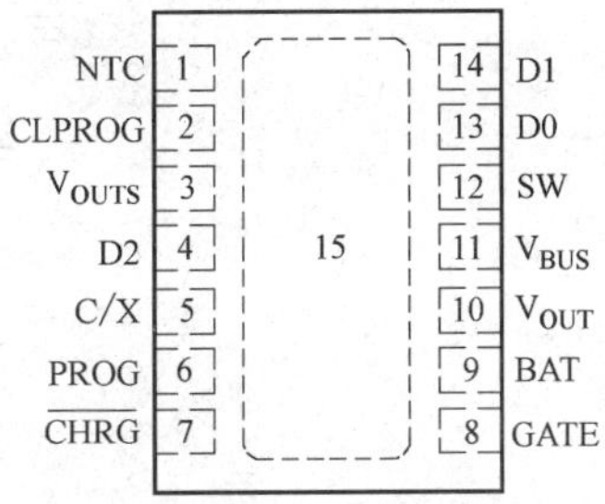

LTC4088-2 实物标识为"40882"，其引脚功能分布如图 6-58 所示，其采用扁平 14 引脚 4mm×3mm×0.75mm DFN 表面贴装型封装。

图 6-58　LTC4088-2 引脚功能分布

LTC4088-2 引脚功能见表 6-41。

表 6-41　LTC4088-2 引脚功能

引脚	符号	解　说
1	NTC	NTC 热敏电阻监测信号电路。NTC 引脚连接到的负温度系数热敏电阻通常与电池组一起封装的,以监测电池是否过热或太冷。如果电池的温度超出范围,则进行相应功能,直到电池的温度重新进入有效范围
2	CLPROG	USB 限流控制与监控端
3	V_{OUTS}	电压检测输出端。该 VOUTS 引脚用于检测在 VOUT 电源的电压时,当开关稳压器在运行时,VOUTS 应始终直接连接到 VOUT 引脚
4	D2	模式选择输入端
5	C/X	充电结束显示端
6	PROG	充电电流编程与充电电流监视端
7	$\overline{CHRG}$	漏极开路结构,充电状态输出端
8	GATE	理想二极管放大器输出端
9	BAT	单节锂离子电池引脚端
10	V_{OUT}	输出电压端
11	V_{BUS}	开关电源通路控制器电压输入端
12	SW	SW 引脚提供从 VOUT 至 VBUS 降压的开关稳压电源
13	D0	模式选择输入端
14	D1	模式选择输入端
15	Exposed Pad	接地

LTC4088-2 有关极限参数如下：

V_{BUS}（Static）、BAT、CHRG、NTC、D0、D1、D2：$-0.3 \sim 6V$　　　I_{SW}：2A

V_{BUS}（Transient）：$-0.3 \sim 7V$　　　I_{BAT}：2A

I_{CLPROG}：3mA　　　T_{JMAX}：125℃

I_{PROG}、$I_{C/X}$：2mA　　　T_{ST}：$-65 \sim 125℃$

I_{CHRG}：75mA　　　T_{OP}：$-40 \sim 85℃$

I_{OUT}：2A

LTC4088-2 典型应用电路如图 6-59 所示。

LTC4088-2 在 3G 手机 iPhone 有应用，实际应用电路板图如图 6-60 所示。

123

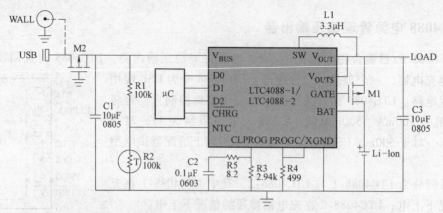

图 6-59　LTC4088-2 典型应用电路

图 6-60　LTC4088-2 在 3G iPhone 手机中的应用

6.1.33　LP5907UVX-3.3V 超低噪声低压差稳压器

　　LP5907 为 250mA 超低噪声低压差稳压器。LP5907UVX-3.3V 在 iPhone5 中的应用电路如图 6-61 所示。LP5907UVX-3.2V 在 iPhone5 中的应用电路如图 6-62 所示。

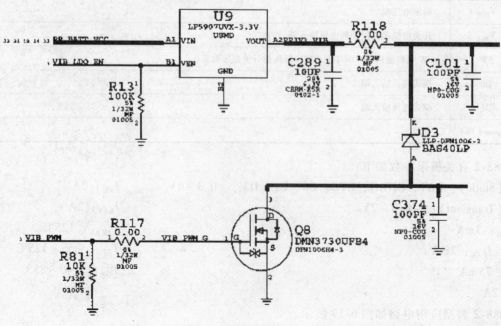

图 6-61　LP5907UVX-3.3V 在 iPhone5 中的应用电路

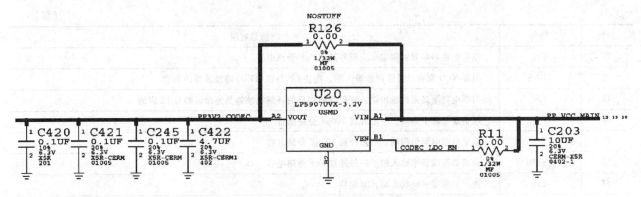

図 6-62　LP5907UVX-3.2V 在 iPhone5 中的应用电路

LP5907 不同封装引脚分布如图 6-63 所示。

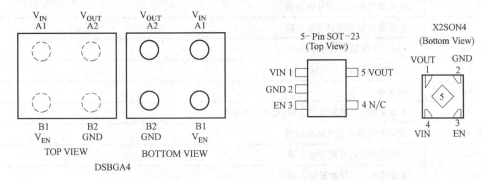

图 6-63　LP5907 不同封装引脚分布

6.1.34　MAX2392 射频接收集成电路

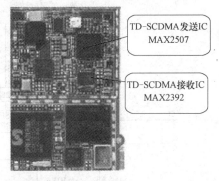

图 6-64　MAX2392 在联想 TD900 中的应用

MAX2392 是 TD-SCDMA 零中频射频接收集成电路，在 3G 手机中有应用，例如联想 TD900 应用如图 6-64 所示。

MAX2392 内置电路或者单元：低噪声放大器、I/Q 正交解调器、VCO、锁相环、直接转换混频器、信道选择滤波器、AGC 放大器、I/Q 幅度自动校准电路等。

MAX2392 引脚功能见表 6-42。

MAX2392 外围参考电路如图 6-65 所示。

表 6-42　MAX2392 引脚功能

引脚	符号	功能与解说
1	V_{CC}	I/Q 混频器电源引脚端。一般外接 100pF 旁路电容
2	RF +	正极射频信号输入端。该信号是输入到零中频解调器，在 RF + 与 RF - 间的差分阻抗为 200Ω
3	RF -	负极射频信号输入端。该信号是输入到零中频解调器，在 RF + 与 RF - 间的差分阻抗为 200Ω
4	BIAS	外接偏置电阻端
5	V_{CC}	低噪声放大器电源引脚端。一般外接 100pF 旁路电容
6	G_LNA	低噪声放大器增益模式逻辑控制引脚端
7	LNA_OUT	低噪声放大器输出端。内部匹配为 50Ω
8	GND	射频低噪声放大器接地端
9	LNA_IN	低噪声放大器输入端。对外匹配 50Ω
10	GND	射频 VCO 电容接地端

（续）

引脚	符号	功能与解说
11	V_{CC}	压控振荡器电源引脚端。一般外接 100pF 旁路电容
12	TUNE	射频 VCO 变容二极管调谐输入端。连接 CP 与锁相环环路滤波器的调谐
13	CP	射频电荷泵高阻抗输出端。该射频锁相环的环路滤波器是连接该脚与 12 脚的
14	V_{CC}	电荷泵电源引脚端。一般外接 100nF 旁路电容
15	V_{CC}	数字电路电源引脚端。一般外接 100nF 旁路电容
16	REFIN	合成器基准频率输入端。一般外接 1nF 旁路电容
17	LD	指示射频锁相环状态端,OD 结构
18	$\overline{SHDN}$	接收器逻辑关闭端。低电平有效
19	AGC	基带 VGA 增益控制输入端
20	Q_+	Q 通道正极基带信号输出端
21	Q_-	Q 通道负极基带信号输出端
22	$I-$	I 通道负极基带信号输出端
23	$I+$	I 通道正极基带信号输出端
24	V_{CC}	电源端
25	$\overline{CS}$	3 总线串行总线使能输入端(低电平有效)
26	G_MXR	混频器增益模式逻辑控制端
27	SDATA	3 总线串行总线数据输入端
28	SCLK	3 总线串行总线数据输入端

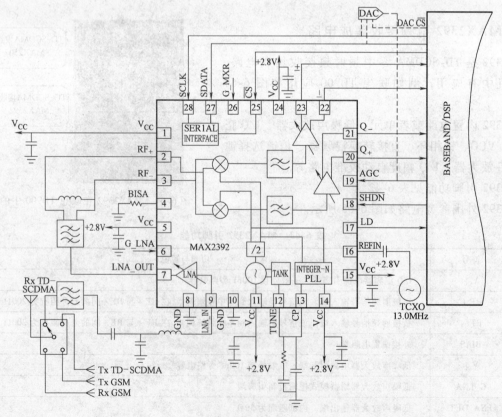

图 6-65　MAX2392 外围参考电路

　　天线接收的 3G 信号经过天线开关选择 TD-SCDMA 通道后，再经过频带选择滤波器选择有用的频带信号，然后将需要的微弱信号经过 MAX2392 的 LNA 放大后，再通过 I/Q 解调器变成模拟基带 I/Q 信号，模

拟基带 I/Q 信号经过信道滤波的低通滤波器与 ACG 放大器后，送至模拟前端，完成对基带 I/Q 信号的数字化处理。

6.1.35 MAX8946EWL + T 集成电路（见表 6-43）

表 6-43 MAX8946EWL + T 引脚功能

引脚	A1	A2	A3	B1	B2	B3	C1	C2	C3
功能符号	AGND	REFIN	PGND	EN	IN1	LX	SKIP	IN2	OUT

6.1.36 MAX9061 集成电路（见表 6-44）

表 6-44 MAX9061 引脚功能

引脚	A1	A2	B1	B2
功能符号	OUT	IN	REF	GND

6.1.37 MGA300G 集成电路（见表 6-45）

表 6-45 MGA300G 引脚功能

引脚	1	2	3	4	5	6	7
功能符号	RFIN	GND	GND	VSD	RFOUT	VDD	THRM PAD

6.1.38 MX25U8035MI-10G 集成电路

MX25U8035MI-10G 在 iPhone4S 中的应用电路如图 6-66 所示。

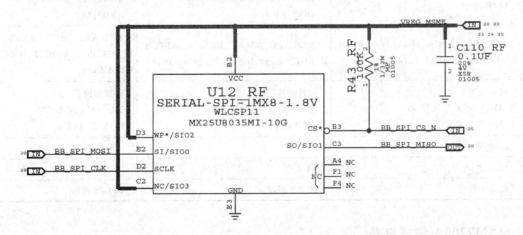

图 6-66 MX25U8035MI-10G 在 iPhone4S 中的应用电路

MX25U8035MI-10G 引脚功能见表 6-46。

表 6-46 MX25U8035MI-10G 引脚功能

引脚	功能符号	引脚	功能符号	引脚	功能符号
A4	NC	C3	SO/SIO1	E3	GND
B2	VCC	D2	SCLK	F1	NC
B3	CS	D3	WP/SIO2	F4	NC
C2	NC/SIO3	E2	SI/SIO0		

6.1.39 MSM6280、MSM7200 与 MSM7200A 的比较（见表 6-47）

表 6-47 MSM6280、MSM7200 与 MSM7200A 的比较

特点	MSM6280	MSM7200	MSM7200A
工艺	90nm CMOS(14mm × 14mm × 1.4mm)	90nm CMOS(15mm × 15mm × 1.4mm)	65nm CMOS(15mm × 15mm × 1.4 mm)
处理器	ARM926EJ-S™274MHz(modem) QDSP® 100MHz	ARM11™ 400MHz(apps) ARM926EJ-S 256MHz(modem) QDSP 256MHz(apps) QDSP 122MHz(modem)	ARM11 400/533MHz(apps) ARM926EJ-S 256MHz(modem) QDSP 256MHz(apps) QDSP 122MHz(modem)
调制解调器	WCDMA、GSM、GPRS、EDGE、HSDPA 7.2Mbit/s,DTM	GSM,GPRS,EGPRS MSC 12,DTM, WCDMA R5,HSDPA 7.2Mbit/s, Concurrency DataCard 3.6Mbit/s DL + 1.5Mbit/s UL,Concurrency Handset 1.8Mbit/s DL + 1.5Mbit/s UL	WCDMA,GSM,GPRS,EDGE,DTM, HSDPA 7.2Mbit/s,HSUPA 5.76Mbit/s, Concurrency 7.2Mbit/s DL + 2Mbit/s UL
LCD 支持	16/18-bpp(EBI2) 16/18-bpp(MDDI)	16/18-bpp(EBI2) 16/18/24-bpp(MDDI)	16/18/24-bpp(EBI2) 16/18/24-bpp(MDDI)
MDDI 支持	支持(1 host + 1 client)	支持(2 hosts + 1 client)	支持(2 hosts + 1 client)
广播接口	TSIF(DVB-H、ISDB-T、S-DMB)	TSIF(DVB-H、ISDB-T、S-DMB)	TSIF(DVB-H、ISDB-T、S-DMB)
存储器	外部:32-bit SDRAM 8/16-bit NAND Flash	Stacked:256 Mbit DDR-SDRAM@ 128MHz 外部:32-bit DDR-SDRAM 8/16-bit NAND Flash	Stacked:256 Mbit DDR-SDRAM@ 166MHz 外部:32-bit DDR-SDRAM 8/16-bit NAND Flash
UART	3(1 HS + 2 standard)	3(1 HS + 2 standard)	4(2 HS + 2 standard)
SDIO	1	2	4
OS	L4/REX	ARM11:L4、WinMob ARM9:L4	ARM11:L4、WinMob ARM9:L4
音频/视频解码器	MP3、AAC、AAC + 、EAAC + 、ADPCM、MPEG4、Real v8、H263、H264、WMA v9	MP3、AAC、AAC + 、EAAC + 、ADPCM、MPEG4、Real v8、H263、H264、WMA v9	MP3、AAC、AAC + 、EAAC + 、ADPCM、MPEG4、Real v8、H263、H264、WMA v9、WB-AMR
2D/3D 图形加速	硬件加速: 225K ~ 540K 三角形/秒; 7M ~ 90M 像素/秒	硬件加速: 2M ~ 4M 三角形/秒; 133M 像素/秒	硬件加速: 2M ~ 4M 三角形/秒; 133M 像素/秒
和弦铃声	72 和弦	96 和弦	128 和弦
蓝牙	BT 1.2	BT 2.0	BT 2.0
GPS	独立 + 辅助	独立 + 辅助	新 GPS 内核

6.1.40 MSM7200A 集成电路

MSM7200A 可以应用于 3G 手机，MSM 7200A 集成了 3D 加速器，更适合运行 3D 图像及 3D 游戏。MSM7200A 也非常适合商务及游戏手机的应用，其引脚分布如图 6-67 所示。

6.1.41 MSM7225 集成电路

MSM7225 功能框图与典型应用如图 6-68 所示。

MSM7225 引脚分配如图 6-69 所示。

6.1.42 PMB6820 集成电路

PMB6820 在 iPhone3G 中的应用电路如图 6-70 所示。

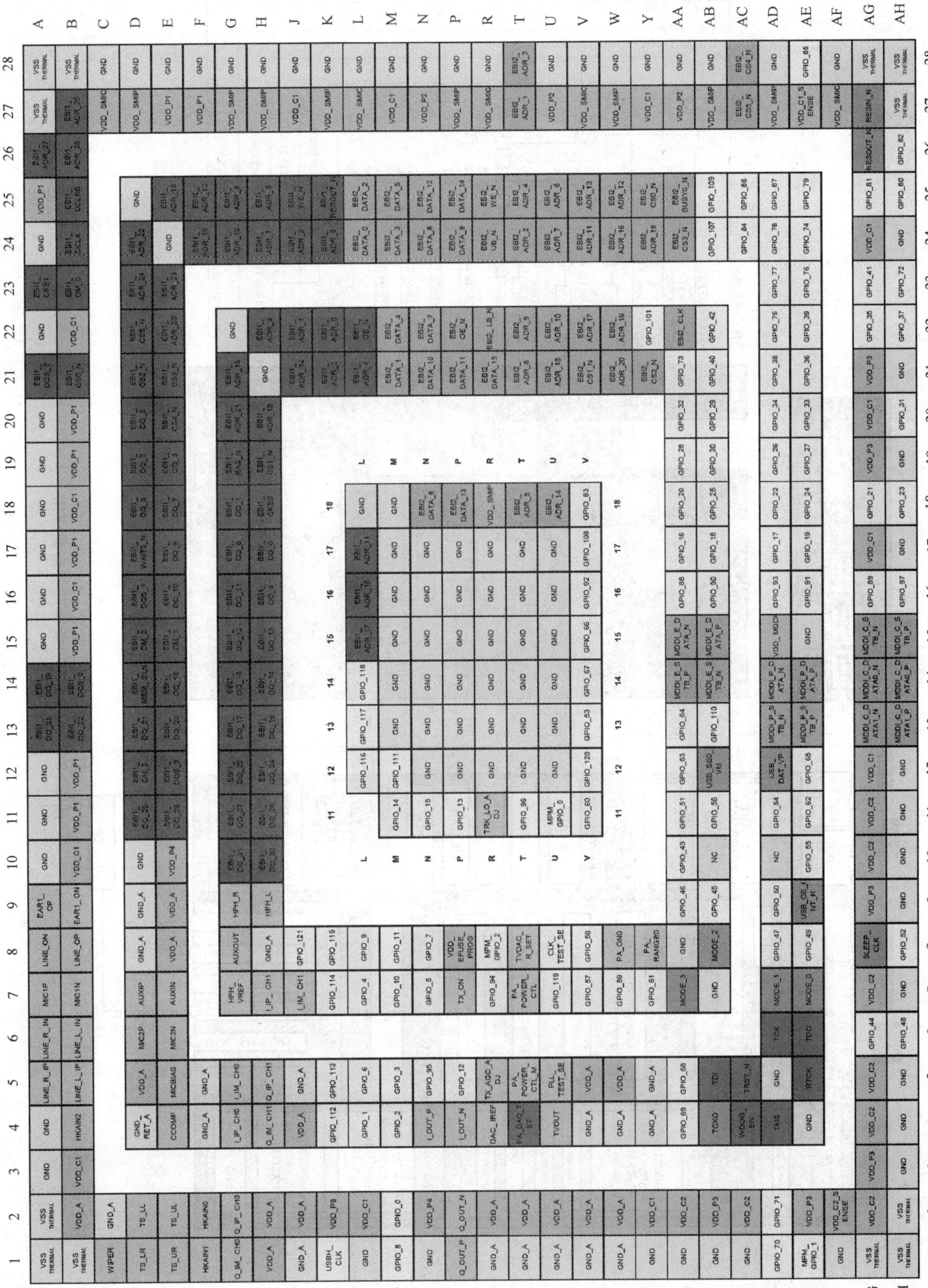

图 6-67 MSM7200A 引脚分布

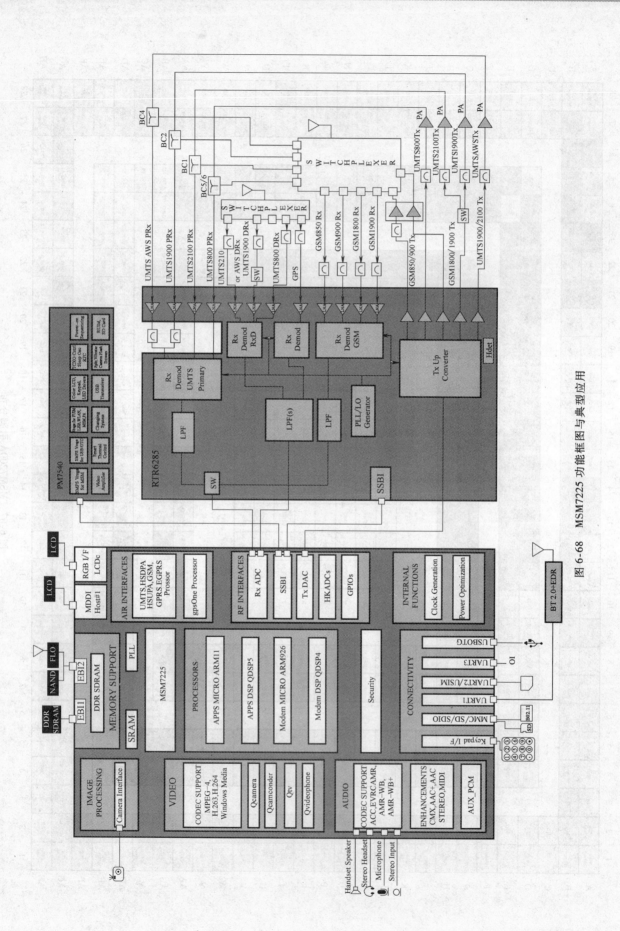

图6-68 MSM7225 功能框图与典型应用

图6-69 MSM7225 引脚分配

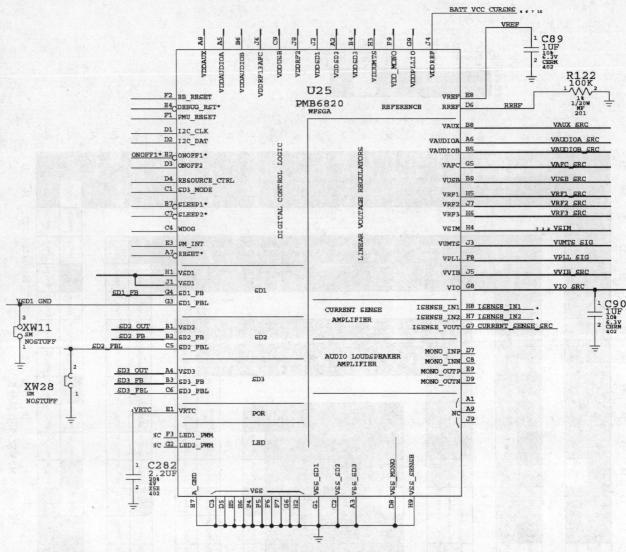

图 6-70   PMB6820 在 iPhone3G 中的应用电路

PMB6820 有关引脚功能见表 6-48。

表 6-48   PMB6820 有关引脚功能

引脚	符号功能	引脚	符号功能	引脚	符号功能	引脚	符号功能
A1	NC	B4	VDDSD3	C7	SLEEP2	E1	VRTC
A2	VDDSD2	B5	VAUDIOB	C8	MONO_INN	E2	ONOFF1
A3	VSS_SD3	B6	VDDAUDIOB	C9	VDDUSB	E3	PM_INT
A4	VSD3	B7	SLEEP1	D1	I^2C_CLK	E4	DEBUG_RST
A5	VDDAUDIOA	B8	VAUX	D2	I^2C_DAT	E5	VSS
A6	VAUDIOA	B9	VUSB	D3	ONOFF2	E6	VSS
A7	RESET	C1	SD3_MODE	D4	RESOURCE_CTRL	E7	A_GND
A8	VDDAUX	C2	VSS_SD2	D5	VSS	E8	VREF
A9	NC	C3	VSS	D6	RREF	E9	MONO_OUTP
B1	VSD2	C4	WDOG	D7	MONO_INP	F1	PMU_RESET
B2	SD2_FB	C5	SD2_FBL	D8	VSS_MONO	F2	BB_RESET
B3	SD3_FB	C6	SD3_FBL	D9	MONO_OUTN	F3	LED1_PWM

(续)

引脚	符号功能	引脚	符号功能	引脚	符号功能	引脚	符号功能
F4	VSS	G4	SD1_FB	H4	VSIM	J4	VDDREF
F5	VSS	G5	VAFC	H5	VRF1	J5	VVIB
F6	VSS	G6	VSS	H6	VRF3	J6	VDDRF13AFC
F7	VSS	G7	ISENSE_VOUT	H7	ISENSE_IN2	J7	VRF2
F8	VPLL	G8	VIO	H8	ISENSE_IN1	J8	VDDRF2
F9	VDD_MONO	G9	VDDPLLIO	H9	VSS_SENSE	J9	NC
G1	VSS_SD1	H1	VSD1	J1	VSD1		
G2	LED2_PWM	H2	VSS	J2	VDDSD1		
G3	SD1_FBL	H3	VDDUMTS	J3	VUMTS		

6.1.43　PMB6952 双模式收发器

PMB6952 是基于 SMARTi PM 四频段 GSM/EDGE 收发器和 SMARTi 3G 六频段 W-CDMA 收发器架构的双模式收发器，采用 PG-TFSGA-121 封装。PMB6952 结构示意图如图 6-71 所示。

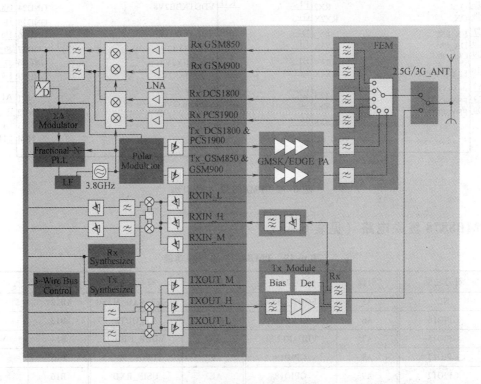

图 6-71　PMB6952 结构示意图

PMB6952 是一个复合芯片，它集成了 SMARTiPM 四频 GSM/EDGE 收/发信机与 SMARTi3G 三频 WCD-MA 收/发信机。为避免 GSM 与 WCDMA 间相互干扰，PMB6952 内的 GSM 射频电路与 WCDMA 射频电路是不允许同时工作。在 GSM 接收方面，射频芯片集成了恒定增益直接变换接收机的所有有源电路。四个频段的低噪声放大器都被集成在射频芯片内，其输入为双端平衡输入。在低噪声放大器与混频器间，没有极间滤波器。

PMB6952 主要引脚如图 6-72 所示。

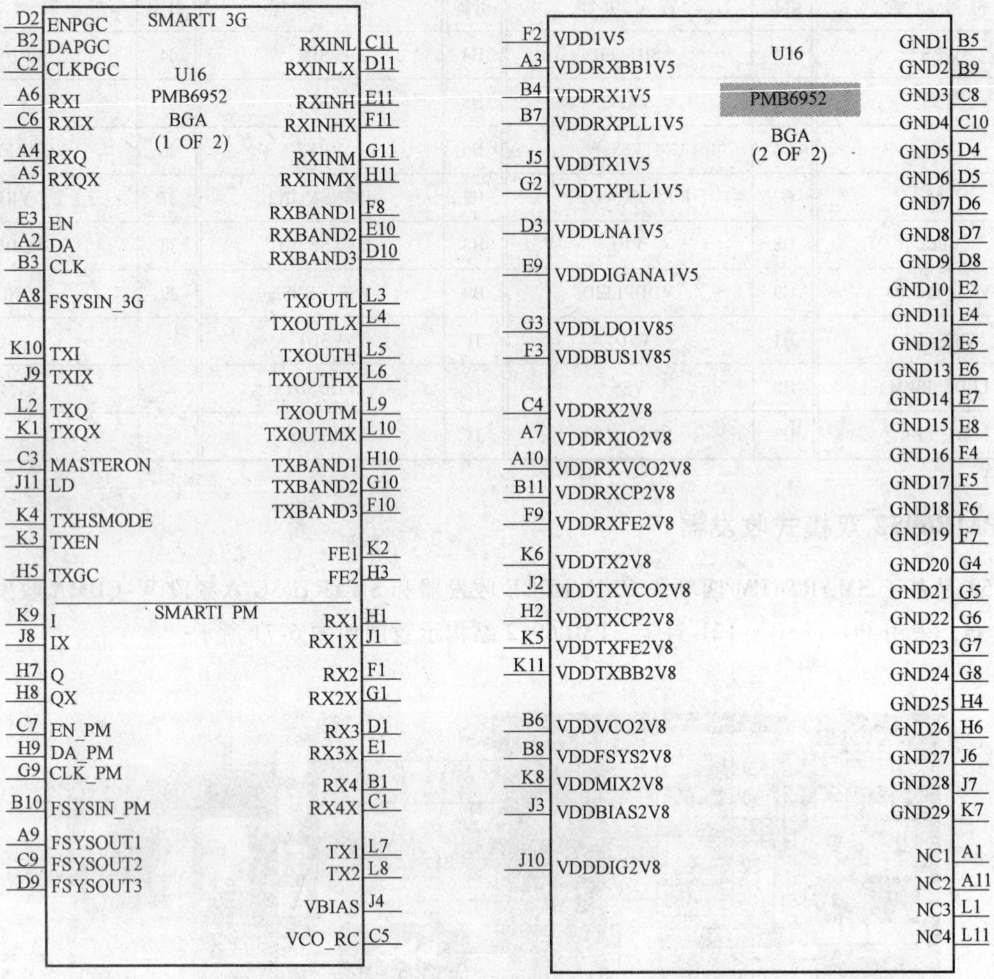

图中左侧芯片 U16 PMB6952 BGA (1 OF 2)：

SMARTI 3G

引脚	符号		符号	引脚
D2	ENPGC		RXINL	C11
B2	DAPGC		RXINLX	D11
C2	CLKPGC		RXINH	E11
A6	RXI		RXINHX	F11
C6	RXIX		RXINM	G11
A4	RXQ		RXINMX	H11
A5	RXQX		RXBAND1	F8
E3	EN		RXBAND2	E10
A2	DA		RXBAND3	D10
B3	CLK			
A8	FSYSIN_3G		TXOUTL	L3
			TXOUTLX	L4
K10	TXI		TXOUTH	L5
J9	TXIX		TXOUTHX	L6
L2	TXQ		TXOUTM	L9
K1	TXQX		TXOUTMX	L10
C3	MASTERON		TXBAND1	H10
J11	LD		TXBAND2	G10
K4	TXHSMODE		TXBAND3	F10
K3	TXEN		FE1	K2
H5	TXGC		FE2	H3

SMARTI PM

引脚	符号		符号	引脚
K9	I		RX1	H1
J8	IX		RX1X	J1
H7	Q		RX2	F1
H8	QX		RX2X	G1
C7	EN_PM		RX3	D1
H9	DA_PM		RX3X	E1
G9	CLK_PM		RX4	B1
B10	FSYSIN_PM		RX4X	C1
A9	FSYSOUT1		TX1	L7
C9	FSYSOUT2		TX2	L8
D9	FSYSOUT3		VBIAS	J4
			VCO_RC	C5

图中右侧芯片 U16 PMB6952 BGA (2 OF 2)：

引脚	符号		符号	引脚
F2	VDD1V5		GND1	B5
A3	VDDRXBB1V5		GND2	B9
B4	VDDRX1V5		GND3	C8
B7	VDDRXPLL1V5		GND4	C10
J5	VDDTX1V5		GND5	D4
G2	VDDTXPLL1V5		GND6	D5
D3	VDDLNA1V5		GND7	D6
E9	VDDDIGANA1V5		GND8	D7
			GND9	D8
G3	VDDLDO1V85		GND10	E2
F3	VDDBUS1V85		GND11	E4
			GND12	E5
C4	VDDRX2V8		GND13	E6
A7	VDDRXIO2V8		GND14	E7
A10	VDDRXVCO2V8		GND15	E8
B11	VDDRXCP2V8		GND16	F4
F9	VDDRXFE2V8		GND17	F5
K6	VDDTX2V8		GND18	F6
J2	VDDTXVCO2V8		GND19	F7
H2	VDDTXCP2V8		GND20	G4
K5	VDDTXFE2V8		GND21	G5
K11	VDDTXBB2V8		GND22	G6
			GND23	G7
B6	VDDVCO2V8		GND24	G8
B8	VDDFSYS2V8		GND25	H4
K8	VDDMIX2V8		GND26	H6
J3	VDDBIAS2V8		GND27	J6
			GND28	J7
J10	VDDDIG2V8		GND29	K7
			NC1	A1
			NC2	A11
			NC3	L1
			NC4	L11

图 6-72　PMB6952 主要引脚

6.1.44　PMB8878 集成电路（见表 6-49）

表 6-49　PMB8878 的引脚功能

引脚	符号功能	引脚	符号功能	引脚	符号功能	引脚	符号功能
A1	NC	A5	BOOT_CFG0	AA18	USIF3_TXD_MTSR	B12	GPIO14
A10	GPIO16	A6	CLK26M	AA19	KP_OUT2	B13	GPIO11
A11	GPIO15	A7	VDD_EFUSE	AA2	VDDP_DIGC2	B14	VDD_CORE3
A12	GPIO13	A8	GPIO19	AE2	JTAG1_TDO	B15	GPIO8
A13	GPIO12	A9	GPIO18	AE3	USIF_RXD	B16	GPIO6
A14	GPIO9	AA1	RF_STR0	AE4	JTAG1_TMS	B17	VDD_IO_HIGH1A
A15	GPIO7	AA10	CIF_RESET	AE5	JTAG1_TRST	B18	GPIO2
A16	VSS	AA11	CIF_D6	AE6	JTAG1_RTCK	B19	GPIO1
A17	GPIO5	AA12	CIF_PCLK	AE7	ESIF_CS	B2	I2RF_STR0
A18	GPIO3	AA13	CIF_VSYNC	AE8	ESIF_RD	B3	VSS
A19	NC	AA14	DIF_D4	AE9	VDD_IO_LOW3	B4	VDD_IO_LOW1
A2	VDD_HIGH_OUT	AA15	DIF_CD	B1	CLK32K	B5	GPIO10
A3	BOOT_CFG1	AA16	DIF_WR	B10	GPIO17	B6	VDD_CORE4
A4	RST	AA17	MMCI2_DAT0	B11	VDD_IO_HIGH1B	B7	TRACEPKT2

（续）

引脚	符号功能	引脚	符号功能	引脚	符号功能	引脚	符号功能
B8	VDD_PLL1	J2	EPP1_1	AA8	T_OUT3	D7	F26M
B9	VSS	J3	VSS	AA9	MMCI1_DAT3	D8	TRACEPKT7
C1	I2RF_SCLK	P8	VSS	AB1	T_IN0	D9	TRACEPKT3
C17	GPIO4	P9	VSS	AB10	CIF_D2	E1	VDDA_VBR1
C18	MEM_SDCLKO	R1	VSS	AB11	CIF_D4	E10	TRACEPKT1
C19	GPIO0	R10	VDD9	AB12	CIF_PD	E11	MEM_A11
C2	I2RF_DATA	R11	VDD10	AB13	VDDP_DIGB	E12	MEM_A12
C3	UTMS_WKP	R15	KP_IN3	AB14	CLKOUT2	E13	MEM_A8
D1	M3	R16	MEM_AD10	AB15	DIF_D1	E14	MEM_A7
G3	VSS	R17	KP_IN6	AB16	USIF1_RTS_N	E15	MEM_A4
G4	M1	R18	MEM_AD9	AB17	MMCI2_CMD	E16	MEM_A1
G5	VMICN	R19	MEM_AD3	AB18	USIF3_RXD_MRST	E17	MEM_BFCLKO2
G6	VSS	R2	RSTOUT	AB19	IRDA_RX	E18	VDDP_MEM_ETM0
G7	TRACEPKT5	R3	SPCU_RQ_IN1	AB2	VDDP_DIGC1	E19	VSS
G8	VDD_PLL0	R4	USIF2_TXD_MTSR	AB3	T_OUT6	E2	M2
G9	TRACECLK	R5	GUARD	AB4	T_OUT7	E3	M5
H1	EPPA1_0	R9	VDD8	AB5	T_OUT10	E4	M7
H10	PIPESTAT1	T1	SPCU_RQ_IN0	AB6	MMCI1_DAT0	E5	VSS
H11	MEM_CKE	T15	MEM_AD2	AB7	T_OUT1	E6	RESET
H12	MEM_RAS	T16	DSPIN0	AB8	VDDP_MMC	J4	VREFP
H13	MEM_CSA3	T17	KP_IN4	AB9	MMCI1_CLK	J5	IREF
H14	MEM_CSA2	T18	MEM_AD8	AC1	T_OUT9	K1	MICP1
H15	MEM_CSA1	T19	VDD_IO_LOW4A	AC17	DIF_D6	K15	MEM_A24
H16	MEM_A25	T2	USIF2_RXD_MRST	AC18	DIF_HD	K16	MEM_A22
H17	MEM_BC1	T3	SPCU_RC_OUT0	AC19	DIF_CS1	K17	MEM_WR
H18	MEM_A18	T4	CC_IO	AC2	VSS	K18	MEM_CS0
H19	ESIF_CLK	T5	SWIF_TXRX	D10	VDDP_MEM_ETM5	K19	VDD_IO_LOW4B
H2	EPPA1_1	U1	I2S2_CLK0	D11	TRACEPKT4	K2	EPN1_0
H3	VDDA_VBR2	U15	KP_OUT3	D12	TRACEPKT0	K3	EPN1_1
H4	VDDA_D	U16	KP_OUT0	D13	PIPESTAT0	K4	VREFN
H5	VMICP	U17	KP_IN2	D14	MEM_CAS	K5	VDDA_BB
H6	VSS	U18	KP_IN5	D15	VDDP_MEM_ETM1	L1	MICN1
H7	VDDA_BG	U19	VDD_FUSE_FS	D16	TRACESYNC	L10	VDD1
H8	VSS	U2	I2S2_WA0	D17	VDDP_MEM_ETM2	L11	VDD2
H9	FCDP_RB	U3	I2S2_WA1	D18	MEM_BFCLKO1	L15	MEM_A17
J1	EPP1_0	U4	USIF2_RTS_N	D19	MEM_A23	L16	MEM_AD15
J15	MEM_A20	AA3	T_IN1	D2	M8	L17	MEM_CS1
J16	MEM_A26	AA4	I2C1_SDA	D3	M6	L18	MEM_AD12
J17	VDDP_MEM_ETM3	AA5	JTAG0_TCK	D4	M9	L19	VSS
J18	MEM_A16	AA6	I2C1_SCL	D5	F32K	L2	VDDA_VBT
J19	ESIF_WAIT	AA7	TRIG_IN	D6	OSC32K	L3	VSS

135

（续）

引脚	符号功能	引脚	符号功能	引脚	符号功能	引脚	符号功能
L4	AGND	W2	I2S1_RX	F15	MEM_BC2	N5	VSS
L5	BB_1	W3	I2S1_TX	F16	MEM_A5	N8	VDD3
L9	VDD0	W4	I2S1_CLK0	F17	MEM_BC0	N9	VDD4
M1	AUXP1	AC3	RF_STR1	F18	VSS	P1	VDDP_SIM
M10	VSS	AD1	VDD_IO_LOW2	F19	MEM_A19	P10	VSS
M11	VSS	AD10	VSS	F2	EPPA2_1	P11	VSS
M12	VSS	AD11	ATX_VGA_DAC	F3	M0	P12	VSS
M15	MEM_AD13	AD12	AIREF	F4	M4	P15	KP_IN1
M16	MEM_CS2	AD13	ATXN_I	F5	M10	P16	MEM_AD11
M17	MEM_AD7	AD14	ATXN_Q	F6	VDDA_M	P17	MEM_ADV
M18	MEM_AD6	AD15	ARXP_I	F7	RTC_OUT	P18	MEM_AD14
M19	MEM_AD5	AD16	DIF_D2	F8	VDD_RTC	P19	VSS
U5	I2S2_CLK1	AD17	ARXP_Q	F9	FWP	P2	CC_CLK
V1	SPCU_RQ_IN2	AD18	DIF_D7	G1	EPREF0	P3	CC_RST
V10	MMCI1_DAT2	AD19	DIF_D8	G10	PIPESTAT2	P4	PAOUT1_1
V11	CIF_D0	AD2	JTAG1_TDI	G11	MEM_A14	P5	BB_QX
V12	DIF_RESET1	AD3	USIF_TXD	G12	MEM_A13	W5	RF_DATA
V13	DIF_D0	AD4	VDD_IO_HIGH2	G13	MEM_A10	W6	AFC
V14	MMCI2_CLK	AD5	VSS	G14	MEM_A6	W7	RF_CLK
V15	USIF1_RXD_MRST	AD6	VDD_CORE1	G15	MEM_A0	W8	T_OUT8
V16	USIF1_CTS_N	AD7	CIF_D5	G16	MEM_A2	W9	T_OUT4
V17	KP_OUT1	AD8	ESIF_ADV	G17	MEM_CSA0	Y1	I2S1_CLK1
V18	DSPIN1	AD9	ESIF_WR	G18	MEM_A21	Y10	CIF_D1
V19	VSS	AE1	NC	G19	VSS	Y11	MMCI1_DAT1
V2	I2S2_TX	AE10	VDD_CORE2	G2	EPREF1	Y12	CIF_D3
V3	VDDP_DIGA	AE11	ATX_PA_DAC	M2	MICN2	Y13	DIF_RESET2
V4	JTAG0_RTCK	AE12	ATX_PA_ADC	M3	MICP2	Y14	DIF_RD
V5	I2C2_SDA	AE13	ATXP_I	M4	BB_Q	Y15	VDDP_DIGD
V6	USIF2_CTS_N	AE14	ATXP_Q	M5	BB_IX	Y16	DIF_VD
V7	JTAG0_TRST	AE15	VDD_AUX	M8	PAOUT1_0	Y17	USIF1_TXD_MTSR
V8	T_OUT5	AE16	ARXN_I	M9	VSS	Y18	MEM_RD
V9	T_OUT2	AE17	ARXN_Q	N1	AUXN2	Y19	MEM_WAIT
W1	I2S2_RX	AE18	DIF_D5	N10	VDD5	Y2	I2S1_WA0
W10	MMCI1_CMD	AE19	NC	N11	VDD6	Y3	JTAG0_TDI
W11	CIF_HSYNC	E7	PM_INT	N12	VDD7	Y4	I2C2_SCL
W12	CIF_D7	E8	CLKOUT0	N15	MEM_CS3	Y5	JTAG0_TDO
W13	DIF_D3	E9	TRACEPKT6	N16	VDDP_MEM_ETM4	Y6	JTAG0_TMS
W14	DSPOUT1	F1	EPPA2_0	N17	MEM_AD4	Y7	MON1
W15	DIF_CS2	F10	VSS	N18	MEM_AD1	Y8	T_OUT0
W16	USIF3_SCLK	F11	MEM_A15	N19	MEM_AD0	Y9	MON2
W17	IRDA_TX	F12	MEM_BC3	N2	AUXP2		
W18	KP_IN0	F13	MEM_A9	N3	AUXN1		
W19	VDDP_DIGE	F14	MEM_A3	N4	AUXGND		

6.1.45　PXA300 与 PXA310 集成电路

PXA300 与 PXA310 是 PXA3xx 应用处理器系列产品，该系列产品已实现软件完全兼容。

PXA300 可实现大容量手机高性能与低功耗的优化组合。PXA300 可与 PXA320 处理器实现软件兼容。

PXA 310 通过延长电池的使用寿命，可以为 3G 视频与音频产品提供高分辨率的 VGA 多媒体性能。PXA310 具有 VGA 分辨率 30fps H. 264 录音重播性能、先进的通用处理功能。PXA 310 可与 PXA320 处理器实现软件兼容。PXA 310 支持相机传感器高达 500 万像素、支持蓝牙 v2. 0、集成硬件视频加速、集成硬件安全、集成 VGA 视频播放、集成摄像功能、集成视频电话、集成数字电视等功能。

PXA300 与 PXA310 内部结构如图 6-73 所示。

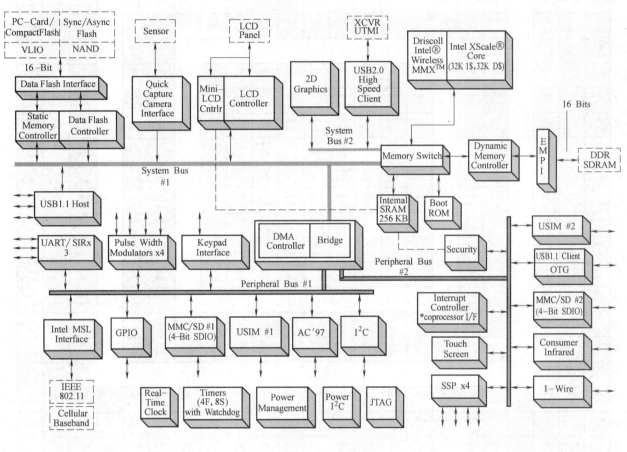

图 6-73　PXA310 内部结构

6.1.46　QS3200 单芯片收发器

QS3200 采用 CMOS 工艺，是双波段的 TD-SCDMA 与四频 EDGE、GPRS、GSM 的单芯片收发器，是同时支持 2G/3G/3.5G 多种制式的单芯片射频芯片：支持 HSDPA 和 HSUPA、完全集成的频率合成器、完全集成 VCO 和环路滤波器。QS3200 采用 QFN64 封装结构。QS3200 适用于低成本的 3G 手机，外形如图 6-74 所示。

图 6-74　QS3200 外形

注意：展讯 QS3000 系列是 GSM/GPRS/EDGE + WCDMA/HSDPA；
　　　展讯 QS3200 系列是 GSM/GPRS/EDGE + TD-SCDMA/HSDPA；
　　　展讯 QS2000 系列是 GSM/GPRS/EDGE + WiFiTM/BluetoothTM。

6.1.47　QSC60X5 集成电路

QSC60X5 系列采用 424CSP 封装结构，其引脚分布如图 6-75 所示。

QSC60X5 系列包括 QSC6055、QSC6065、QSC6075、QSC6085 等，其中：

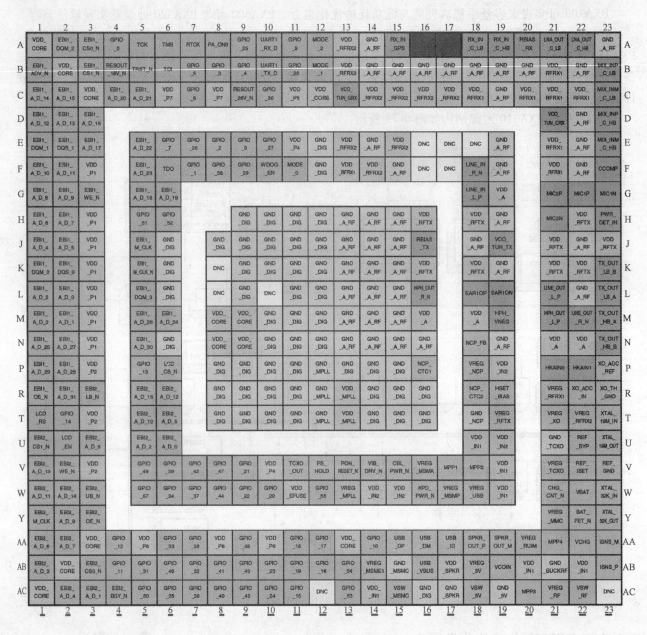

图 6-75　QSC60X5 引脚分布

1）QSC6055 具有 1X 语音/数据、1.3MP 相机、CMX（72 Poly）、MP3/AAC/AAC+/eAAC+ 等功能或者特点。

2）QSC6065 具有 1X 语音/数据、3.0MP 相机、QTV、摄像机等功能或者特点。

3）QSC6075 具有 EV-DOr0、Rx Diversity、EV-DO 均衡器等功能或者特点。

4）QSC6085 具有 EV-DOrA 等功能或者特点。

6.1.48　QSC62x0 集成电路

QSC62x0 包括 QSC6270、QSC6240 等。其中，QSC6270 是采用 65nm 工艺的与采用 ARM9 架构的处理器。QSC6270 支持 WCDMA/HSDPA、GSM/GPRS/EDGE，下行速度 3.6Mbit/s。QSC6270 集成基带调制解调器、RF 收发器、多媒体处理器、电源管理、128MB RAM+256MB FLASH 闪存的存储配置，支持 300 万像素摄像头与 72 和弦铃声。封装尺寸为 12mm×12mm。

QSC62x0 功能框图与典型应用如图 6-76 所示。

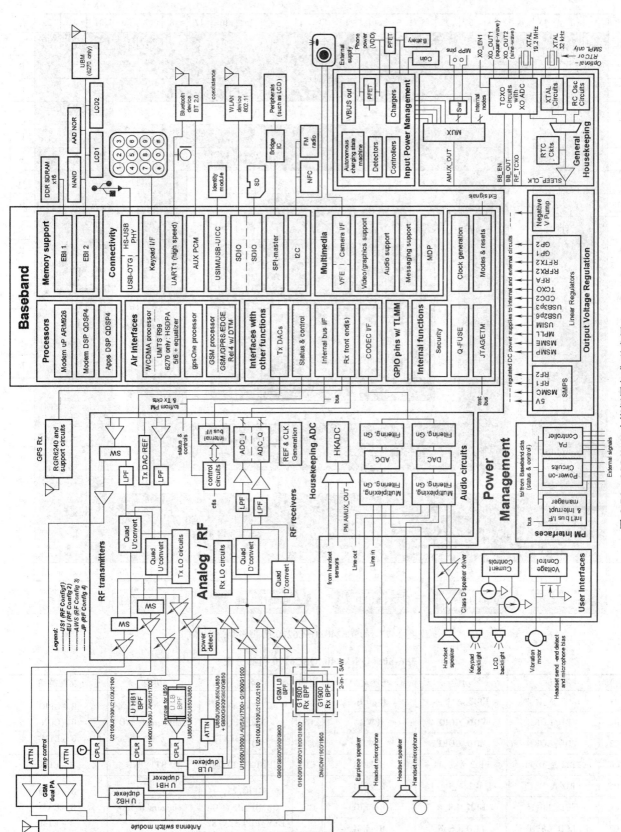

图6-76　QSC62x0 功能框图与典型应用

QSC6240/QSC6270 引脚布局如图 6-77 所示，引脚分配见表 6-50。

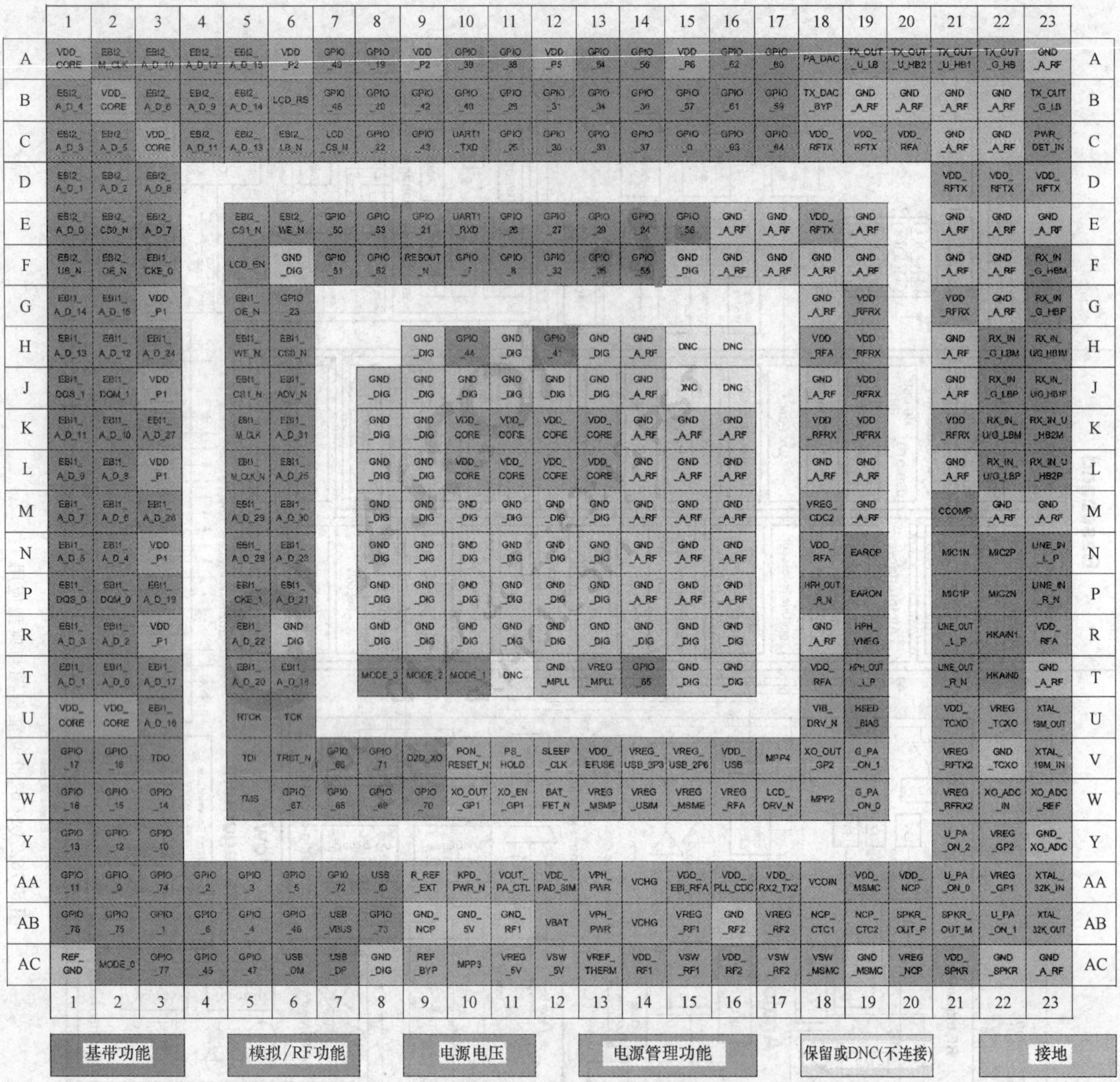

基带功能　　模拟/RF功能　　电源电压　　电源管理功能　　保留或DNC(不连接)　　接地

图 6-77　QSC6240/QSC6270 引脚布局

表 6-50　QSC6240/QSC6270 引脚分配

引脚	名称	功能	功能类别	引脚	名称	功能	功能类别
B1	EBI2_A_D_4	EBI2_A_D_4	B – EBI	C9	GPIO_43	Configurable I/O	B – GPIO
B2	VDD_CORE	VDD_CORE	PWR		NFC_IRQ		B – CON
C3	VDD_CORE	VDD_CORE	PWR		ETM_PIPESTATA2		B – ETM
C4	EBI2 A_D_11	EBI2 A_D_11	B – EBI	C10	UART1_TXD	UART1_TXD	B – CON
C5	EBI2 A_D_13	E BI2 A_D_13	B – EBI	C11	GPIO_25	Configurable I/O	B – GPIO
C6	EBI2_LB_N	EBI2_LB_N	B – EBI		CAMIF_HSYNC		B – CAM
C7	LCD_CS_N	LCD_CS_N	B – FBI		ETM_PIPESTATB2		B – ETM
C8	GPIO_22	Configurable I/O	B – GPIO	C12	GPIO_30	Configurable I/O	B – GPIO
	AUX_PCM_CLK		B – CON		CAMIF_DATA_2		B – CAM
					ETM_TRACE_PKTB0		B – ETM

（续）

引脚	名称	功能	功能类别	引脚	名称	功能	功能类别
C13	GPIO_33 CAMIF_DATA_5 ETM_TRACE_PKTB3	Configurable I/O	B – GPIO B – CAM B – ETM	E13	GPIO_29 CAMIF_DATA_1 ETM_PIPESTATB0	Configurable I/O	B – GPIO B – CAM B – ETM
C14	GPIO_37 CAMIF_DATA_9 ETM_TRACE_PKTB7	Configurable I/O	B – GPLO B – CAM B – ETM	E14	GPIO_24 CAMIF_PCLK	Configurable I/O	B – GPIO B – CAM
C15	GPIO_0 GP_PDM_0 ETM_TRACECLK	Configurable I/O	B – GPIO B – IOF B – ETM	E15	GPIO_58 GPS_ADCQ	Configurable I/O	B – GPIO B – IOF
				E16	GND_A_RF	GND_A_RF	GND
C16	GPIO_63 PA_RANGE1	Configurable I/O	B – GPIO B – IOF	E17	GND_A_RF	GND_A_RF	GND
C17	GPIO_64 PA_RANGE0	Configurable I/O	B – GPIO B – IOF	E18	VDD_RFTX	VDD_RFTX	PWR
				E19	GND_A_RF	GND_A_RF	GND
C18	VDD_RFTX	VDD_RFTX	PWR	E21	GND_A_RF	GND_A_RF	GND
C19	VDD_RFTX	VDD_RFTX	PWR	E22	GND_A_RF	GND_A_RF	GND
C20	VDD_RFA	VDD_RFA	PWR	E23	GND_A_RF	GND_A_RF	GND
C21	GND_A_RF	GND_A_RF	GND	F1	EBI2_UB_N	EBI2_UB_N	B – EBI
C22	GND_A_RF	GND_A_RF	GND	F2	EBI2_OE_N	EBI2_OE_N	B – EBI
C23	PWR_DET_IN	PWR_DET_IN	A – RTR	F3	EBI1_CKE_0	EBI1_CKE_0	B – EBI
D1	EBI2_A_D_1	EBI2_A_D_1	B – EBI	F5	LCD_EN	LCD_EN	B – EBI
D2	EBI2_A_D_2	EBI2_A_D_2	B – EBI	F6	GND_DIG	GND_DIG	GND
D3	EBI2_A_D_8	EBI2_A_D_8	B – EBI	F7	GPIO_51 SPI_MOSI_DATA	Configurable I/O	B – GPIO B – CON
D21	VDD_RFTX	VDD_RFTX	PWR				
D22	VDD_RFTX	VDD_RFTX	PWR	F8	GPIO_52 SPI_CS_N	Configurable I/O	B – GPIO B – CON
D23	VDD_RFTX	VDD_RFTX	PWR	F9	RESOUT_N	RESOUT_N	B – IOF
E1	EBI2_A_D_0	EBI2_A_D_0	B – EBI	F10	GPIO_7 UART1_CTS_N	Configurable I/O	B – GPIO B – CON
E2	EBI2_CS0_N	EBI2_CS0_N	B – EBI				
E3	EBI2_A_D_7	EBI2_A_D_7	B – EBI	F11	GPIO_8 UART1_RFR_N	Configurable I/O	B – GPIO B – CON
E5	EBI2_CS1_N	EBI2_CS1_N	B – EBI				
E6	EBI2_WE_N	EBI2_WE_N	B – EBI	F12	GPIO_32 CAMIF_DATA_4 ETM_TRACE_PKTB2	Configurable I/O	B – GPIO B – CAM B_ETM
E7	GPIO_50 SPI_MISO_DATA	Configurable I/O	B – GPIO B – CON				
E8	GPIO_53 SPI_CLK	Configurable I/O	B – GPIO B – CON	F13	GPIO_35 CAMIF_DATA_7 ETM_TRACE_PKTB5	Configurable I/O	B – GPIO B – CAM B – ETM
E9	GPIO_21 AUX_PCM_DOUT	Configurable I/O	B – GPIO B – CON	F14	GPIO_55 GPS_ADCI	Configurable I/O	B – GPIO B – IOF
E10	UART1_RXD	UART1_RXD	B – CON	F15	GND_DIG	GND_DIG	GND
E11	GPIO_26 CAMIF_VSYNC ETM_TRACESYNCB	Configurable I/O	B – GPIO B – CAM B – ETM	F16	GND_A_RF	GND_A_RF	GND
				F17	GND_A_RF	GND_A_RF	GND
				F18	GND_A_RF	GND_A_RF	GND
E12	GPIO_27 CAMIF_DISABLE ETM_MODE_INT	Configurable I/O	B – GPIO B – CAMIF B – ETM	F19	GND_A_RF	GND_A_RF	GND
				F21	GND_A_RF	GND_A_RF	GND

（续）

引脚	名称	功能	功能类别	引脚	名称	功能	功能类别
F22	GND_A_RF	GND_A_RF	GND	J8	GND_DIG	GND_DIG	GND
F23	RX_IN_G_HBM	RX_IN_G_HBM	A – RTR	J9	GND_DIG	GND_DIG	GND
G1	EBI1_A_D_14	EBI1_A_D_14	B – EBI	J10	GND_DIG	GND_DIG	GND
G2	EBI1_A_D_15	EBI1_A_D_15	B – EBI	J11	GND_DIG	GND_DIG	GND
G3	VDD_P1	VDD_P1	PWR	J12	GND_DIG	GND_DIG	GND
G5	EBI1_OE_N	EBI1_OE_N	B – EBI	J13	GND_DIG	GND_DIG	GND
G6	GPIO_23 MDP_VSYNC_P FM_INT	Configurable I/O	B – GPIO B – CON B – CON	J14	GND_A_RF	GND_A_RF	GND
				J15	DNC	DNC	NDR
				J16	DNC	DNC	NDR
G18	GND_A_RF	GND_A_RF	GND	J18	GND_A_RF	GND_A_RF	GND
G19	VDD_RFRX	VDD_RFRX	PWR	J19	VDD_RFRX	VDD_RFRX	PWR
G21	VDD_RFRX	VDD_RFRX	PWR	J21	GND_A_RF	GND_A_RF	GND
G22	GND_A_RF	GND_A_RF	GND	J22	RX_IN_G_LBP	RX_IN_G_LBP	A – RTR
G23	RX_IN_G_HBP	RX_IN_G_HBP	A – RTR	J23	RX_IN_U/G_HB1P	RX_IN_U/G_HB1P	A – RTR
H1	EBI1_A_D_13	EBI1_A_D_13	B – EBI	K1	EBI1_A_D_11	EBI1_A_D_11	B – EBI
H2	EBI1_A_D_12	EBI1_A_D_12	B – EBI	K2	EBI1_A_D_10	EBI1_A_D_10	B – EBI
H3	EBI1_A_D_24	EBI1_A_D_24	B – EBI	K3	EBI1_A_D_27	EBI1_A_D_27	B – EBI
H5	EBI1_WE_N	EBI1_WE_N	B – EBI	K5	EBI1_M_CLK	EBI1_M_CLK	B – EBI
H6	EBI1_CS0_N	EDI1_CS0_N	B – EBI	K6	EBI1_A_D_31	EBI1_A_D_31	B – EBI
H9	GND_DIG	GND_DIG	GND	K8	GND_DIG	GND_DIG	GND
H10	GPIO_44 ETM_MODE_CS_N	Configurable I/O	B – GPIO B – ETM	K9	GND_DIG	GND_DIG	GND
				K10	VDD_CORE	VDD_CORE	PWR
H11	GND_DIG	GND_DIG	GND	K11	VDD_CORE	VDD_CORE	PWR
H12	GPIO_41 HEADSET_DET_N GP_CLK ETM_TRACESYNCA	Configurable I/O	B – GPIO B – CON B – IOF B – ETM	K12	VDD_CORE	VDD_CORE	PWR
				K13	VDD_CORE	VDD_CORE	PWR
				K14	GND_A_RF	GND_A_RF	GND
				K15	GND_A_RF	GND_A_RF	GND
H13	GND_DIG	GND_DIG	GND	K16	GND_A_RF	GND_A_RF	GND
H14	GND_A_RF	GND_A_RF	GND	K18	VDD_RFRX	VDD_RFRX	PWR
H15	DNC	DNC	NDR	K19	VDD_RFRX	VDD_RFRX	PWR
H16	DNC	DNC	NDR	K21	VDD_RFRX	VDD_RFRX	PWR
H18	VDD_RFA	VDD_RFA	PWR	K22	RX_IN_U/G_LBM	RX_IN_U/G_LBM	A – RTR
H19	VDD_RFRX	VDD_RFRX	PWR	K23	RX_IN_U_HB2M	RX_IN_U_HB2M	A – RTR
H21	GND_A_RF	GND_A_RF	GND	L1	EBI1_A_D_9	EBI1_A_D_9	B – EBI
H22	RX_IN_G_LBM	RX_IN_G_LBM	A – RTR	L2	EBI1_A_D_8	EBI1_A_D_8	B – EBI
H23	RX_IN_U/G_HB1M	RX_IN_U/G_HB1M	A – RTR	L3	VDD_P1	VDD_P1	PWR
JI	EBI1_DQS_1	EBI1_DQS_1	B – EBI	L5	EBI1_M_CLK_N	EBI1_M_CLK_N	B – EBI
J2	EBI1_DQM_1	EBI1_DQM_1	B – EBI	L6	EBI1_A_D_25	EBI1_A_D_25	B – EBI
J3	VDD_P1	VDD_P1	PWR	L8	GND_DIG	GND_DIG	GND
J5	EBI1_CS1_N	EBI1_CS1_N	B – EBI	L9	GND_DIG	GND_DIG	GND
J6	EBI1_ADV_N	EBI1_ADV_N	B – EBI	L10	VDD_CORE	VDD_CORE	PWR

（续）

引脚	名称	功能	功能类别	引脚	名称	功能	功能类别
L11	VDD_CORE	VDD_CORE	PWR	N14	GND_A_RF	GND_A_RF	GND
L12	VDD_CORE	VDD_CORE	PWR	N15	GND_A_RF	GND_A_RF	GND
L13	VDD_CORE	VDD_CORE	PWR	N16	GND_A_RF	GND_A_RF	GND
L14	GND_A_RF	GND_A_RF	GND	N18	VDD_RFA	VDD_RFA	PWR
L15	GND_A_RF	GND_A_RF	GND	N19	EAROP	EAROP	A – HAC
L16	GND_A_RF	GND_A_RF	GND	N21	MIC1N	MIC1N	A – HAC
L18	GND_A_RF	GND_A_RF	GND	N22	MIC2P	MIC2P	A – HAC
L19	GND_A_RF	GND_A_RF	GND	N23	LINE_IN_L_P	LINE_IN_L_P	A – HAC
L21	GND_A_R_F	GND_A_R_F	GND	P1	EBI1_DQS_0	EBI1_DQS_0	B – EBI
L22	RX_IN_U/G_LBP	RX_IN_U/G_LBP	A – RTR	P2	EBI1_DQM_0	EBI1_DQM_0	B – EBI
L23	RX_IN_U_HB2P	RX_IN_U_HB2P	A – RTR	P3	EBI1_A_D_19	EBI1_A_D_19	B – EBI
M1	EBI1_A_D_7	EBI1_A_D_7	B – EBI	P5	EBI1_CKE_1	EBI1_CKE_1	B – EBI
M2	EBI1_A_D_6	EBI1_A_D_6	B – EBI	P6	EBI1_A_D_21	EBI1_A_D_21	B – EBI
M3	EBI1_A_D_26	EBI1_A_D_26	B – EBI	P8	GND_DIG	GND_DIG	GND
M5	EBI1_A_D_29	EBI1_A_D_29	B – EBI	P9	GND_DIG	GND_DIG	GND
M6	EBI1_A_D_30	EBI1_A_D_30	B – EBI	P10	GND_DIG	GND_DIG	GND
M8	GND_DIG	GND_DIG	GND	P11	GND_DIG	GND_DIG	GND
M9	GND_DIG	GND_DIG	GND	P12	GND_DIG	GND_DIG	GND
M10	GND_DIG	GND_DIG	GND	P13	GND_DIG	GND_DIG	GND
M11	GND_DIG	GND_DIG	GND	P14	GND_A_RF	GND_A_RF	GND
M12	GND_DIG	GND_DIG	GND	P15	GND_A_RF	GND_A_RF	GND
M13	GND_DIG	GND_DIG	GND	P16	GND_A_RF	GND_A_RF	GND
M14	GND_A_RF	GND_A_RF	GND	P18	HPH_OUT_R_N	HPH_OUT_R_N	A – HAC
M15	GND_A_RF	GND_A_RF	GND	P19	EARON	EARON	A – HAC
M16	GND_A_RF	GND_A_RF	GND	P21	MIC1P	MIC1P	A – HAC
M18	VREG_CDC2	VREG_CDC2	P – OVR	P22	MIC2N	MIC2N	A – HAC
M19	GND_A_RF	GND_A_RF	GND	P23	LINE_IN_R_N	LINE_IN_R_N	A – HAC
M21	CCOMP	CCOMP	A – HAC	R1	EBI1_A_D_3	EBI1_A_D_3	B – EBI
M22	GND_A_RF	GND_A_RF	GND	R2	EBI1_A_D_2	EBI1_A_D_2	B – EBI
M23	GND_A_RF	GND_A_RF	GND	R3	VDD_P1	VDD_P1	PWR
N1	EBI1_A_D_5	EBI1_A_D_5	B – EBI	R5	EBI1_A_D_22	EBI1_A_D_22	B – EBI
N2	EBI1_A_D_4	EBI1_A_D_4	B – EBI	R6	GND_DIG	GND_DIG	GND
N3	VDD_P1	VDD_P1	PWR	R8	GND_DIG	GND_DIG	GND
N5	EBI1_A_D_28	EBI1_A_D_28	B – EBI	R9	GND_DIG	GND_DIG	GND
N6	EBI1_A_D_23	EBI1_A_D_23	B – EBI	R10	GND_DIG	GND_DIG	GND
N8	GND_DIG	GND_DIG	GND	R11	GND_DIG	GND_DIG	GND
N9	GND_DIG	GND_DIG	GND	R12	GND_DIG	GND_DIG	GND
N10	GND_DIG	GND_DIG	GND	R13	GND_DIG	GND_DIG	GND
N11	GND_DIG	GND_DIG	GND	R14	GND_DIG	GND_DIG	GND
N12	GND_DIG	GND_DIG	GND	R15	GND_DIG	GND_DIG	GND
N13	GND_DIG	GND_DIG	GND	R16	GND_DIG	GND_DIG	GND

（续）

引脚	名称	功能	功能类别	引脚	名称	功能	功能类别
R18	GND_A_RF	GND_A_RF	GND	V3	TDO	TDO	B – INT
R19	HPH_VNEG	HPH_VNEG	A – HAC	V5	TDI	TDI	B – INT
R21	LINE_OUT_L_P	LINE_OUT_L_P	A – HAC	V6	TRST_N	TRST_N	B – INT
R22	HKAIN1	HKAIN1	A – HAC	V7	GPIO_66 SDCC2 _CMD	Configurable I/O	B – GPIO B – CON
R23	VDD_RFA	VDD_RFA	PWR	V8	GPIO_71 SDCC2_CLK	Configurable I/O	B – GPIO B – CON
T1	EBI1_A_D_1	EBI1_A_D_1	B – EBI	V9	D2D_XO	D2D_XO	P – GH
T2	EBI1_A_D_0	EBI1_A_D_0	B – EBI	V10	PON _RESET_N	PON _RESET_N	P – IUI
T3	EBI1_A_D_17	EBI1_A_D_17	B – EBI	V11	PS _HOLD	PS _HOLD	P – IUI
T5	EBI1_A_D_20	EBI1_A_D_20	B – EBI	V12	SLEEP_CLK	SLEEP_CLK	P – GH
T6	EBI1_A_D_18	EBI1_A_D_18	B – EBI	V13	VDD _EFUSE	VDD _EFUSE	PWR
T8	MODE_3	MODE_3	B – INT	V14	VREG_USB _3P3	VREG _USB _3P3	P – OVR
T9	MODE_2	MODE_2	B – INT	V15	VREG_USB _2P6	VREG _USB _2P6	P – OVR
T10	MODE_1	MODE_1	B – INT	V16	VDD _USB	VDD _USB	PWR
T11	DNC	DNC	NDR	V17	KPD _DRV_N _MPP3	Multipurpose pin	P – MPP
T12	GND_MPLL	GND_MPLL	GND	V18	XO_OUT_GP2	XO_OUT_GP2	P – GH
T13	VREG_MPLL	VREG_MPLL	P – OVR	V19	G _PA _ON _1	G _PA _ON _1	P – IUI
T14	GPIO_65 TRK_LO_ADJ GP_CLK GP_PDM_1	Configurable I/O	B – GPIO B – IOF B – IOF B – IOF	V21	VREG_RFTX2	VREG _RFTX2	P – OVR
T15	GND_DIG	GND_DIG	GND	V22	GND_TCXO	GND_TCXO	GND
T16	GND_DIG	GND_DIG	GND	V23	XTAL_19M _IN	XTAL _19M_IN	P – GH
T18	VDD_RFA	VDD_RFA	PWR	W1	GPIO _18 KEYSENSE0 _N ETM_TRACE _PKTA7	Configurable I/O	B – GPIO B – CON B – ETM
T19	HPH_OUT_L_P	HPH_OUT_L_P	A – HAC				
T21	LINE_OUT_R_N	LINE_OUT_R_N	A – HAC				
T22	HKAIN0	HKAIN0	A – HAC				
T23	GND_A_RF	GND_A_RF	GND				
U1	VDD_CORE	VDD_CORE	PWR				
U2	VDD_CORE	VDD_CORE	PWR				
U3	EBI1_A_D_16	EBI1_A_D_16	B – EBI				
U5	RTCK	RTCK	B – INT				
U6	TCK	TCK	B – INT				
U18	VIB_DRV_N	VIB_DRV_N	P – IUI				
U19	HSED_BIAS	HSED_BIAS	A – HAC				
U21	VDD_TCXO	VDD_TCXO	PWR	W2	GPIO _15 KEYSENSE3 _N ETM_TRACE _PKTA4	Configurable I/O	B – GPIO B – CON B – ETM
U22	VREG_TCXO	VREG_TCXO	P – OVR				
U23	XTAL_19M_OUT	XTAL_19M_OUT	P – GH				
V1	GPIO_17 KEYSENSE1 _N ETM_TRACE_PKTA6	Configurable I/O	B – GPIO B – CON B – ETM				
V2	GPIO _16 KEYSENSE2 _N ETM_TRACE _PKTA5	Configurable I/O	B – GPIO B – CON B – ETM	W3	GPIO _14 KEYSENSE4 _N ETM_TRACE _PKTA3	Configurable I/O	B – GPIO B – CON B – ETM

(续)

引脚	名称	功能	功能类别	引脚	名称	功能	功能类别
W5	TMS	TMS	B – INT	AA5	GPIO_3 SDCC1_DATA1	Configurable I/O	B – GPIO B – CON
W6	GPIO_67 SDCC2_DATA0	Configurable I/O	B – GPIO B_CON	AA6	GPIO_5 SDCC1_DATA3	Configurable I/O	B – GPIO B – CON
W7	GPIO_68 SDCC2_DATA1	Configurable I/O	B – GPIO B – CON	AA7	GPIO_72 MUSIM_DM	Configurable I/O	B – GPIO B – CON
W8	GPIO_69 SDCC2_DATA2	Configurable I/O	B – GPIO B – CON	AA8	USB_ID	USB_ID	B – CON
W9	GPIO_70 SDCC2_DATA3	Configurable I/O	B – GPIO B – CON	AA9	R_REF_EXT	R_REF_EXT	P – GH
W10	XO_OUT_GP1	XO_OUT_GP1	P – GH	AA10	KPD_PWR_N	KPD_PWR_N	P – IUI
W11	XO_EN_GP1	XO_EN_GP1	P – GH	AA11	VOUT_PA_CTL	VOUT_PA_CTL	P – IUI
W12	BAT_FET_N	BAT_FET_N	P – IPM	AA12	VDD_PAD_SIM	VDD_PAD_SIM	PWR
W13	VREG_MSMP	VREG_MSMP	P – OVR	AA13	VPH_PWR	VPH_PWR	P – IPM
W14	VREG_USIM	VREG_USIM	P – OVR	AA14	VCHG	VCHG	P – IPM
W15	VREG_MSME	VREG_MSME	P – OVR	AA15	VDD_EBI_RFA	VDD_EBI_RFA	PWR
W16	VREG_RFA	VREG_RFA	P – OVR	AA16	VDD_PLL_CDC	VDD_PLL_CDC	PWR
W17	LCD_DRV_N	LCD_DRV_N	P – IUI	AA17	VDD_RX2_TX2	VDD_RX2_TX2	PWR
W18	MPP2	Multipurpose pin	P – MPP	AA18	VCOIN	VCOIN	P – IPM
W19	G_PA_ON_0	G_PA_ON_0	P – IUI	AA19	VDD_MSMC	VDD_C_MSMC	PWR
W21	VREG_RFRX2	VREG_RFRX2	P – OVR	AA20	VDD_NCP	VDD_NCP	PWR
W22	XO_ADC_IN	XO_ADC_IN	P – GH	AA21	U_PA_ON_0	U_PA_ON_0	P – IUI
W23	XO_ADC_REF	XO_ADC_REF	P – GH	AA22	VREG_GP1	VREG_GP1	P – OVR
Y1	GPIO_13 KEYPAD_0 ETM_TRACE_PKTA2	Configurable I/O	B – GPIO B – CON B – ETM	AA23	XTAL_32K_IN	XTAL_32K_IN	P – GH
Y2	GPIO_12 KEYPAD1 ETM_TRACE_PKTA1	Configurable I/O	B – GPIO B – CON B – ETM	AB1	GPIO_76 BT_PWR_ON	Configurable I/O	B – GPIO B – CON
Y3	GPIO_10 KEYPAD_3 ETM_PIPESTATA0	Configurable I/O	B – GPIO B – CON B – ETM	AB2	GPIO_75 MSM_WAKES_BT	Configurable I/O	B – GPIO B – CON
Y21	U_PA_ON_2	U_PA_ON_2	P – IUI	AB3	GPIO_1 SDCC1_CMD	Configurable I/O	B – GPIO B – CON
Y22	VREG_GP2	VREG_GP2	P – OVR	AB4	GPIO_6 SDCC1_CLK	Configurable I/O	B – GPIO B – CON
Y23	GND_XO_ADC	GND_XO_ADC	GND	AB5	GPIO_4 SDCC1_DATA2	Configurable I/O	B – GPIO B – CON
AA1	GPIO_11 KEYPAD_2 ETM_TRACE_PKTA0	Configurable I/O	B – GPIO B – CON B – ETM	AB6	GPIO_46 USIM_CLK	Configurable I/O	B – GPIO B – CON
AA2	GPIO_9 KEYPAD_4 ETM_PIPESTATA1	Configurable I/O	B – GPIO B – CON B – ETM	AB7	USB_VBUS	USB_VBUS	P – IPM
AA3	GPIO_74 BT_WAKES_MSM	Configurable I/O	B – GPIO B – CON	AB8	GPIO_73 MUSIM_DP	Configurable I/O	B – GPIO B – CON
AA4	GPIO_2 SDCC1_DATA0	Configurable I/O	B – GPIO B – CON	AB9	GND_NCP	GND_NCP	P – OVR
				AB10	GND_5V	GND_5V	GND
				AB11	GND_RF1	GND_RF1	GND
				AB12	VBAT	VBAT	P – IPM
				AB13	VPH_PWR	VPH_PWR	P – IPM
				AB14	VCHG	VCHG	P – IPM
				AB15	VREG_RF1	VREG_RF1	P – OVR

（续）

引脚	名称	功能	功能类别	引脚	名称	功能	功能类别
AB16	GND_RF2	GND_RF2	GND	AC7	USB_DP	USB_DP	B – CON
AB17	VREG_RF2	VREG_RF2	P – OVR	AC8	GND_DIG	GND_DIG	GND
AB18	NCP_CTC1	NCP_CTC1	P – OVR	AC9	REF_BYP	REF_BYP	P – OVR
AB19	NCP_CTC2	NCP_CTC2	P – OVR	AC10	MPP4	multipurpose pin	P – MPP
AB20	SPKR_OUT_P	SPKR_OUT_P	P – IUI	AC11	VREG_5V	VREG_5V	P – OVR
AB21	SPKR_OUT_M	SPKR_OUT_M	P – IUI	AC12	VSW_5V	VSW_5V	P – OVR
AB22	U_PA_ON_1	U_PA_ON_1	P – IUI	AC13	VREF_THERM	VREF_THERM	P – GH
AB23	XTAL_32K_OUT	XTAL_32K_OUT	P – GH	AC14	VDD_RF1	VDD_RF1	PWR
AC1	REF_GND	REF_GND	GND	AC15	VSW_RF1	VSW_RF1	P – OVR
AC2	MODE_0	MODE_0	B – INT	AC16	VDD_RF2	VDD_RF2	PWR
AC3	GPIO_77	Configurable I/O	B – GPIO	AC17	VSW_RF2	VSW_RF2	P – OVR
	WLAN_PWR_DN		B – CON	AC18	VSW_MSMC	VSW_MSMC	P – OVR
AC4	GPIO_45	Configurable I/O	B – GPIO	AC19	GND_MSMC	GND_MSMC	GND
	USIM_RESET		B – CON	AC20	VREG_NCP	VREG_NCP	P – OVR
AC5	GPIO_47	Configurable I/O	B – GPIO	AC21	VDD_SPKR	VDD_SPKR	PWR
	USIM_DATA		B – CON	AC22	GND_SPKR	GND_SPKR	GND
AC6	USB_DM	USB_DM	B – CON	AC23	DNC	DNC	NDR

注：A-RTR 表示模拟/射频 - 射频收发器功能；A-HAC 表示模拟/射频-ADC 和音频编解码器；B-EBI 表示基带-外部总线接口（EBI1 和 EBI2）；B-CAM 表示基带-相机接口；B-CON 表示基带-连接；B-ETM 表示基带-ETM；B-GPIO 表示基带-GPIO；B-INT 表示基带-内部功能单元；B-IOF 表示基带-接口与其他功；P-GH 表示电源管理--一般管理；P-IUI 表示电源管理-接口（芯片级与用户级接口）；P-IPM 表示电源管理-输入功率管理；P-MPP 表示电源管理-可配置的多功能引脚；P-OVR 表示电源管理 -输出电压调节；PWR 表示直流输入电源电压；GND 表示接地；NDR 表示无内部连接（NC）、不连接（DNC）或保留（RSRVD）。

6.1.49　RF1642 集成电路（见表6-51）

表 6-51　RF1642 引脚功能

引脚	功能符号	引脚	功能符号	引脚	功能符号	引脚	功能符号
1	VDD	5	RF2	8	GND	11	RF3
2	CTL2	6	GND	9	RF4	12	GND
3	CTL1	7	RF1	10	GND	13	THRM_PAD
4	GND						

6.1.50　RF3267 功率放大器

　　RF3267 是 3V 的 WCDMA 线性功率放大器模块功率放大。RF3267 内部电路如图 6-78 所示，引脚功能见表 6-52。

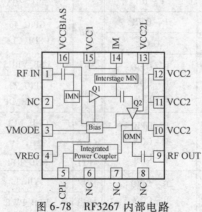

图 6-78　RF3267 内部电路

封装：3mm×3mm×0.9mm；参数：f 为 1920～1980MHz；

增益为 28dB（HPM）；POUT 为 28dB

表 6-52　RF3267 引脚功能

引脚	符 号	解 说	引脚	符 号	解 说
1	RF IN	射频信号输入端。匹配电阻50Ω	8	NC	空脚
2	NC	空脚	9	RF OUT	交流射频输出端
3	VMODE	功率模式选择数字控制端。该脚 L 电平时,为高功率模式。该脚 H 电平时,为低功率模式	10	VCC2	Q2 放大器电源 1 端。该脚一般需要外接低频去耦电容(4.7μF)
			11	VCC2	
			12	VCC2	
4	VREG	功率放大器偏置电路稳压电压。该引脚还作为功率启用/禁用控制	13	VCC2L	Q2 放大器电源 2 端。该脚一般需要外接低频去耦电容(4.7μF)
5	CPL	耦合器输出端	14	IM	级间匹配
6	NC	空脚	15	VCC1	Q1 放大器电源 1 端
7	NC	空脚	16	VCCBIAS	偏置电源端

6.1.51　RF6281 功率放大器模块

RF6281 是 3V 多频段 UMTS 线性功率放大器模块。其可以应用在 3V 的 UMTS 波段手机、多模 UMTS 手机、3V 的 TD-SCDMA 手机中。

RF6281 内部电路如图 6-79 所示,引脚功能见表 6-53。

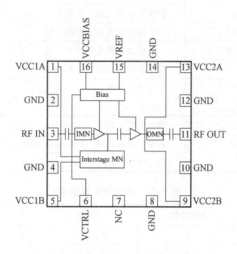

图 6-79　RF6281 内部电路

封装:4mm×4mm;参数:输入/输出内部匹配为50Ω;

HSDPA 增益为 27dBm;f 为 1710～1980MHz;增益为 28dB

表 6-53　RF6281 引脚功能

引脚	符 号	解 说	引脚	符 号	解 说
1	VCC1A	第一级电源 A 端	9	VCC2B	输出级电源 B 端
2	GND	接地端	10	GND	接地端
3	RF IN	射频信号输入端	11	RF OUT	射频输出端
4	GND	接地端	12	GND	接地端
5	VCC1B	第一级电源 B 端	13	VCC2A	输出级电源 A 端
6	VCTRL	降低待机电流模拟偏置控制端,以提高在低输出功率的功效	14	GND	接地端
7	NC	空脚	15	VREF	放大器偏置电路的电源电压端。省电模式下,Vref 与 VCTRL 需要为低电平(<0.5V)
8	GND	接地端	16	VCCBIAS	直流偏置电路的电源,必需 >3.0V

6.1.52 RF7206 功率放大器模块

RF7206 是 3V 的 WCDMA 频带双线性功率放大器模块，其可适应 WCDMA/HSPA + 3G 频带及频带组合。RF7206 内部电路（见图 6-80）引脚功能见表 6-54，真值表见表 6-55。

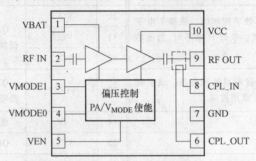

图 6-80 RF7206 内部电路

封装：3mm×3mm×1mm；参数：f 为 1850~1910MHz；

增益为 26.5dB（HPM）、17.5 dB（MPM）、14.5dB（LPM）

表 6-54 RF7206 引脚功能与内部电路

引 脚	符 号	解 说
1	VBAT	偏置电路与第一级放大器电源电压端
2	RF IN	射频信号输入端。匹配电阻 50Ω、直流阻抗
3	VMODE1	功率模式选择数字控制 1 端
4	VMODE0	功率模式选择数字控制 0 端
5	VEN	功率启用和禁用数字控制输入端
6	CPL_OUT	耦合器输出端
7	GND	接地端
8	CPL_IN	耦合器输入端
9	RF OUT	射频信号输出端。匹配电阻 50Ω、直流阻抗
10	VCC	第二级放大器电源端

表 6-55 RF7206 真值表

VEN	VMODE0	VMODE1	VBAT	VCC	模式
L	L	L	3~4.2V	3~4.2V	省电模式
L	X	X	3~4.2V	3~4.2V	待机模式
H	L	L	3~4.2V	3~4.2V	高功率模式
H	H	L	3~4.2V	3~4.2V	中功率模式
H	H	H	3~4.2V	3~4.2V	低功率模式
H	H	H	3~4.2V	≥0.5V	可选低 VCC 低功率模式

6.1.53 RP106Z121D8 集成电路（见表 6-56）

表 6-56 RP106Z121D8 引脚功能

引脚	A1	A2	B1	B2
功能符号	VDD	VOUT	CE	GND

6.1.54 RTR6250 收发器

RTR6250™ 是收发器，支持多频段接收信号与发射信号：接收信号：GSM850、GSM900、GSM1800、GSM1900。

发射信号：GSM850/ GSM900、GSM1800/GSM1900、UMTS800、UMTS1900、UMTS2100。

RTR6250引脚分部如图6-81所示，内部电路如图6-82所示，引脚功能见表6-57。

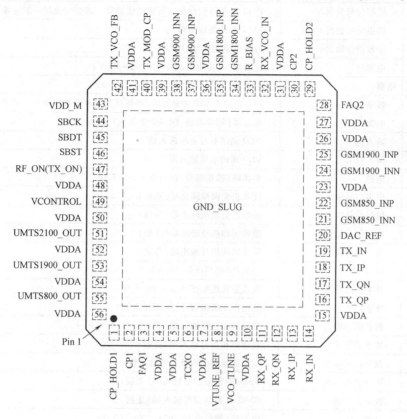

图6-81 RTR6250引脚分部

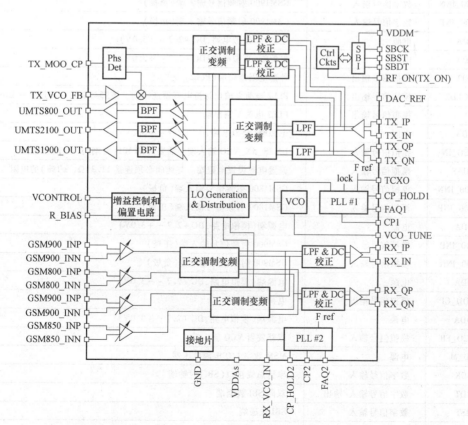

图6-82 RTR6250内部电路

表 6-57　RTR6250 引脚功能

引脚	符　号	类　型	解　说
1	CP_HOLD1	模拟信号输出	PLL1 电荷泵输出保持电容器连接端。该脚与地间一般连接一 10nF 的电容
2	CP1	模拟信号输出	PLL1 电荷泵输出端
3	FAQ1	模拟信号输出	外部电阻连接端(PLL1)
4	VDDA	电源	电源端(模拟电路,DC +2.7 ~ +3.0V)
5	VDDA	电源	电源端(模拟电路,DC +2.7 ~ +3.0V)
6	TCXO	数字信号输入	PLL 电路参考时钟输入端(手机压控温补晶振需要一个外部 AC 耦合电容)
7	VDDA	电源	电源端(模拟电路,DC +2.7 ~ +3.0V)
8	VTUNE_REF	输入信号	VCO 调谐参考电压输入端
9	VCO_TUNE	输入信号	VCO 调谐电压输入端
10	VDDA	电源	电源端(模拟电路,DC +2.7 ~ +3.0V)
11	RX_QP	模拟信号输出	接收正交模拟输出端(正极)
12	RX_QN	模拟信号输出	接收正交模拟输出端(负极)
13	RX_IP	模拟信号输出	接收同相信号输出端(正极)
14	RX_IN	模拟信号输出	接收同相信号输出端(负极)
15	VDDA	电源	电源端(模拟电路,DC +2.7 ~ +3.0V)
16	TX_QP	数字信号输入	发送正交模拟信号输入端(正极)
17	TX_QN	数字信号输入	发送正交模拟信号输入端(负极)
18	TX_IP	数字信号输入	发送同相信号输入端(正极)
19	TX_IN	数字信号输入	发送同相信号输入端(负极)
20	DAC_REF	数字信号输出	发送数据数模转换参考输出端
21	GSM850_INN	数字信号输入	GSM850 射频信号输入端(负极)
22	GSM850_INP	数字信号输入	GSM850 射频信号输入端(正极)
23	VDDA	电源	电源端(模拟电路,DC +2.7 ~ +3.0V)
24	GSM1900_INN	数字信号输入	GSM1900 射频信号输入端(负极)
25	GSM1900_INP	数字信号输入	GSM1900 射频信号输入端(正极)
26	VDDA	电源	电源端(模拟电路,DC +2.7 ~ +3.0V)
27	VDDA	电源	电源端(模拟电路,DC +2.7 ~ +3.0V)
28	FAQ2	模拟信号输出	外部电阻连接端(PLL2)
29	CP_HOLD2	模拟信号输出	PLL2 电荷泵输出保持电容器连接端。该脚与地间一般连接一 10nF 的电容
30	CP2	模拟信号输出	PLL2 电荷泵输出端
31	VDDA	电源	电源端(模拟电路,DC +2.7 ~ +3.0V)
32	RX_VCO_IN	模拟信号输入	UMTS_RX_VCO 输入端。需要外部 50Ω 终端与 AC 耦合电容
33	R_BIAS	模拟信号输入	偏置电流设置电阻端。与地间必须连接 11.3kΩ(±1%)的电阻
34	GSM1800_INN	模拟信号输入	GSM1800 射频信号输入端(负极)
35	GSM1800_INP	模拟信号输入	GSM1800 射频信号输入端(正极)
36	VDDA	电源	电源端(模拟电路,DC +2.7 ~ +3.0V)
37	GSM900_INP	模拟信号输入	GSM900 射频信号输入端(正极)
38	GSM900_INN	模拟信号输入	GSM900 射频信号输入端(负极)
39	VDDA	电源	电源端(模拟电路,DC +2.7 ~ +3.0V)
40	TX_MOD_CP	模拟信号输出	电荷泵输出端
41	VDDA	电源	电源端(模拟电路,DC +2.7 ~ +3.0V)
42	TX_VCO_FB	模拟信号输入	双路发射 VCO 输入端
43	VDD_M	电源	MSM 数字 I/O 电源电压端
44	SBCK	数字信号输入	串行总线接口(SBI)时钟端
45	SBDT	数字信号输入/输出	双向 SBI 数据端
46	SBST	数字信号输入	SBI 选通端
47	RF_ON(TX_ON)	数字信号输入	射频使能信号端

（续）

引脚	符 号	类 型	解 说
48	VDDA	电源	电源端(模拟电路,DC +2.7 ~ +3.0V)
49	VCONTROL	模拟信号输入	UMTS 传输增益控制电压端
50	VDDA	模拟信号输入	电源端(模拟电路,DC +2.7 ~ +3.0V)
51	UMTS2100_OUT	模拟信号输出	UMTS2100 驱动放大输出端
52	VDDA	电源	电源端(模拟电路,DC +2.7 ~ +3.0V)
53	UMTS1900_OUT	模拟信号输出	UMTS1900 驱动放大输出端
54	VDDA	电源	电源端(模拟电路,DC +2.7 ~ +3.0V)
55	UMTS800_OUT	模拟信号输出	UMTS800 驱动放大输出端
56	VDDA	电源	电源端(模拟电路,DC +2.7 ~ +3.0V)
slug	GND_SLUG	电源	大型地面连接端,直接连接到 PCB 接地平面

6.1.55 S3C2442 集成电路

S3C2442 相当于 S3C2440 +64MSDRAM +128M/256MNANDFLASH。S3C2442 有 5 个料号,差异如下:

MCP1:256MbmSDRAM(×32) +512MbNAND(×8)

MCP2:256MbmSDRAM(×32) +1GbNAND(×8)

MCP3:512MbmSDRAM(×32) +1GbNAND(×8)

MCP4:512MbmSDRAM(×32) +2GbNAND(×8)

MCP5:512MbmSDRAM(×32)

6.1.56 S3C6410X 应用处理器

S3C6410X 是三星基于 ARM11 架构的应用处理器芯片,其主频为 800MHz、双总线架构 (一路用于内存总线、一路用于 Flash 总线)、DDR 内存控制器、支持 Nor Flash 和 Nand Flash、支持多种启动方式 (主要包括 SD、Nand Flash、Nor Flash、OneFlash 等设备启动)、8 路 DMA 通道 (包括 LCD、UART、Camera 等专用 DMA 通道)、USB2.0 OTG 控制器、内部视频解码器 (包括 MPEG4、H.264、H.263 等视频格式)、内部视频加速器 (包括 2D 和 3D 处理)、Tvout 与 S-Video 输出、内置多种控制器 (LCD、UART、SPI、I2C、Camera、GPIO 等) 等。

S3C6410X 采用 FBGA424 引脚 (见图 6-83),芯片大小为 13mm ×13mm,其引脚功能见表 6-58。

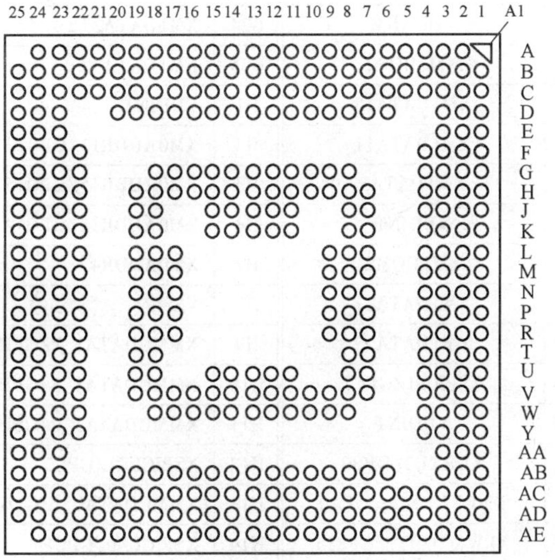

图 6-83 S3C6410X 引脚分部

151

表 6-58 S3C6410X 引脚功能

引脚	符　号	引脚	符　号	引脚	符　号	引脚	符　号
A2	NC_C	B25	NC_F	E1	XM0ADDR5	H17	XCIYDATA4/GPF9
A3	XPCMSOUT0/GPD4	C1	XM0ADDR0	E2	VDDARM	H18	VSSPERI
A4	VDDPCM	C2	VDDARM	E3	XM0ADDR1	H19	XCIRSTN/GPF3
A5	XM1DQM0	C3	XPCMSOUT1/GPE4	E23	XCIYDATA1/GPF6	H22	XM1DQM3
A6	XM1DATA1	C4	XPCMFSYNC1/GPE2	E24	XM1DATA28	H23	XM1DATA31
A7	VDDINT	C5	XPCMDCLK1/GPE0	E25	XM1DQS3	H24	XM1ADDR0
A8	VDDARM	C6	XM1DATA4	F1	XM0ADDR8/GPO8	H25	XM1ADDR3
A9	XM1DATA6	C7	XM1DATA2	F2	XM0ADDR6/GPO6	J1	XM0ADDR16/GPQ8
A10	XM1DATA9	C8	XM1DATA5	F3	VDDARM	J2	XM0WEN
A11	XM1DATA12	C9	XM1DATA7	F4	VDDM0	J3	VDDARM
A12	XM1DATA18	C10	VDDARM	F22	XCIPCLK/GPF2	J4	XM0ADDR14/GPO14
A13	XM1SCLK	C11	XM1DATA14	F23	XM1DATA24	J7	VSSMEM
A14	XM1SCLKN	C12	XM1DATA10	F24	XM1DATA25	J8	XM0ADDR9/GPO9
A15	XMMCDATA1_4/GHP6	C13	XM1DATA19	F25	XM1DATA26	J11	XMMCCLK1/GPH0
A16	XMMCCMD1/GPH1	C14	VDDM1	G1	XM0ADDR11/GPO11	J12	VSSIP
A17	XMMCCDN0/GPG6	C15	XM1DATA20	G2	XM0ADDR10/GPO10	J13	J13
A18	XMMCCLK0/GPG0	C16	XMMCDATA1_6/GPH8	G3	VDDM0	J14	XURXD3/GPB2
A19	XSPIMOSI0/GPC2	C17	XMMCDATA1_1/GPH3	G4	XM0ADDR7/GPO7	J15	XURXD1/GPA4
A20	XI2CSCL/GPB5	C18	XMMCDATA0_2/GPG4	G8	XM1DQM1	J18	VDDINT
A21	XUTXD2/GPB1	C19	XSPIMOSI1/GPC6	G9	XM1DQS1	J19	VDDM1
A22	XURTSN0/GPA3	C20	XSPICS0/GPC3	G10	VDDM1	J22	XM1ADDR9
A23	XUTXD0/GPA1	C21	VDDEXT	G11	XMMCDATA1_5/GPH7	J23	XM1ADDR2
A24	NC_D	C22	XURTSN1/GPA7	G12	XMMCDATA0_3/GPG5	J24	XM1ADDR1
B1	NC_B	C23	XPWMECLK/GPF13	G13	XMMCCMD0/GPG1	J25	XM1ADDR6
B2	XPCMSIN1/GPE3	C24	XCIYDATA2/GPF7	G14	XI2CSDA/GPB6	K1	XM0DATA15
B3	XPCMEXTCLK1/GPE1	C25	XCIYDATA0/GPF5	G15	XIRSDBW/GPB4	K2	VDDM0
B4	XPCMSIN0/GPD3	D1	XM0ADDR2	G16	XUCTSN0/GPA2	K3	VDDARM
B5	XPCMEXTCLK0/GPD1	D2	XM0ADDR3	G17	XCIYDATA6/GPF11	K4	XM0DATA14
B6	XM1DATA0	D3	VDDARM	G18	XCIYDATA3/GPF8	K7	XM0BEN1
B7	XM1DATA3	D6	XPCMFSYNC0/GPD2	G22	XCICLK/GPF0	K8	VSSIP
B8	VDDM1	D7	XPCMDCLK0/GPD0	G23	XM1DATA29	K18	XM1ADDR7
B9	VDDM1	D8	VDDARM	G24	XM1DATA27	K19	XM1ADDR11
B10	XM1DATA13	D9	XM1DQS0	G25	XM1DATA30	K22	XM1ADDR13
B11	VDDARM	D10	XM1DATA15	H1	VDDINT	K23	XM1ADDR8
B12	XM1DATA16	D11	XM1DATA11	H2	XM0ADDR13/GPO13	K24	XM1ADDR12
B13	XM1DATA17	D12	XM1DATA8	H3	XM0ADDR15/GPO15	K25	XM1ADDR5
B14	XM1DQS2	D13	VDDINT	H4	XM0ADDR12/GPO12	L1	XM0BEN0
B15	XM1DATA22	D14	XM1DQM2	H7	XM0ADDR4	L2	XM0DATA13
B16	XMMCDATA1_2/GPH4	D15	XM1DATA21	H8	VSSIP	L3	XM0SMCLK/GPp1
B17	VDDMMC	D16	XM1DATA23	H9	XMMCDATA1_7/GPH9	L4	XM0OEN
B18	XMMCDATA0_0/GPG2	D17	XSPICS1/GPC7	H10	XMMCDATA1_3/GPH5	L7	XM0DATA10
B19	XSPIMISO1/GPC4	D18	VDDINT	H11	XMMCDATA1_0/GPH2	L8	XM0DATA12
B20	XSPIMISO0/GPC0	D19	XURXD2/GPB0	H12	XSPICLK1/GPC5	L9	VSSIP
B21	XUTXD3/GPB3	D20	D20 XURXD0/GPA0	H13	XMMCDATA0_1/GPG3	L17	VDDINT
B22	XUTXD1/GPA5	D23	XPWMTOUT1/GPF15	H14	XSPICLK0/GPC1	L18	XM1CSN1
B23	XCIYDATA7/GPF12	D24	XCIVSYNC/GPF4	H15	XUCTSN1/GPA6	L19	XM1ADDR4
B24	XCIYDATA5/GPF10	D25	XCIHREF/GPF1	H16	XPWMTOUT0/GPF14	L22	XM1RASN

（续）

引脚	符号	引脚	符号	引脚	符号	引脚	符号
L23	XM1CSN0	R3	XM0CSN1	V9	XNRESET	AA25	XVHSYNC/GPJ8
L24	XM1CASN	R4	XM0WAITN/GPP2	V10	XEINT1/GPN1	AB1	VDDEPLL
L25	XM1ADDR15	R7	XM0INTATA/GPP8	V11	XEINT6/GPN6	AB2	VDDMPLL
M1	VDDM0	R8	XM0RDY0_ALE/GPP3	V12	XEINT12/GPN12	AB3	XM0OEATA/GPP13
M2	XM0DATA8	R9	VSSIP	V13	XVVD3/GPI3	AB6	VSSMEM
M3	XM0DATA11	R17	VSSPERI	V14	XVVD8/GPI8	AB7	VSSOTG
M4	XM0DATA9	R18	VDDALIVE	V15	XVVD12/GPI12	AB8	VSSOTGI
M7	XM0DATA2	R19	XHIADR12/GPL12	V16	XVVD16/GPJ0	AB9	XRTCXTI
M8	XM0DATA4	R22	XHIDATA5/GPK5	V17	VSSPERI	AB10	XJTRSTN
M9	VSSMEM	R23	XHIDATA4/GPK4	V18	XHICSN_MAIN/GPM1	AB11	XJTCK
M17	XM1ADDR14	R24	XHIDATA6/GPK6	V19	XVVCLK/GPJ11	AB12	XJTDI
M18	XM1CKE0	R25	XHIDATA7/GPK7	V22	XHIOEN/GPM4	AB13	XJDBGSEL
M19	XM1WEN	T1	GPQ2	V23	XHIADR6/GPL6	AB14	XXTO27
M22	VDDINT	T2	GPO4	V24	VDDHI	AB15	XXTI27
M23	XM1ADDR10	T3	XM0CSN4/GPO2	V25	XHIADR5/GPL5	AB16	XSELNAND
M24	XM1CKE1	T4	GPQ5	W1	VDDINT	AB17	XEINT3/GPN3
M25	XHIDATA17/GPL14	T7	XEFFVDD	W2	XM0RDY1_CLE/GPP4	AB18	XEINT10/GPN10
N1	XM0DATA1	T8	VSSMPLL	W3	XM0RESETATA/GPP9	AB19	VDDALIVE
N2	XM0DATA0	T18	XHIADR7/GPL7	W4	VSSAPLL	AB20	XVVD5/GPI5
N3	XM0DATA3	T19	XHIADR9/GPL9	W8	VSSMEM	AB23	XVVD23/GPJ7
N4	XM0DATA6	T22	XHIDATA1/GPK1	W9	XOM1	AB24	XVVD21/GPJ5
N7	XM0CSN0	T23	XHIDATA3/GPK3	W10	VDDALIVE	AB25	XVVD20/GPJ4
N8	XM0CSN5/GPO3	T24	XHIDATA2/GPK2	W11	XEXTCLK	AC1	XADCAIN0
N9	VSSIP	T25	XHIDATA0/GPK0	W12	XEINT8/GPN8	AC2	XADCAIN1
N17	XHIDATA16/GPL13	U1	GPQ3	W13	XEINT14/GPN14	AC3	XADCAIN7
N18	XHIDATA14/GPK14	U2	XM0ADDR18/GPO0	W14	XVVD1/GPI1	AC4	VDDADC
N19	VDDUH	U3	XM0ADDR17/GPO7	W15	XVVD6/GPI6	AC5	VSSDAC
N22	XUHDP	U4	XM0INTSM1_FREN/GPP6	W16	XVVD11/GPI11	AC6	XDACOUT0
N23	XHIDATA15/GPK15	U7	XM0CDATA/GPP14	W17	XVVD14/GPI14	AC7	XDACCOMP
N24	XHIDATA13/GPK13	U8	VSSMEM	W18	XVVD22/GPJ6	AC8	XUSBREXT
N25	XHIDATA12/GPK12	U11	VSSPERI	W22	XVVSYNC/GPJ9	AC9	VDDOTG
P1	VDDINT	U12	VSSPERI	W23	XHIADR3/GPL3	AC10	VDDOTGI
P2	XM0DATA5	U13	VSSIP	W24	XHIADR1/GPL1	AC11	VDDRTC
P3	XM0DATA7	U14	VSSPERI	W25	XHIIRQN/GPM5	AC12	AC12
P4	XM0CSN2/GPO0	U15	VDDALIVE	Y1	XM0RPN_RNB/GPP7	AC13	XOM2
P7	GPO5	U18	XHIADR2/GPL2	Y2	XM0ADRVALID/GPP0	AC14	VSSPERI
P8	XM0ADDR19/GPQ1	U19	XHIADR0/GPL0	Y3	XM0INTSM0_FWEN/GPP5	AC15	VDDSYS
P9	VSSSS	U22	XHIADR4/GPL4	Y4	XPLLEFILTER	AC16	XXTI
P17	VSSIP	U23	XHIADR11/GPL11	Y22	XVVD18/GPJ2	AC17	XXTO
P18	XHIDATA11/GPK11	U24	XHIADR10/GPL10	Y23	XHIWEN/GPM3	AC18	XEINT5/GPN5
P19	XHIDATA9/GPK9	U25	XHIADR8/GPL8	Y24	XHICSN_SUB/GPM2	AC19	XEINT7/GPN7
P22	XUHDN	V1	VDDSS	Y25	VDDINT	AC20	VDDINT
P23	XHIDATA10/GPK10	V2	GPQ6	AA1	VDDAPLL	AC21	XVVD9/GPI9
P24	VDDHI	V3	GPQ4	AA2	XM0INPACKATA/GPP10	AC22	XVVD10/GPI10
P25	XHIDATA8/GPK8	V4	XM0WEATA/GPP12	AA3	XM0REGATA/GPP11	AC23	VDDLCD
R1	VDDM0	V7	VSSEPLL	AA23	XHICSN/GPM0	AC24	XVVD15/GPI15
R2	XM0CSN3/GPO1	V8	XOM3	AA24	XVDEN/GPJ10	AC25	XVVD19/GPJ3

（续）

引脚	符　　号	引脚	符　　号	引脚	符　　号	引脚	符　　号
AD1	NC_G	AD13	XOM0	AD25	NC_I	AE13	XJRTCK
AD2	XADCAIN2	AD14	XPWRRGTON	AE2	NC_H	AE14	XOM4
AD3	XADCAIN3	AD15	WR_TEST	AE3	XADCAIN4	AE15	XNBATF
AD4	XADCAIN5	AD16	XNRSTOUT	AE4	XADCAIN6	AE16	VDDINT
AD5	VSSADC	AD17	XEINT2/GPN2	AE5	XDACOUT1	AE17	XEINT0/GPN0
AD6	VDDDAC	AD18	VDDSYS	AE6	XDACIREF	AE18	XEINT4/GPN4
AD7	XUSBXTI	AD19	XEINT11/GPN11	AE7	XDACVREF	AE19	XEINT9/GPN9
AD8	XUSBXTO	AD20	XEINT15/GPN15	AE8	VSSOTG	AE20	XEINT13/GPN13
AD9	XUSBVBUS	AD21	XVVD4/GPI4	AE9	XUSBDM	AE21	XVVD0/GPI0
AD10	XUSBID	AD22	VDDLCD	AE10	XUSBDP	AE22	XVVD2/GPI2
AD11	VDDOTG	AD23	XVVD13/GPI13	AE11	XUSBDRVVBUS	AE23	XVVD7/GPI7
AD12	XRTCXTO	AD24	XVVD17/GPJ1	AE12	XJTMS	AE24	NC_J

6.1.57　S5PC100 集成电路

S5PC100 采用 FCFBGA580 封装，框图如图 6-84 所示，引脚功能见表 6-59。

S5PC100 采用 FCFBGA521 封装（引脚分布参考图 6-85），引脚功能见表 6-60。

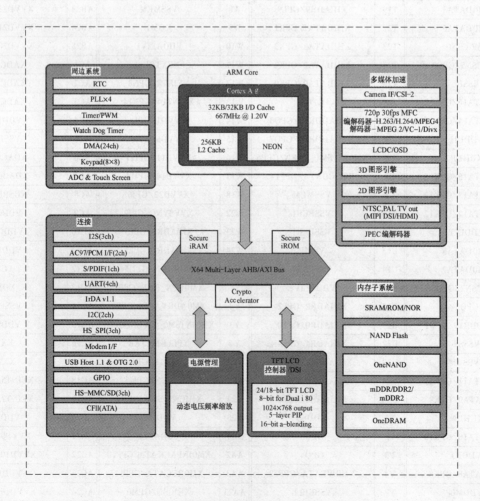

图 6-84　S5PC100 框图

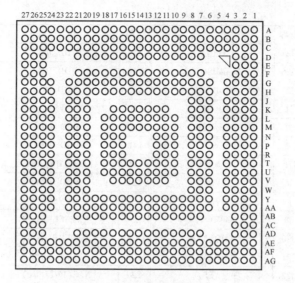

图 6-85　S5PC100 引脚分布

表 6-59　S5PC100 引脚功能

引脚	符　号	引脚	符　号	引脚	符　号	引脚	符　号
A1	VSS	B6	Xm0DATA[9]	C11	Xm0IOWRn	D19	Xi2c0SDA
A2	VSS	B7	Xm0DATA[11]	C12	Xm0ADDR[16]	D20	Xmmc1DATA[0]
A3	Xm0DATA[1]	B8	Xm0DATA[14]	C13	Xm0ADDR[20]	D21	Xmmc1CLK
A4	Xm0DATA[2]	B9	Xm0BEn[0]	C14	Xm0CDn	D25	XuTXD[2]
A5	VDDQ_B	B10	Xm0IORDY	C15	VSS	D26	XspiMOSI[0]
A6	Xm0DATA[6]	B11	Xm0CSn[3]	C16	Xm0ADDR[1]	D27	XuRXD[1]
A7	Xm0DATA[10]	B12	VDDQ_B	C17	XnRESET	E1	XvVD[9]
A8	VDD_DRAM	B13	Xm0CSn[1]	C18	Xmmc0CLK	E2	Xm0CSn[4]
A9	Xm0CSn[2]	B14	Xm0ADDR[4]	C19	XspiMOSI[1]	E3	Xm0FWEn
A10	Xm0ADDR[13]	B15	Xm0CFOEn	C20	XspiMISO[1]	E25	XuCTSn[0]
A11	Xm0FRnB[1]	B16	Xm0ADDR[19]	C21	VSS	E26	XjTRSTn
A12	VDDQ_B	B17	VDDQ_B	C22	Xmmc0DATA[6]	E27	VDD_DRAM
A13	Xm0ADDR[18]	B18	Xm0IORDn	C23	XuTXD[0]	F1	XvVD[4]
A14	Xm0REG	B19	XspiCSn[1]	C24	XuRTSn[1]	F2	XvVD[15]
A15	XefVGATE_0	B20	XjTMS	C25	VSS	F3	XvVD[22]
A16	Xm0FREn	B21	Xi2c0SCL	C26	XuTXD[3]	F7	VDDQ_M0
A17	VDDQ_B	B22	XpwmTOUT[0]	C27	XpwmTOUT[2]	F8	VDD_INT
A18	Xm0INPACKn	B23	Xmmc1DATA[2]	D1	Xm0WEn	F9	Xm0ADDR[15]
A19	N. C(PULL UP)	B24	XuRXD[0]	D2	Xm0FALE	F10	Xm0INTRQ
A20	XjTCK	B25	VDD_DRAM	D3	Xm0DATA[5]	F11	Xm0FRnB[3]
A21	XjTDO	B26	VSS	D7	Xm0DATA[13]	F12	Xm0ADDR[14]
A22	XuRXD[2]	B27	VSS	D8	Xm0ADDR[11]	F13	Xm0ADDR[3]
A23	XuTXD[1]	C1	Xm0FRnB[0]	D9	VSS	F14	VSS
A24	Xmmc0CMD	C2	Xm0FCLE	D10	Xm0ADDR[6]	F15	Xm0ADDR[17]
A25	XuRXD[3]	C3	VSS	D11	Xm0ADDR[10]	F16	Xm0ADDR[0]
A26	VSS	C4	Xm0DATA[3]	D12	Xm0CFWEn	F17	Xmmc0DATA[2]
A27	VSS	C5	Xm0DATA[4]	D13	Xm0ADDR[8]	F18	Xmmc1DATA[3]
B1	VSS	C6	Xm0DATA[8]	D14	Xm0RESET	F19	XpwmTOUT[1]
B2	VSS	C7	Xm0DATA[12]	D15	VSS	F20	Xmmc0DATA[1]
B3	Xm0DATA[0]	C8	Xm0DATA[15]	D16	Xm0DATA_RDn	F21	VDD_ARM
B4	Xm0DATA[7]	C9	VSS	D17	Xmmc0DATA[5]	F25	VSS
B5	VDDQ_B	C10	Xm0ADDR[5]	D18	Xmmc0DATA[7]	F26	XspiCSn[0]

（续）

引脚	符 号	引脚	符 号	引脚	符 号	引脚	符 号
F27	Xi2c1SDA	H25	XuCLK	L13	VDD_INT	N18	XEINT[16]
G1	VDDQ_B	H26	XspiMISO[0]	L14	VDD_INT	N20	XEINT[6]
G2	VDDQ_B	H27	XjDBGSEL	L15	VDD_INT	N21	Xmmc0CDn
G3	Xm0OEn	J1	VDD_DRAM	L16	VSS	N22	Xi2c1SCL
G4	XvVD[23]	J2	XiemSPWI	L17	VDD_ARM	N24	XEINT[18]
G6	VSS	J3	VSS	L18	VDD_ARM	N25	XEINT[0]
G7	VDDQ_M0	J4	VSS	L20	Xmmc1DATA[1]	N26	POP_DATA[0]
G8	Xm0ADDR[9]	J6	XvVD[2]	L21	VDD_ARM	N27	POP_DATA[7]
G9	Xm0FRnB[2]	J7	XvVD[7]	L22	VSS	P1	VCCQ_O
G10	Xm0WAITn	J8	XvVD[17]	L24	XspiCLK[1]	P2	Xmmc2CLK
G11	Xm0ADDR[2]	J20	VDD_ARM	L25	XPWRRGTON	P3	Xmmc2DATA[2]
G12	VDDQ_DDR	J21	VDD_ARM	L26	VDDQ_SYS0	P4	Xi2s0SDO[1]
G13	VDDQ_DDR	J22	VSS	L27	N.C(PULL UP)	P6	Xi2s0LRCK
G14	VSS	J24	XXTO	M1	XiemSCLK	P7	Xi2s0SDO[0]
G15	VSS	J25	XXTI	M2	XciDATA[2]	P8	Xmmc2CDn
G16	Xm0ADDR[7]	J26	VDD_ALIVE	M3	XciDATA[5]	P10	XciPCLK
G17	Xmmc0DATA[3]	J27	POP_INTB_B	M4	XvVCLK	P11	XciDATA[0]
G18	Xmmc1CDn	K1	XciDATA[4]	M6	XciDATA[6]	P12	VSS
G19	Xmmc0DATA[0]	K2	POP_CEB	M7	XvVDEN	P16	VSS
G20	VDD_ARM	K3	XvVSYNC	M8	VDDQ_LCD	P17	VSS
G21	VDD_ARM	K4	XciFIELD	M10	XvVD[20]	P18	XEINT[7]
G22	XuRTSn[0]	K6	XvVD[14]	M11	XvVD[5]	P20	XEINT[22]
G24	XspiCLK[0]	K7	XvVD[6]	M12	XvVD[19]	P21	XEINT[2]
G25	XDDR2SEL	K8	Xm0CSn[0]	M13	VSS	P22	XEINT[17]
G26	XjTDI	K11	XciDATA[7]	M14	VSS	P24	XEINT[8]
G27	XuCTSn[1]	K12	XvVD[12]	M15	VSS	P25	XEINT[20]
H1	XvVD[3]	K13	XvVD[16]	M16	VSS	P26	VSS
H2	XvVD[8]	K14	XvVD[11]	M17	VSS	P27	VSS
H3	Xm0CSn[5]	K15	VDD_INT	M18	VDD_ARM	R1	Xi2s1SCLK
H4	XvVD[1]	K16	VDD_ARM	M20	VDDQ_EXT	R2	VSS
H6	VDDQ_M0	K17	VDD_ARM	M21	Xmmc1CMD	R3	Xi2s0CDCLK
H7	Xm0ADDR[12]	K20	VDD_ARM	M22	VSS	R4	Xi2s0SDO[2]
H8	XvVD[18]	K21	VDD_ARM	M24	XEINT[1]	R6	Xi2s1SDI
H9	XefFSOURCE_0	K22	VSS	M25	POP_DATA[2]	R7	VDDQ_MMC
H10	VSS	K24	VSS	M26	VDD_DRAM	R8	Xmmc2DATA[3]
H11	VDDQ_DDR	K25	VSS	M27	POP_DATA[4]	R10	Xi2s0SDI
H12	VDDQ_DDR	K26	XnBATF	N1	Xmmc2DATA[0]	R11	Xmmc2CMD
H13	VDDQ_DDR	K27	POP_DATA[1]	N2	Xmmc2DATA[1]	R12	VSS
H14	VDD_INT	L1	VCC_O	N3	XciCLKenb	R16	VSS
H15	VDD_INT	L2	XciDATA[3]	N4	XciVSYNC	R17	XEINT[25]
H16	VDD_INT	L3	XvHSYNC	N6	VDDQ_LCD	R18	XEINT[24]
H17	Xmmc0DATA[4]	L4	VDDQ_CI	N7	VSS	R20	XEINT[5]
H18	VDD_ARM	L6	XvVD[21]	N8	XciDATA[1]	R21	VDDQ_EXT
H19	VDD_ARM	L7	XvVD[10]	N10	XciHREF	R22	XEINT[3]
H20	VDD_ARM	L8	XvVD[13]	N11	XciRESET	R24	XEINT[21]
H21	VDD_ARM	L10	Xm0BEn[1]	N12	VSS	R25	POP_DATA[3]
H22	VSS	L11	VDD_INT	N16	VSS	R26	VDDQ_A
H24	XNFMOD[0]	L12	XvVD[0]	N17	VSS	R27	VDDQ_A

（续）

引脚	符 号	引脚	符 号	引脚	符 号	引脚	符 号
T1	Xi2s1LRCK	V4	XmsmDATA[4]	Y19	XOM[1]	AB20	XusbXTI
T2	Xi2s1CDCLK	V6	XmsmDATA[6]	Y20	XEINT[11]	AB21	XusbVBUS
T3	Xi2s0SCLK	V7	XmsmADDR[3]	Y21	VSS	AB25	VDD_ADC
T4	Xi2s1SDO	V8	XmsmREn	Y22	XOM[4]	AB26	XadcAIN[9]
T6	XmsmDATA[9]	V11	XmsmADDR[11]	Y24	VSS_ADC	AB27	POP_DATA[15]
T7	XmsmWEn	V12	VDDQ_SYS2	Y25	VSS	AC1	VDD_DAC_A
T8	XmsmADDR[8]	V13	V13 VDD_INT	Y26	VSS	AC2	XdacOUT[2]
T10	XmsmADDR[1]	V14	VDD_INT	Y27	POP_DATA[13]	AC3	VSS
T11	XCLKOUT	V15	XusbDRVVBUS	AA1	XmsmADDR[12]	AC25	XadcAIN[7]
T12	VDD_INT	V16	VSS	AA2	XdacOUT[0]	AC26	VDDQ_A
T13	VSS	V17	VDDQ_SYS5	AA3	XdacVREF	AC27	POP_DATA[14]
T14	VSS	V20	XEINT[14]	AA4	XdacOUT[1]	AD1	XmsmADDR[7]
T15	VSS	V21	XEINT[29]	AA6	XdacCOMP	AD2	VCC_O
T16	XEINT[10]	V22	XEINT[28]	AA7	VSS_DAC_D	AD3	XmsmCSn
T17	XEINT[30]	V24	XEINT[31]	AA8	XmsmADDR[5]	AD7	VDD12_HDMI
T18	XNFMOD[4]	V25	VDD_RTC	AA9	XNFMOD[3]	AD8	XmipiDP[0]
T20	VSS	V26	POP_DATA[10]	AA10	X27mXTO	AD9	XmipiDN[1]
T21	XEINT[23]	V27	POP_DATA[11]	AA11	X27mXTI	AD10	XmipiDN[3]
T22	XEINT[27]	W1	XmsmDATA[7]	AA12	VSS_HPLL	AD11	VDDQ_A
T24	XEINT[4]	W2	XmsmDATA[15]	AA13	VDD12_MIPI	AD12	VDD_HPLL
T25	XEINT[19]	W3	XmsmDATA[11]	AA14	VDD12_MIPI	AD13	VDDQ_A
T26	POP_DATA[5]	W4	XmsmDATA[10]	AA15	XuhDP	AD14	POP_DATA[24]
T27	POP_DM[0]	W6	VDDQ_MSM	AA16	VDD_EPLL	AD15	VSS
U1	VCCQ_O	W7	XmsmDATA[1]	AA17	VDD_MPLL	AD16	POP_DATA[21]
U2	VCCQ_O	W8	XmsmIRQn	AA18	VSS_APLL	AD17	POP_ADDR[1]
U3	VDDQ_AUD	W20	XOM[0]	AA19	VSS12_UOTG	AD18	POP_BA[0]
U4	XmsmDATA[14]	W21	XOM[2]	AA20	XusbXTO	AD19	XusbDP
U6	XmsmDATA[13]	W22	XOM[3]	AA21	XadcAIN[3]	AD20	XusbDM
U7	XmsmDATA[12]	W24	XrtcXTI	AA22	XadcAIN[6]	AD21	VSS
U8	XmsmADDR[9]	W25	XrtcXTO	AA24	XadcAIN[0]	AD25	XadcAIN[1]
U10	XmsmADDR[2]	W26	POP_DATA[9]	AA25	XadcAIN[4]	AD26	POP_DM[1]
U11	XnRSTOUT	W27	VDDQ_A	AA26	XadcAIN[8]	AD27	POP_INTB_A
U12	VDD_INT	Y1	XmsmDATA[8]	AA27	POP_DATA[12]	AE1	XhdmiTX2P
U13	VDD_INT	Y2	XmsmDATA[3]	AB1	XmsmDATA[2]	AE2	XhdmiTX2N
U14	VDD_INT	Y3	XmsmDATA[5]	AB2	VSS_DAC_A	AE3	XmsmADDR[0]
U15	VDD_INT	Y4	XmsmDATA[0]	AB3	XdacIREF	AE4	VSS
U16	VSS	Y6	VDDQ_MSM	AB7	VDD_DAC_D	AE5	XmsmADDR[4]
U17	XEINT[15]	Y7	XmsmADDR[6]	AB8	VSS_HDMI	AE6	XNFMOD[5]
U18	VDDQ_CAN	Y8	XmsmADDR[10]	AB9	VSS_HDMI	AE7	VDDQ_A
U20	XEINT[9]	Y9	XNFMOD[2]	AB10	XhdmiREXT	AE8	XmipiDN[0]
U21	XEINT[13]	Y10	VDD12_HDMI	AB11	VSS_MIPI_PLL18	AE9	XmipiDP[1]
U22	XEINT[12]	Y11	VSS	AB12	VSS_MIPI	AE10	XmipiDP[3]
U24	XEINT[26]	Y12	VDD_INT	AB13	VSS_MIPI	AE11	VSS
U25	XNFMOD[1]	Y13	VDD18_MIPI_PLL	AB14	VSS_USBHOST	AE12	POP_DATA[25]
U26	POP_DATA[6]	Y14	XmipiReg_cap	AB15	XuhDN	AE13	POP_DM[3]
U27	POP_DATA[8]	Y15	VDD18_MIPI	AB16	VSS_EPLL	AE14	POP_DATA[23]
V1	VSS	Y16	VDDQ_UHOST	AB17	VDD_APLL	AE15	VSS
V2	VSS	Y17	VSS_MPLL	AB18	XusbID	AE16	POP_DATA[22]
V3	VSS	Y18	VDD33_UOTG	AB19	XusbREXT	AE17	POP_ADDR[2]

（续）

引脚	符　号	引脚	符　号	引脚	符　号	引脚	符　号
AE18	POP_ADDR[10]	AF7	XmipiTXCN	AF23	POP_ADDR[12]	AG12	POP_DATA[29]
AE19	POP_BA[1]	AF8	XmipiDP[2]	AF24	POP_ADDR[11]	AG13	POP_DATA[28]
AE20	VDD12_UOTG	AF9	XmipiDN[4]	AF25	POP_ADDR[8]	AG14	POP_DATA[31]
AE21	VSS	AF10	N. C	AF26	VSS	AG15	POP_DATA[30]
AE22	XadcVref	AF11	XmipiRXCN	AF27	VSS	AG16	VDD_DRAM
AE23	VDD_DRAM	AF12	POP_DATA[26]	AG1	VSS	AG17	POP_DATA[16]
AE24	XadcAIN[2]	AF13	POP_DATA[27]	AG2	VSS	AG18	POP_DATA[17]
AE25	XadcAIN[5]	AF14	POP_DATA[18]	AG3	XhdmiTX1N	AG19	POP_ADDR[0]
AE26	POP_ADDR[5]	AF15	POP_DATA[19]	AG4	VDDQ_A	AG20	POP_RASN
AE27	POP_ADDR[9]	AF16	POP_DATA[20]	AG5	XhdmiTX0N	AG21	POP_CLK
AF1	VSS	AF17	POP_DM[2]	AG6	XhdmiTXCN	AG22	POP_CKE
AF2	VDD_DRAM	AF18	POP_ADDR[3]	AG7	XmipiTXCP	AG23	POP_ADDR[6]
AF3	XhdmiTX1P	AF19	POP_CASN	AG8	XmipiDN[2]	AG24	POP_ADDR[7]
AF4	VSS	AF20	POP_CSN	AG9	XmipiDP[4]	AG25	POP_ADDR[4]
AF5	XhdmiTX0P	AF21	VSS12_UOTG	AG10	N. C	AG26	VSS
AF6	XhdmiTXCP	AF22	POP_WEN	AG11	XmipiRXCP	AG27	VSS

表 6-60　S5PC100　FCFBGA521 封装引脚功能

引脚	符　号	引脚	符　号	引脚	符　号	引脚	符　号
A1	VSS	B2	Xm0DATA[4]	C3	Xm0DATA[14]	D8	VDD_INT
A2	VSS	B3	Xm0DATA[9]	C4	Xm0DATA[12]	D9	Xm0REG
A3	Xm0DATA[7]	B4	Xm0DATA_RDn	C5	Xm0DATA[11]	D10	Xm1DATA[24]
A4	Xm0DATA[10]	B5	Xm0DATA[13]	C6	Xm0DATA[15]	D11	Xm1DATA[26]
A5	Xm0DATA[2]	B6	Xm0DATA[1]	C7	Xm0FRnB[2]	D12	Xm1DATA[25]
A6	Xm0DATA[3]	B7	Xm0FRnB[3]	C8	VSS	D13	Xm1DATA[22]
A7	Xm0DATA[8]	B8	Xm0CSn[2]	C9	Xm0IOWRn	D14	Xm1DATA[19]
A8	Xm0DATA[0]	B9	VDDQ_M0	C10	Xm1DATA[31]	D15	VDD_INT
A9	Xm0FRnB[1]	B10	Xm1DATA[30]	C11	Xm1DATA[28]	D16	VSS
A10	Xm0IORDY	B11	Xm1DATA[29]	C12	Xm1DQM[3]	D17	Xm1CSn[1]
A11	Xm1DQS[3]	B12	Xm1DATA[27]	C13	Xm1DATA[17]	D18	Xm1ADDR[15]
A12	Xm1DQSn[3]	B13	Xm1DATA[21]	C14	Xm1DATA[20]	D19	VSS
A13	Xm1DATA[23]	B14	Xm1DATA[16]	C15	Xm1DATA[18]	D20	VDDQ_DDR
A14	Xm1DQM[2]	B15	Xm1ADDR[5]	C16	VDDQ_DDR	D25	Xm1DQM[0]
A15	Xm1DQS[2]	B16	Xm1ADDR[9]	C17	Xm1SCLK	D26	Xm1DATA[2]
A16	Xm1DQSn[2]	B17	Xm1ADDR[7]	C18	Xm1CSn[0]	D27	Xm1DATA[3]
A17	Xm1ADDR[4]	B18	Xm1NSCLK	C19	Xm1ADDR[1]	E1	Xm0ADDR[0]
A18	Xm1ADDR[13]	B19	Xm1WEn	C20	Xm1DATA[11]	E2	Xm0ADDR[11]
A19	Xm1ADDR[8]	B20	Xm1ADDR[3]	C21	VDDQ_DDR	E3	VDDQ_M0
A20	Xm1DATA[13]	B21	Xm1DQM[1]	C22	VSS	E25	XpwmTOUT[1]
A21	Xm1DATA[12]	B22	Xm1DATA[14]	C23	Xm1ADDR[2]	E26	Xm1DATA[1]
A22	Xm1DATA[15]	B23	Xm1DATA[10]	C24	Xm1DATA[8]	E27	Xm1DATA[0]
A23	Xm1DQS[1]	B24	Xm1DATA[9]	C25	Xm1DATA[6]	F1	Xm0ADDR[12]
A24	Xm1DQSn[1]	B25	Xm1DQS[0]	C26	Xm1DATA[5]	F2	Xm0ADDR[4]
A25	Xm1DATA[7]	B26	Xm1DQSn[0]	C27	Xm1DATA[4]	F3	Xm0ADDR[18]
A26	VSS	B27	VSS	D1	Xm0ADDR[20]	F25	Xi2c0SCL
A27	VSS	C1	Xm0WEn	D2	Xm0BEn[0]	F26	XuRTSn[0]
B1	VSS	C2	Xm0FALE	D3	VSS	F27	XuRTSn[1]

（续）

引脚	符号	引脚	符号	引脚	符号	引脚	符号
G1	Xm0CSn[3]	J8	Xm0FCLE	L21	XjTDO	P7	XvVD[13]
G2	Xm0ADDR[13]	J9	Xm0FWEn	L24	XpwmTOUT[2]	P8	XciDATA[0]
G3	Xm0ADDR[10]	J10	Xm0FREn	L25	XuCTSn[1]	P9	VDDQ_LCD
G7	XefVGATE_0	J11	VDDQ_DDR	L26	Xi2c0SDA	P11	XvVD[16]
G8	Xm0CFWEn	J12	Xm0OEn	L27	XspiCLK[1]	P12	XvVD[11]
G9	Xm0CFOEn	J13	Xm0WAITn	M1	XvVD[1]	P16	VSS
G10	Xm0INPACKn	J14	Xm0IORDn	M2	XvVD[10]	P17	VDD_INT
G11	Xm1ADDR[6]	J15	VSS	M3	XvVD[2]	P19	XjTCK
G12	Xm1ADDR[12]	J16	VDD_ARM	M4	Xm0CSn[5]	P20	XEINT[16]
G13	Xm1ADDR[14]	J17	VDD_ARM	M7	XvVD[17]	P21	Xmmc0DATA[1]
G14	Xm1ADDR[0]	J18	VDD_ARM	M8	XvVD[12]	P24	Xmmc1DATA[3]
G15	Xm1RASn	J19	VDD_ARM	M9	XvVD[20]	P25	Xmmc1DATA[0]
G16	Xm1ADDR[10]	J20	VSS	M11	VDD_INT	P26	Xmmc1CLK
G17	VDD_ARM	J21	VDD_ARM	M12	VDD_INT	P27	Xmmc1DATA[2]
G18	VDD_ARM	J24	XuTXD[1]	M13	VDD_INT	R1	XvVD[3]
G19	VDD_ARM	J25	XuTXD[3]	M14	VDD_INT	R2	XvVSYNC
G20	VDD_ARM	J26	XuCLK	M15	VDD_INT	R3	XvHSYNC
G25	XpwmTOUT[0]	J27	XspiCSn[0]	M16	VSS	R4	XciDATA[5]
G26	XuRXD[0]	K1	XvVD[21]	M17	VDD_ARM	R7	Xi2s0SDO[0]
G27	XuRXD[3]	K2	Xm0ADDR[6]	M19	Xmmc0DATA[4]	R8	XciHREF
H1	Xm0ADDR[9]	K3	VDDQ_M0	M20	Xmmc0DATA[3]	R9	VDD_INT
H2	Xm0ADDR[5]	K4	VSS	M21	XspiMOSI[1]	R11	XciDATA[6]
H3	Xm0DATA[6]	K7	Xm0ADDR[7]	M24	XspiMOSI[0]	R12	XvVD[5]
H4	Xm0FRnB[0]	K8	Xm0ADDR[17]	M25	XspiMISO[0]	R16	VSS
H7	XefFSOURCE_0	K9	Xm0ADDR[19]	M26	Xmmc0DATA[6]	R17	VDD_INT
H8	Xm0RESET	K19	VDD_ARM	M27	Xmmc0CMD	R19	XEINT[7]
H9	Xm0CDn	K20	VSS	N1	Xm0CSn[4]	R20	XEINT[6]
H10	Xm0BEn[1]	K21	Xmmc0DATA[5]	N2	XvVD[23]	R21	Xmmc0DATA[7]
H11	Xm1ADDR[11]	K24	Xi2c1SCL	N3	XvVD[22]	R24	Xmmc1CDn
H12	Xm1CKE[1]	K25	XuCTSn[0]	N4	VDDQ_LCD	R25	Xmmc1DATA[1]
H13	Xm1CKE[0]	K26	Xi2c1SDA	N7	XvVD[18]	R26	VDDQ_EXT
H14	Xm1CASn	K27	XspiCLK[0]	N8	XvVD[6]	R27	XDDR2SEL
H15	VDDQ_DDR	L1	XvVD[7]	N9	XciRESET	T1	XciDATA[4]
H16	VSS	L2	XvVD[14]	N11	Xm0ADDR[3]	T2	XciFIELD
H17	VSS	L3	Xm0CSn[1]	N12	VDD_INT	T3	XvVDEN
H18	VSS	L4	Xm0CSn[0]	N16	VSS	T4	XvVCLK
H19	VSS	L7	Xm0ADDR[8]	N17	VDDQ_EXT	T7	XiemSPWI
H20	VSS	L8	Xm0ADDR[15]	N19	XjTMS	T8	XciVSYNC
H21	VDD_ARM	L9	Xm0ADDR[14]	N20	XspiMISO[1]	T9	XusbDRVVBUS
H24	XuTXD[0]	L11	VSS	N21	Xmmc0DATA[2]	T11	XvVD[0]
H25	XuRXD[2]	L12	VSS	N24	Xmmc0DATA[0]	T12	VDDQ_MMC
H26	XuRXD[1]	L13	VSS	N25	Xmmc1CMD	T13	VSS
H27	XuTXD[2]	L14	VSS	N26	XjTRSTn	T14	VSS
J1	Xm0DATA[5]	L15	VSS	N27	Xmmc0CDn	T15	VSS
J2	Xm0ADDR[1]	L16	VDD_ARM	P1	XvVD[15]	T16	VSS
J3	Xm0ADDR[2]	L17	VDD_ARM	P2	XvVD[9]	T17	VDD_INT
J4	Xm0ADDR[16]	L19	Xmmc0CLK	P3	XvVD[8]	T19	XEINT[24]
J7	Xm0INTRQ	L20	XspiCSn[1]	P4	XvVD[4]	T20	XnRESET

（续）

引脚	符　号	引脚	符　号	引脚	符　号	引脚	符　号
T21	XEINT[5]	W11	XmsmIRQn	AA15	XEINT[23]	AE9	VDD12_HDMI
T24	XEINT[3]	W12	XmsmWEn	AA16	VDDQ_SYS2	AE10	XhdmiREXT
T25	XEINT[22]	W13	XmsmADDR[3]	AA17	XEINT[31]	AE11	VDD_HPLL
T26	VSS	W14	Xmmc2CMD	AA18	N.C(PULL UP)	AE12	MIPI_PLLVSS18
T27	XjTDI	W15	XEINT[25]	AA19	XEINT[12]	AE13	VDD12_MIPI
U1	XciDATA[2]	W16	XEINT[15]	AA20	XrtcXTO	AE14	VDD12_MIPI
U2	VDDQ_CI	W17	XEINT[14]	AA25	VDD_RTC	AE15	MIPI_VSS
U3	XciPCLK	W18	XEINT[29]	AA26	XOM[3]	AE16	XmipiDN[3]
U4	XciCLKenb	W19	XEINT[28]	AA27	XXTO	AE17	XmipiDP[3]
U7	Xi2s0LRCK	W20	XOM[0]	AB1	Xi2s0SCLK	AE18	VSS_EPLL
U8	Xi2s1SDO	W21	XEINT[21]	AB2	Xi2s1LRCK	AE19	XuhDP
U9	XciDATA[7]	W24	XEINT[20]	AB3	XmsmDATA[14]	AE20	XuhDN
U11	XmsmADDR[9]	W25	VDDQ_SYS0	AB25	XadcAIN[7]	AE21	VDD_INT
U12	Xi2s0SDI	W26	XEINT[19]	AB26	VSS_ADC	AE22	VDD33_UOTG
U13	XvVD[19]	W27	XEINT[26]	AB27	AB27	AE23	XusbVBUS
U14	Xmmc2DATA[3]	Y1	Xi2s0CDCLK	AC1	XmsmDATA[10]	AE24	XadcAIN[0]
U15	XnRSTOUT	Y2	Xi2s1SCLK	AC2	XmsmDATA[15]	AE25	XadcVref
U16	N.C(PULL UP)	Y3	Xmmc2DATA[2]	AC3	XmsmDATA[11]	AE26	XadcAIN[1]
U17	VDDQ_SYS5	Y4	VSS	AC25	XadcAIN[8]	AE27	XadcAIN[2]
U19	XNFMOD[1]	Y7	XmsmDATA[0]	AC26	VDD_ADC	AF1	VSS
U20	VDDQ_CAN	Y8	XmsmDATA[9]	AC27	XadcAIN[9]	AF2	XdacOUT[0]
U21	XEINT[2]	Y9	XmsmDATA[7]	AD1	XmsmDATA[8]	AF3	XdacVREF
U24	XPWRRGTON	Y10	XmsmADDR[5]	AD2	XmsmDATA[3]	AF4	VDD_DAC_D
U25	XEINT[18]	Y11	XNFMOD[2]	AD3	XmsmADDR[12]	AF5	XmsmADDR[7]
U26	XEINT[17]	Y12	XmsmREn	AD8	VSS12_HDMI	AF6	XmsmADDR[0]
U27	XEINT[27]	Y13	XmsmADDR[2]	AD9	VDD12_HDMI	AF7	XmsmCSn
V1	XciDATA[1]	Y14	XmsmADDR[8]	AD10	VSS	AF8	XNFMOD[4]
V2	XciDATA[3]	Y15	XEINT[30]	AD11	VDD_INT	AF9	X27mXTO
V3	XiemSCLK	Y16	XEINT[10]	AD12	MIPI_VSS	AF10	X27mXTI
V4	Xmmc2DATA[1]	Y17	XEINT[13]	AD13	N.C	AF11	VSS12_HDMI
V7	VDD_MSM	Y18	XEINT[11]	AD14	N.C	AF12	VSS_HPLL
V8	Xi2s1SDI	Y19	XOM[1]	AD15	VDD_APLL	AF13	VDD18_MIPI_PLL
V9	XmsmDATA[12]	Y20	XnBATF	AD16	VSS_APLL	AF14	VDD18_MIPI
V19	XEINT[8]	Y21	XrtcXTI	AD17	VDD_EPLL	AF15	XmipiDN[1]
V20	XEINT[9]	Y24	XOM[4]	AD18	VDD_MPLL	AF16	XmipiDP[1]
V21	XOM[2]	Y25	VDD_ALIVE	AD19	VSS_MPLL	AF17	XmipiDN[2]
V24	XEINT[1]	Y26	XNFMOD[0]	AD20	VSS	AF18	XmipiDP[2]
V25	XEINT[0]	Y27	XXTI	AD25	XadcAIN[3]	AF19	XmipiDN[4]
V26	XjDBGSEL	AA1	Xmmc2DATA[0]	AD26	XadcAIN[4]	AF20	XmipiDP[4]
V27	XEINT[4]	AA2	Xmmc2CLK	AD27	XadcAIN[5]	AF21	XusbID
W1	Xi2s0SDO[2]	AA3	VDDQ_AUD	AE1	XdacCOMP	AF22	VDD12_UOTG
W2	Xi2s0SDO[1]	AA8	XmsmDATA[2]	AE2	VSS30_DAC_A	AF23	VSS12_UOTG
W3	Xmmc2CDn	AA9	XmsmADDR[10]	AE3	XdacIREF	AF24	XusbREXT
W4	Xi2s1CDCLK	AA10	XmsmADDR[11]	AE4	VDD_DAC_A	AF25	XusbXTO
W7	XmsmDATA[5]	AA11	XmsmDATA[1]	AE5	XmsmADDR[6]	AF26	XusbXTI
W8	XmsmDATA[13]	AA12	XmsmADDR[4]	AE6	VDD_MSM	AF27	VSS
W9	XmsmDATA[6]	AA13	XCLKOUT	AE7	XNFMOD[5]	AG1	VSS
W10	XmsmDATA[4]	AA14	XmsmADDR[1]	AE8	XNFMOD[3]	AG2	VSS

（续）

引脚	符 号	引脚	符 号	引脚	符 号	引脚	符 号
AG3	XdacOUT[1]	AG10	XhdmiTX0N	AG16	XmipiDP[0]	AG22	VDDQ_UHOST
AG4	XdacOUT[2]	AG11	XhdmiTX0P	AG17	XmipiTXCN	AG23	XusbDP
AG5	VSS30_DAC_D	AG12	XhdmiTXCN	AG18	XmipiTXCP	AG24	XusbDM
AG6	XhdmiTX2N	AG13	XhdmiTXCP	AG19	XmipiRXCN	AG25	VSS
AG7	XhdmiTX2P	AG14	XmipiReg_cap	AG20	XmipiRXCP	AG26	VSS
AG8	XhdmiTX1N	AG15	XmipiDN[0]	AG21	VSS_UHOST	AG27	VSS
AG9	XhdmiTX1P						

6.1.58 SC6600V 电视单芯片

SC6600V 是 CMMB 标准的手机电视单芯片，其内置视音频解码器（支持 H.264 和 AVS 视频解码器）、音频输出支持 I^2S 接口、可支持解码后的视频 YUV 标准输出、可直接输出视频到 LCD 显示屏、可支持旁路视频解码器而直接输出 MFS 流、内置 CMMB 解调器、内置微处理器、支持 RGB 和 MCU LCD 接口、主流 CMMB 射频器件接口、支持外部调谐器接口（即支持中频输入信号、可与外部调谐器配合使用例如 ADMTV102）、可支持外配主流 CMMB 解调器、支持 16 位 SDR/DDR 存储器、集成电源管理模块、芯片内核电压 1.8V、I/O 接口电压 1.8 ~ 3.3V、支持多种音频标准（MPEG audio layer 1/2, MP3, AAC LC, AAC + (LP), DRA decoder)、可从外部 E^2PROM 或 TF 卡启动、可支持无需外部主控设备的独立的手持电视终端与配合外部主控设备的手持电视终端两种系统平台集成方式。SC6600V 内部电路结构如图 6-86 所示。

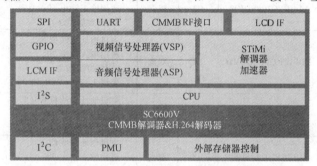

图 6-86 SC6600V 内部结构

另外，注意 SC6600V 与 2G GSM/GPRS 基带芯片 SC6600D、音乐手机 2G GSM/GPRS 基带芯片 SC6600H、音乐播放/视频播放和拍照摄像功能的多媒体基带一体化的 2G 基带芯片 SC6600I/SC6600R 尽管只有一个字母差异，但是，属于不同的应用芯片。

6.1.59 SMS1180 电视接收芯片

SMS1180 是 CMMB（S-TiMi）移动数字电视接收芯片，支持双波段（UHF 470 ~ 862 MHz、S-band 2100 ~ 2700MHz），功耗小于 30mW，集成数字调谐器、解调器、各类接口控制器等特点。

SMS1180 支持的接口：USB2.0、SPI、SDIO、并行接口、通用串行（基于 I^2C 等）控制等。

SMS1180 采用 6.6mm × 6.9mm × 0.9mm 的 BGA105 封装，SMS1180 引脚分布，如图 6-87 所示，引脚功能见表 6-61。

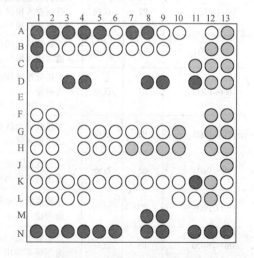

图 6-87 SMS1180 引脚分布

表 6-61 SMS1180 引脚功能

Pad/Pin 名称	球号	类型	描 述	上电复位功能	电 压 域
CFG0	A3	输入	解调器启动配置引脚 0		调谐
CFG1	A2	输入	解调器启动配置引脚 1		调谐
CFG2	A1	输入	解调器启动配置引脚 2		调谐

（续）

Pad/Pin 名称	球号	类型	描　　述	上电复位功能	电　压　域
CFG3	B1	输入	解调器启动配置引脚 3		调谐
CFG4	C1	输入	解调器启动配置引脚 4		调谐
CFG5	D1	输入	解调器启动配置引脚 4		调谐
A1/GPIO16/SDIO0	G1	双向	主机地址总线位 1 通用输入输出 16 SDIO 数据位 0 S 波段低噪声放大器控制（SDIO、SPI、USB、GSP）	VID12（USB）	主机
A2/GPIO17/SDIO1	H1	双向	主机地址总线位 2 通用输入输出 17 SDIO 数据位 1 LED1	VID13（USB）	主机
A3/GPIO18/SDIO2	J1	双向	主机地址总线位 3 通用输入输出 18 SDIO 数据位 2	VID14（USB）	主机
A4/GPIO19/SDIO3	G2	双向	主机地址总线位 4 通用输入输出 19 SDIO 数据位 3	VID15（USB）	主机
A5/GPIO20/SDCMD	H2	双向	主机地址总线位 5 通用输入输出 20 SDIO 控制信号 天线 2 控制（USB,GSP）		主机
A6/GPIO21/SDO	G7	双向	主机地址总线位 6 通用输入输出 21 SPI 数据输出	VID10（SDIO）、 PID0（USB）	主机
A7/GPIO22/SCS	G8	双向	主机地址总线位 7 通用输入输出 22 SPI 帧同步	VID11（SDIO）、 PID1（USB）	主机
A8/GPIO23/SCLK	G9	双向	主机地址总线位 8 通用输入输出 23 SPI 时钟	VID12（SDIO）、 PID2（USB）	主机
D0/GPIO0	B2	双向	主机数据总线位 0 通用输入输出 0 天线 0 控制（SDIO、PI、USB、GSP）		主机
D1/GPIO1	B3	双向	主机数据总线位 1 通用输入输出 1	VID0	主机
D2/GPIO2	B4	双向	主机数据总线位 2 通用输入输出 2 天线 1 控制（SDIO、SPI、USB、GSP）		主机
D3/GPIO3	B5	双向	主机数据总线位 3 通用输入输出 3	VID1	主机
D4/GPIO4	B6	双向	主机数据总线位 4 通用输入输出 4	VID2	主机
D5/GPIO5	B7	双向	主机数据总线位 5 通用输入输出 5	VID3	主机
D6/GPIO6	B8	双向	主机数据总线位 6 通用输入输出 6	VID4	主机
D7/GPIO7	B9	双向	主机数据总线位 7 通用输入输出 7	VID5	主机
D8/GPIO8/RTRSTn	D2	双向	主机数据总线位 8 通用输入输出 8 JTAG 返回复位	VID6	主机
D9/GPIO9/RTCK	C2	双向	主机数据总线位 9 通用输入输出 9 JTAG 返回时钟	VID7	主机

（续）

Pad/Pin 名称	球号	类型	描　述	上电复位功能	电　压　域
D10/GPIO10	G5	双向	主机数据总线位 10 通用输入输出 10 UHF 低噪声放大器控制（SDIO、SPI、USB、GSP）	VID8	主机
D11/GPIO11	G4	双向	主机数据总线位 11 通用输入输出 11	UHF 低噪声放大器	主机
D12/GPIO12	H4	双向	主机数据总线位 12 通用输入输出 12	S 波段低噪声放大器	主机
D13/GPIO13	H5	双向	主机数据总线位 13 通用输入输出 13 天线 2 控制（SDIO、SPI）	VID9（USB）	主机
D14/GPIO14	H6	双向	主机数据总线位 14 通用输入输出 14	VID9（SDIO）、 VID10（USB）	主机
D15/GPIO15/SDCLK	F1	双向	主机数据总线位 15 通用输入输出 15 SDIO 控制信号 LED 0	VID11（USB）	主机
DREQn/SDI/GPIO24	G6	双向	DMA 请求 SPI 数据输入 通用输入输出 24	VID13（SDIO）、 PID3（USB）	主机
INTn/GPIO26	K3	双向	主机中断（漏极开路） 通用输入输出 26	PID1（SDIO）、 PID7（USB）	主机
CSn	K4	双向	主机芯片选择	PID0（SDIO）、 PID6（USB）	主机
WRn	K5	双向	主机写入	VID15（SDIO）、 PID5（USB）	主机
RDn/GPIO25	K2	双向	主机读 通用输入输出 25	VID14（SDIO）、 PID4（USB）	主机
TRSTn	K8	输入	JTAG 测试复位（低电平有效）		主机
TM	L10	输入	测试模式		主机
TMS	K9	输入	JTAG 测试模式选择		主机
TDI	K7	输入	JTAG 测试数据输入		主机
TDO	K6	输出	JTAG 测试数据输出		主机
TCK	K10	输入	JTAG 测试时钟		主机
PDn	L4	输入	掉电控制（低电平有效）		主机
RESETn	L3	输入	复位控制（低电平有效）		主机
RX/GPIO30	H8	双向	UART 接收信号 通用输入输出 30 天线 0 控制（HIF）	PID4（SDIO）、 PID11（USB）	GPIO
TX/GPIO29	H9	双向	UART 接收信号 通用输入输出 29 天线 1 控制（HIF）	PID5（SDIO）	GPIO
HGSPCLK/GPIO28	H10	双向	主机 GPS 时钟 通用输入输出 28 波段低噪声放大器控制（HIF）	PID2（SDIO）、 PID8（USB）、 LNA Sband、 exist（HIF）	GPIO
HGSPD/GPIO27	G10	双向	主机 GPS 数据 通用输入输出 27	PID3（SDIO）、 PID9（USB）	GPIO
PWM0/GPIO31	H7	双向	PWM0 通用输入输出 31 天线 2 控制（HIF）		GPIO

（续）

Pad/Pin 名称	球号	类型	描　述	上电复位功能	电 压 域
USB_DN	G13	模拟	USB 差分总线负极端		USB_IO
USB_DP	H13	模拟	USB 差分总线正极端		USB_IO
USB_TUNE	F13	模拟	USB 发射器调节电阻		USB_IO
VBUS	F12	模拟	USB 总线电源		USB_IO
PKG_VERSION3	J2	输入	USB ID UHF 低噪声放大器的控制（HIF）	PID6（SDIO）、 LNA、UHF、 exist（HIF）	主机
ADC_CAP_A1	D13	模拟	ADC 外接电容		ADC
ADC_CAP_A2	B13	模拟	ADC 外接电容		ADC
ADC_CAP_B1	C13	模拟	ADC 外接电容		ADC
ADC_CAP_B2	A13	模拟	ADC 外接电容		ADC
VCCK	A9	电源	核心数字电路电源（1.2V）		内核
VCCK	L13	电源	核心数字电路电源（1.2V）		内核
VCCK	L2	电源	核心数字电路电源（1.2V）		内核
VCCK_USB	J13	电源	USB 电源（1.2V）		USB_PHY
VCC_ADC	C11	电源	ADC 模拟电路电源（1.2V）		ADC
VCC_PLL	D12	电源	PLL 电源（1.2V）		PLL
VCC3IO	A6	电源	IO 电源（1.8～3.3V）		主机
VCC3IO	K1	电源	IO 电源（1.8～3.3V）		主机
VCC3IO	K13	电源	IO 电源（1.8～3.3V）		主机
VCC3IO_FUSE	K11	电源	熔丝 0 电源		熔丝 0
VCC3IO_GPIO	K12	电源	SPIA IO 电源（1.8～3.3V）		GPIO
VCC3IO_T18V	A4	电源	调谐 IO 电源（1.8V）		调谐
VCC3IO_USB	G12	电源	USB IO 电源（3.3V）		USB_IO
GND	A12	接地	核心数字电路接地		内核
GND	A10	接地	核心数字电路接地		内核
GND_USB	H12	接地	USB 域接地（1.2V & 3.3V）		USB_PHY
GND_ADC	B12	接地	ADC 模拟电路接地		ADC2
GND_PLL	C12	接地	PLL 接地		PLL
GND	F2	接地	IO 电源		主机
GND	L1	接地	IO 电源		主机
GND	L12	接地	SPIA IO 电源（1.8～3.3V）		GPIO
GND3IO_T18V	A5	接地	调谐 IO 接地		调谐
UHF	N4	输入	UHF 输入		调谐
NC	N13	输入	未使用		调谐
SBANDN	N5	双向	S 波段负信号输入		调谐
SBANDP	N6	双向	S 波段正信号输入		调谐
NC	N11	双向	未使用		调谐
NC	N12	双向	未使用		调谐
XI	A7	输入	晶振		调谐
XO	A8	输出	晶振		调谐
LDO1	M8	电源	LDO1 耦合电容		调谐
LDO2	D5	电源	LDO 2 耦合电容		调谐
LDOCAP	N3	双向	LDO 滤波电容		调谐
RFS	D11	输出	精密电流电阻		调谐
AVDDRF	M9	电源	电源（接收器）		调谐
VDDDC	D3	电源	内核电源		调谐
VDDDC	N2	电源	内核电源		调谐
AVDDPLL1	D7	电源	HF 电源（合成器）		调谐
AVDDPLL2	C7	电源	LF 电源（合成器内核、BB）		调谐
AGNDRF	N8	接地	接地（接收器）		调谐
GNDDC	D4	接地	接地（数字内核）		调谐
GNDDC	N1	接地	接地（数字内核）		调谐
AGNDPLL1	D6	接地	接地（合成器内核）		调谐

（续）

Pad/Pin 名称	球号	类型	描 述	上电复位功能	电 压 域
AGNDPLL2	C6	接地	接地（合成器内核、BB）		调谐
AGND_SBAND	N9	双向	接地（S 波段）		调谐
BB_IO_P	D8	T	模拟测试信号（BB）		调谐
BB_IO_N	D9	T	模拟测试信号（BB）		调谐
G1	L11	接地	接地		

6.1.60 SKY7734013 集成电路

SKY7734013 在 iPhone3G 中的应用电路如图 6-88 所示，引脚分布如图 6-89 所示。

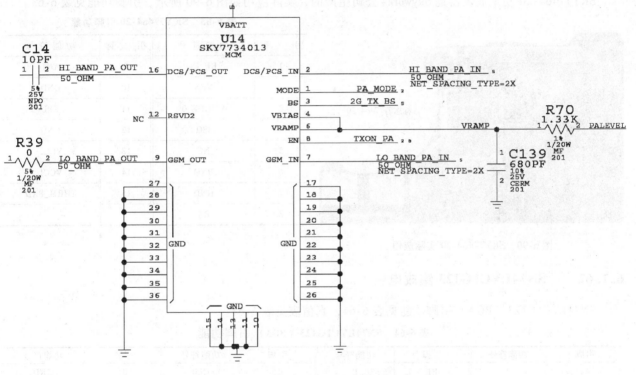

图 6-88 SKY7734013 在 iPhone3G 中的应用电路

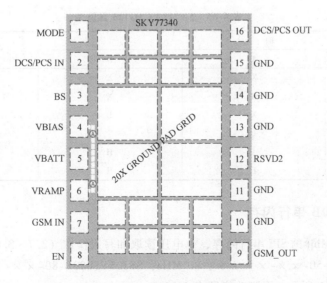

图 6-89 SKY7734013 引脚分布

SKY7734013 逻辑功能见表 6-62。

表 6-62　SKY7734013 逻辑功能

状态	EN	BS	MODE
待机	0	X	X
低频段 GMSK	1	0	0
低频段 EDGE	1	0	1
高频段 GMSK	1	1	0
高频段 EDGE	1	1	1

6.1.61　SKY77464-20 功率放大器

SKY77464-20 功率放大器是 Skyworks 公司生产的，实际应用如图 6-90 所示，引脚功能见表 6-63。

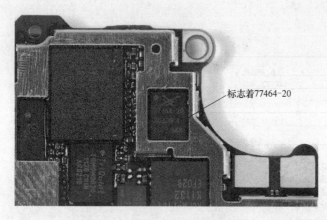

图 6-90　SKY77464-20 实际应用

表 6-63　SKY77464-20 引脚功能

引　脚	功能符号	引　脚	功能符号
1	RF_IN	9	ANT
2	VEN	10	GND
3	VMODE_0	11	CPL
4	ISO	12	GND
5	NC	13	VCC2
6	RXQ	14	VCC1
7	GND	15	THRM_PAD
8	RX		

6.1.62　SN74LVC1G123 集成电路

SN74LVC1G123（BGA）引脚功能见表 6-64，真值表见表 6-65。

表 6-64　SN74LVC1G123（BGA）引脚功能

引脚	功能符号	引脚	功能符号	引脚	功能符号	引脚	功能符号
A1	A	B1	B	C1	CLR	D1	GND
A2	VCC	B2	REXT_CEXT	C2	CEXT	D2	Q

表 6-65　SN74LVC1G123 真值表

输　入			输出
$\overline{CLR}$	$\overline{A}$	B	Q
L	X	X	L
X	H	X	L
X	X	L	L
H	L	↑	⊓
H	↓	H	⊓
↑	L	H	⊓

6.1.63　SST25VF080B 串行闪存

SST25VF080B 是 8 Mbit 的 SPI 串行闪存，单电压读取和写入操作（2.7~3.6V），高速时钟频率（50/66 MHz；SST25VF080B-50-××-××××；80 MHz；SST25VF080B-80-××-××××）。SST25VF080B 封装结构和时序如图 6-91 所示，引脚功能见表 6-66。

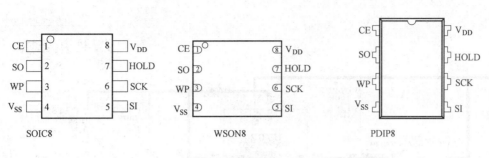

a) 封装结构

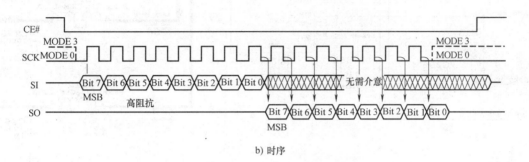

b) 时序

图6-91 SST25VF080B封装结构和时序

表6-66 SST25VF080B引脚功能

符 号	功 能	解 说
SCK	串行时钟端	为了提供串行接口的时间。命令、地址或输入数据被锁存对应时钟输入的上升沿,而输出数据输出对应时钟输入的下降沿
SI	串行数据输入端	传送指令、地址或数据到串行设备,则串行时钟上升沿输入被锁存
SO	串行数据输出端	串行数据输出对应串行时钟的下降沿
CE	芯片启动端	启用时,CE端为高电平向低电平转换
WP	写保护端	写入保护引脚用于启用/禁用状态寄存器 BPL 的位
HOLD	保持端	暂时停止与 SPI 闪存没有重新设置串行通信的设备
V_{DD}	电源端	提供电源电压:SST25VF080B 为 2.7 ~ 3.6V
V_{SS}	接地端	

6.1.64 THS7380IZSYR 集成电路 (见表6-67)

表6-67 THS7380IZSYR 引脚功能

引 脚	功能符号	引 脚	功能符号	引 脚	功能符号	引 脚	功能符号
A1	CH. 2_OUT	B3	AGND	D1	TX_VHIGH/USB_2D −	E3	DGND
A2	CH. 1_OUT	B4	CH. 3_IN	D2	VDL	E4	RX_VLOW
A3	CH. 1_IN	C1	VA_0	D3	DGND	F1	USB_1D
A4	CH. 2_IN	C2	SEL	D4	TX_VLOW	F2	1DUSB_1D +
B1	2DCH. 3_OUT	C3	VID_EN	E1	RX_VHIGH/USB_2D +	F3	DUSB_D +
B2	AGND	C4	VA_1	E2	VDH	F4	USB_D −

6.1.65 TPA2015D1 集成电路

TPA2015D1 在 iPhone4S 中的应用电路如图6-92 所示。TPA2015D1 引脚分布如图6-93 所示,内部结构如图6-94 所示。

167

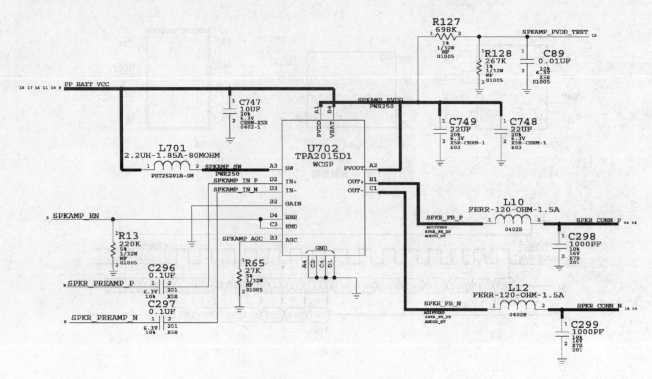

图 6-92　TPA2015D1 在 iPhone4S 中的应用电路

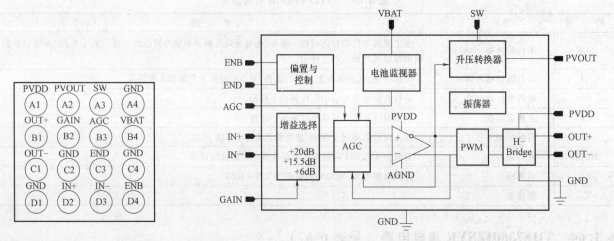

图 6-93　TPA2015D1 引脚分布

图 6-94　TPA2015D1 内部结构

TPA2015D1 引脚功能见表 6-68。

表 6-68　TPA2015D1 引脚功能

引　　脚	功能符号	解　　说	引　　脚	功能符号	解　　说
A1	PVDD	D 类功率级电源端	B4	VBAT	电源端
A2	PVOUT	升压转换器输出端	C1	OUT −	负极音频输出端
A3	SW	升压和整流开关输入端	C3	END	D 类放大器使能端
A4,C2,C4,D1	GND	接地端	D2	IN +	正极音频输入端
B1	OUT +	正极音频输出端	D3	IN −	负极音频输入端
B2	GAIN	增益选择引脚端	D4	ENB	升压转换器使能端
B3	AGC	使能、自动增益控制选择端			

6.1.66　TP3001B 集成电路

TP3001B 采用 130nm CMOS 工艺，完全符合 CMMB 标准，满足 CMMB 信道传输标准中多种码率和不

同调制工作模式状态，片内集成了 ADC、DAC、Pll 以及 CPU，在 8MHz 带宽内最大数据率为 810kbit/s，可以同时接收两路业务。TP3001B 可以通过 I²C 接口控制 Tuner，与后端主处理器连接接口、SDIO 接口、SPI 接口输出 CMMB 复用子帧数据。TP3001B 采用 LFBGA81，TP3001B 的引脚分布如图 6-95 所示。

	A	B	C	D	E	F	G	H	J
9	VREFM	XTAL1	XTAL2	XTAL_GAIN1	XTAL_GAIN2	SD_DAT0	SD_DAT1	SD_DAT2	SD_DAT3
8	INP0	VREFH	VSS	VDDAPLL3V3	VDDA3V3	VSS	VDDP	VDDP	SD_CMD
7	INN0	VDDA_PLL	DEMUX_INTR	VDDP	VSS	VSS	VSS	VSS	SD_CLK
6	INP1	VSS	EXT_INTR	VSS	VDD	VDD	VSS	TUNER_VAGC	TUNER_CEN
5	INN1	VSS	VDDP	VSS	VDD	VDD	VDD	VSS	TUNER_RXEN
4	VREFL	VDD_ADC	VSS	VDD	VDD	VDD		VSS	TUNER_GAIN1
3	SSC_CLK	SSC_CEN	VDDP	VDDP	VSS	VDD		VDDP	TUNER_GAIN0
2	SSC_DO	SSC_DIN	RESETn	TMODE	VSS	VSS	STATUS	VDDP	TUNER_SDA
1	VSS	SCL	SDA	TMS	SCAN_CLK	TCK	TDI	TDO	TUNER_SCL

图 6-95　TP3001B 引脚分布

6.1.67　TQM666052 集成电路

TQM666052 是 TriQuint 公司的产品。TQM666052 为 WCDMA／HSUPA 功放-双工器模块、BAL 输入、耦合器、检波器。TQM666052 实际应用如图 6-96 所示，引脚功能见表 6-69。

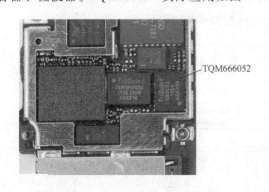

图 6-96　TQM666052 实际应用

表 6-69　TQM666052 引脚功能

引脚	功能符号	引脚	功能符号
1	VCC1	8	GND
2	VCC2	9	NC
3	GND	10	CPL
4	ISO	11	VM
5	GND	12	VEN
6	RX	13	RFIN
7	ANT	14	THRML PAD

6.1.68　TQM9M9030 集成电路

TQM9M9030 是 TriQuint 公司的产品，为多模四波段功率放大器、耦合器组、滤波器，实际应用如图 6-97 所示。

169

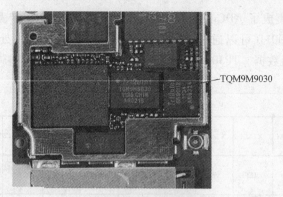

图 6-97　TQM9M9030 实际应用

TQM9M9030 引脚功能见表 6-70。

表 6-70　TQM9M9030 引脚功能

引脚	功能符号	引脚	功能符号	引脚	功能符号	引脚	功能符号
1	BAND1_RX	9	GND	17	GND	25	GND
2	BAND1_RQ	10	GND	18	GND	26	BAND1_ANT
3	GND	11	GND	19	GND	27	GND
4	DCS_RX	12	BAND8_ANT	20	GND	28	DCS_ANT
5	DCS_RXQ	13	GND	21	GND	29	GND
6	BAND8_RX	14	GND	22	BAND1_TX	30	GND
7	BAND8_RXQ	15	GND	23	GND	31	THRM_PAD
8	GND	16	BAND8_TX	24	GND		

6.1.69　TS3A8235YFP 集成电路（见表 6-71）

表 6-71　TS3A8235YFP 引脚功能

引脚	功能符号	引脚	功能符号	引脚	功能符号	引脚	功能符号
A1	VDD	B1	MIC1	C1	MIC2	D1	REF
A2	ADDR	B2	GND2	C2	GND1	D2	MIC
A3	SCL	B3	GND	C3	GND	D3	RAMPO
A4	SDA	B4	CLAMPO	C4	CLAMPI	D4	RAMPI

6.1.70　TPS799L57 线性稳压器

TPS799L57 为单路输出 LDO、200mA、固定电压（5.7V）、低静态电流、低噪声、高 PSRR 线性稳压器。TPS799L57 引脚分布与内部结构如图 6-98 所示，应用电路如图 6-99 所示。

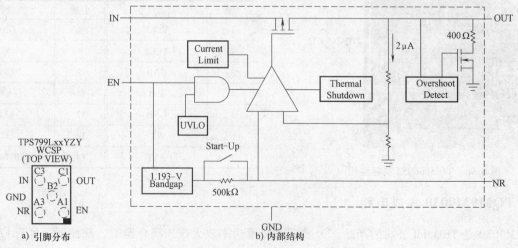

图 6-98　TPS799L57 引脚分布与内部结构

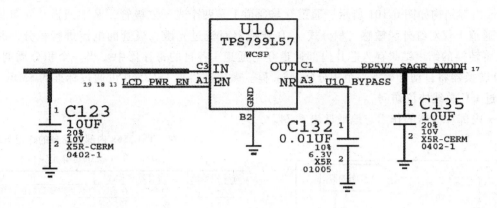

图 6-99 TPS799L57 应用电路

TPS799L57 引脚功能见表 6-72。

表 6-72 TPS799L57 引脚功能

符号	EN	END	IN	NR	OUT
引脚	A1	B2	C3	A3	C1
I/O	I	—	I	—	O
解说	驱动使能端	接地端	电源端	降噪端	稳压输出端

6.1.71 TSL2561 与 TSL2560 集成电路

TSL256x 是高速、低功耗、宽量程、可编程灵活配置的光强传感器芯片,该芯片可应用于各类显示屏的监控:在多变的光照条件下,使得显示屏提供最佳的显示亮度并尽可能降低电源功耗。TSL256x 具有可编程设置许可的发光强度上下阈值,当实际光照度超过该阈值时给出中断信号;模拟增益和数字输出时间可编程控制;自动抑制 50Hz/60Hz 的光照波动等特点。TSL256x 包括 TSL2561 与 TSL2560,其中 TSL2560 数字输出符合标准的 SM 总线协议;TSL2561 数字输出符合标准的 I^2C 总线协议。

TSL256x 的封装和引脚分布如图 6-100 所示,引脚功能见表 6-73。

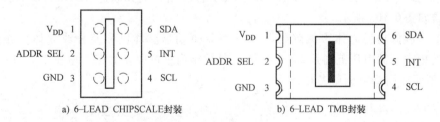

a) 6-LEAD CHIPSCALE封装   b) 6-LEAD TMB封装

图 6-100 TSL256x 封装

表 6-73 TSL256x 引脚功能

符　　号	后缀 CS(6-LEAD CHIPSCALE 封装)引脚	后缀 T(6-LEAD TMB 封装)引脚	类　　型	功　　能
ADDR SEL	2	2	I	器件访问地址选择引脚端(三态),由于该引脚电平不同,该器件有 3 个不同的访问地址
GND	3	3		电源地端
INT	5	5	O	中断信号输出引脚端。当发光强度超过用户编程设置的上或下阈值时,器件会输出一个中断信号
SCL	4	4	I	SM/I^2C 总线串行时钟输入端
SDA	6	6	I/O	SM/I^2C 总线串行数据输入/输出端
V_{DD}	1	1		电源端,工作电压范围是 2.7~3.5V

TSL256x 内部结构如图 6-101 所示。通道 0 与通道 1 是两个光敏二极管，其中通道 0 对可见光和红外线都敏感，通道 1 仅对红外线敏感。积分式 A-D 转换器对流过光敏二极管的电流进行积分，并转换为数字量，并且将转换的结束结果存入芯片内部通道 0 与通道 1 各自的寄存器中。当一个积分周期完成之后，积分式 A-D 转换器将自动开始下一个积分转换过程。微控制器与 TSL2560 可通过标准的 SMBu 实现访问，TSL2561 通过 I²C 总线协议访问。

TSL256x 内部存储器的作用与地址见表 6-74。

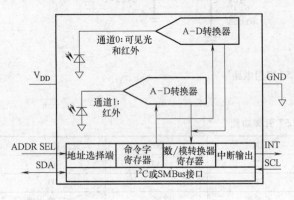

图 6-101　TSL256x 内部结构

表 6-74　TSL256x 内部存储器的作用与地址
（07h，09h 和 08h 单元保留）

寄存器地址	寄存器名称	作　用
—	命令字寄存器	指定要访问的内部寄存器地址
00h	控制寄存器	控制芯片是否工作
01h	时间寄存器	控制积分时间和增益
02h	门限寄存器	低门限低字节
03h	门限寄存器	低门限高字节
04h	门限寄存器	高门限低字节
05h	门限寄存器	高门限高字节
06h	中断寄存器	中断控制
08h	校验寄存器	生产商测试用
0Ah	器件 ID 寄存器	区分 TSL2560 和 TSL2561
0Ch	数据寄存器	通道 0 低字节
0Dh	数据寄存器	通道 0 高字节
0Eh	数据寄存器	通道 1 低字节
0Fh	数据寄存器	通道 1 高字节

TSL2561 与微控制器硬件电路连接比较简单，当所选用的微控制器带有 I²C 总线控制器，则 TSL2561 总线的时钟线与数据线直接与微控制器的 I²C 总线的 SCL 和 SDA 分别相连。当微控制器内部没有上拉电阻，则另外需要再用两个上拉电阻接到总线上。当微控制器不带 I²C 总线控制器，则 TSL2561 的 I²C 总线的 SCL、SDA 与普通 I/O 口连接即可，只是编程时需要模拟 I²C 总线的时序来访问 TSL2561。另外，INT 引脚接微控制器的外部中断即可。

6.1.72　WM8978G 音频编解码

欧胜微电子的音频编解码 WM8978G 在 3G 手机中有应用，例如联想 TD900 TD-SCDMA 手机，如图 6-102所示，实物如图 6-103 所示。

WM8978G 是一款低功耗立体声编解码器与扬声器驱动器。耳机和差分或立体声线路输出驱动器。WM8978G 运行的模拟电源电压范围是 2.5～3.3V，其数字内核可以在 1.62V 电压下运行。WM8978G 引脚分布如图 6-104 所示，引脚功能见表 6-75。

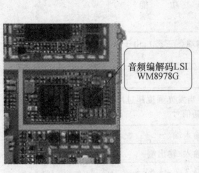
图 6-102　WM8978G 应用

图 6-103　WM8978G 实物

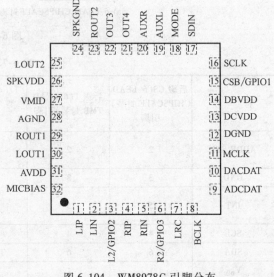
图 6-104　WM8978G 引脚分布

表 6-75　WM8978G 引脚功能

引脚	符号	种类	解说
1	LIP	模拟信号输入	左 MIC 前置放大器正极信号输入端
2	LIN	模拟信号输入	左 MIC 前置放大器负极信号输入端
3	L2/GPIO2	模拟信号输入	左声道信号输入端/二次 MIC 前置放大器正极信号输入端/ GPIO2 端（通用 I/O2 口）
4	RIP	模拟信号输入	右 MIC 前置放大器正极信号输入端
5	RIN	模拟信号输入	右 MIC 前置放大器负极信号输入端
6	R2/GPIO3	模拟信号输入	右声道信号输入端/二次 MIC 前置放大器正极信号输入端/ GPIO3 端（通用 I/O3 口）
7	LRC	数字信号输入/输出	DAC 和 ADC 采样速率时钟信号端
8	BCLK	数字信号输入/输出	数字音频端口时钟信号端
9	ADCDAT	数字信号输出	ADC 数字音频数据信号输出端
10	DACDAT	数字信号输入	DAC 数字音频数据信号输入端
11	MCLK	数字信号输入	主时钟信号输入端
12	DGND	电源	接地（数字电路）
13	DCVDD	电源	数字电路内核逻辑电源端
14	DBVDD	电源	数字缓冲区（I/O）电源端
15	CSB/GPIO1	数字信号输入/输出	3 总线 MPU 片选/GPIO1 端（通用 I/O1 口）
16	SCLK	数字信号输入/输出	3 总线 MPU 时钟信号输入端/2 总线 MPU 时钟输入端
17	SDIN	数字信号输入/输出	3 总线 MPU 数据信号输入端/2 总线 MPU 数据输入端
18	MODE	数字信号输入	模式选择端
19	AUXL	模拟信号输入	左声道辅助输入接口
20	AUXR	模拟信号输入	右声道辅助输入接口
21	OUT4	模拟信号输入	缓冲耳机信号或右声道信号输出或单声道混合信号输出端
22	OUT3	模拟信号输入	缓冲耳机信号或左声道信号输出端
23	ROUT2	模拟信号输入	第 2 右声道信号输出或者 BTL 扬声器正极驱动信号输出端
24	SPKGND	电源	接地端（扬声器）
25	LOUT2	模拟信号输出	第 2 左声道信号输出或者 BTL 扬声器负极驱动信号输出端
26	SPKVDD	电源	电源端（扬声器）
27	VMID	基准信号	ADC 和 DAC 去耦的参考电压
28	AGND	电源	接地（模拟电路）
29	ROUT1	模拟信号输出	右声道耳机信号输出端
30	LOUT1	模拟信号输出	左声道耳机信号输出端
31	AVDD	电源	电源（模拟电路）
32	MICBIAS	模拟信号输出	MIC 偏置端

6.1.73　X-GOLD™613 集成电路

X-GOLD™613 是英飞凌生产的一个蜂窝系统芯片组成的 2G/3G 数字和模拟基带以及电源管理功能，其为 65nm　CMOS 技术制作而成。X GOLD™613 确立了新标准的引入低成本的 3G 解决方案的 Web 2.0 应用程序和增强的移动互联网体验。该集成电路汇集了强大的 ARM11 基于 MCU 的，专用接口的摄像头、显示器、USB 接口、记忆卡、3G 接口。X-GOLD™613 为倒装芯片封装，0.5mm 间距。X-GOLD™613 应用系统图如图 6-105 所示。

6.1.74　X-GOLD™618 集成电路

X-GOLD™618 是 Infineo 的一个蜂窝系统芯片组成的 2G/3G 数字和模拟基带和电源管理功能单片集成电路，其为 65nm　CMOS 技术制作而成。X-GOLD™618 应用系统图如图 6-106 所示。

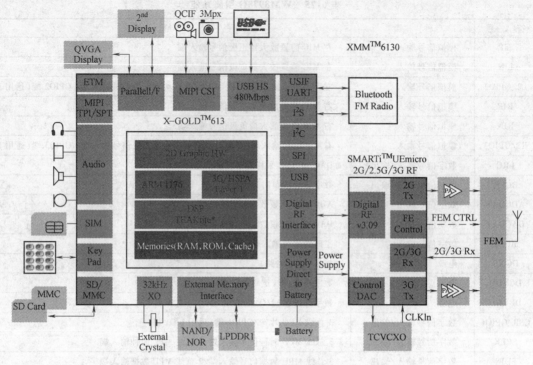

图 6-105　X-GOLD™613 应用系统图

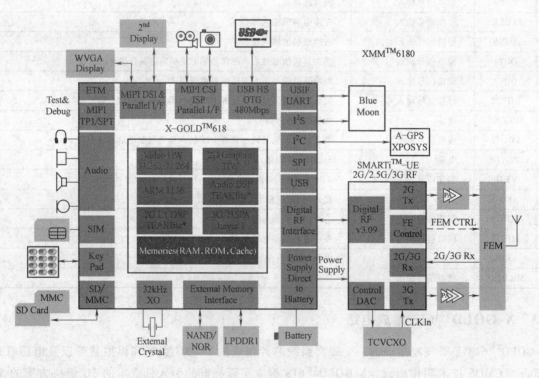

图 6-106　X-GOLD™618 应用系统图

6.2　其他速查资料

6.2.1　三星手机的版本查看

三星手机查看版本的命令如下：

查看软件版本是＊#9999#，行货是＊#1234#。或者＊#8999#8378#。

查看硬件版本是＊#8888#，行货是＊#1111#。或者＊#8999#8378#。

最后两个字符就是版本号：

8——中文版本；

0——欧洲版本；

C——东南亚（马来）版本。

6.2.2　iPhone 信号强度数值相应的含义

iPhone 信号强度数值相应的含义如下：

－40 ～ －50 间为在基站附近；

－50 ～ －60 间信号属于非常好；

－60 ～ －70 间信号属于良好；

－70 ～ －80 间属于信号稍弱；

－80 ～ －90 间属于信号弱；

－90 以下为基本能通信状态。

6.2.3　iPhone 3G 手机充电器原理图（见图 6-107）

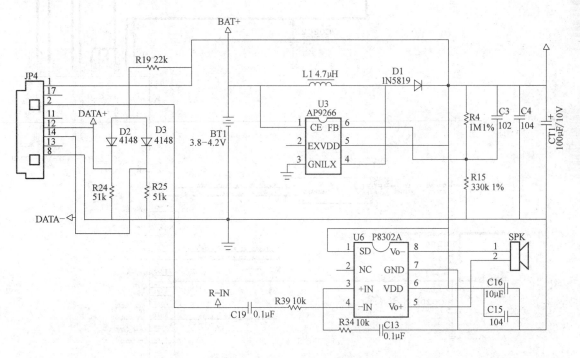

图 6-107　iPhone 3G 充电器原理图

iPhone6 Plus N56 820-3675

FIJI: JTAG、USB、

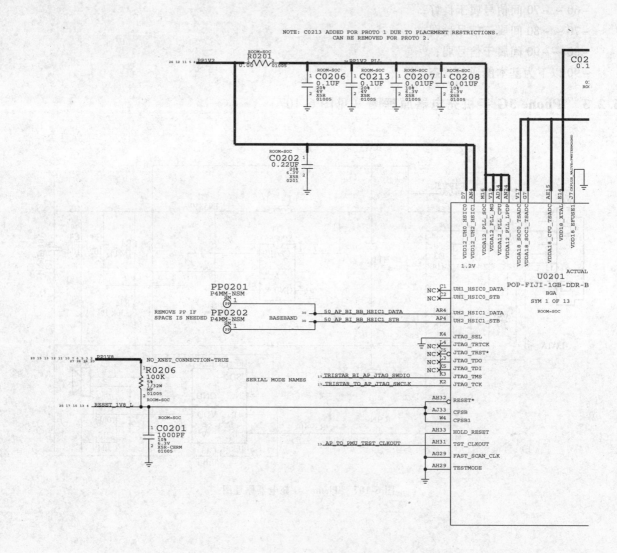

NOTE: C0213 ADDED FOR PROTO 1 DUE TO PLACEMENT RESTRICTIONS.
CAN BE REMOVED FOR PROTO 2.

N56 MLB: CARRI

BOM 639-6157 (32GB)
BOM 639-6158 (64GB)
BOM 639-00150 (128GB)

部分维修参考电路

HSIC、XTAL

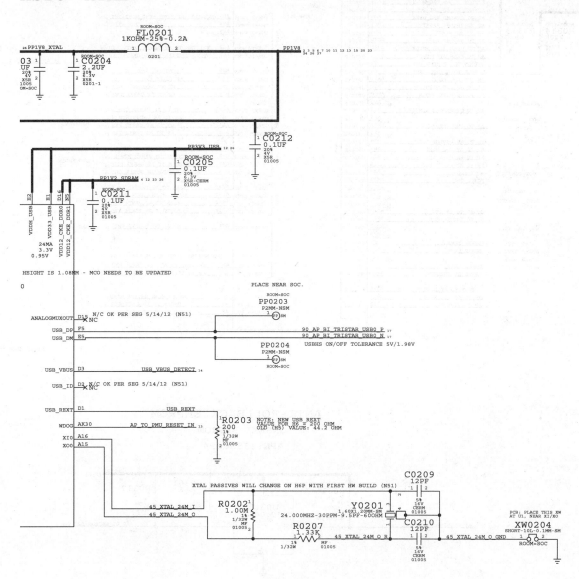

ER BUILD

BOM 639-00194 (32GB、DTD)

BOM 639-00195 (64GB、DTD)

BOM 639-00197 (128GB、DTD)

FIJI: DIGITAL I/O、

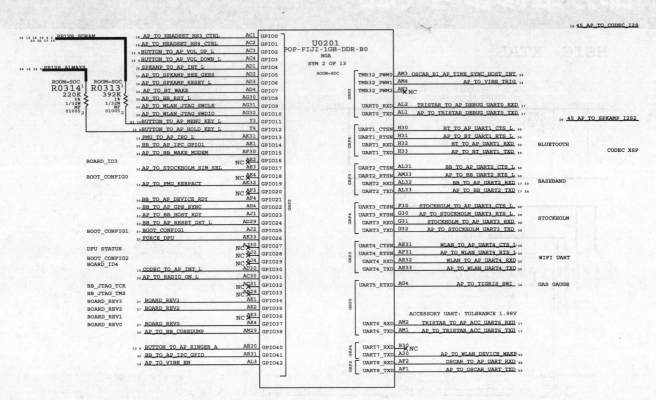

ANTI-ROLLBACK EEPROM
ONSEMI EEPROM
APN:335S0894

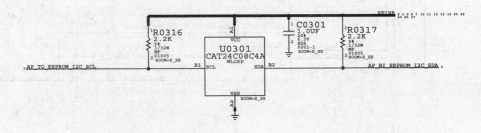

BOOTSTRAPPING

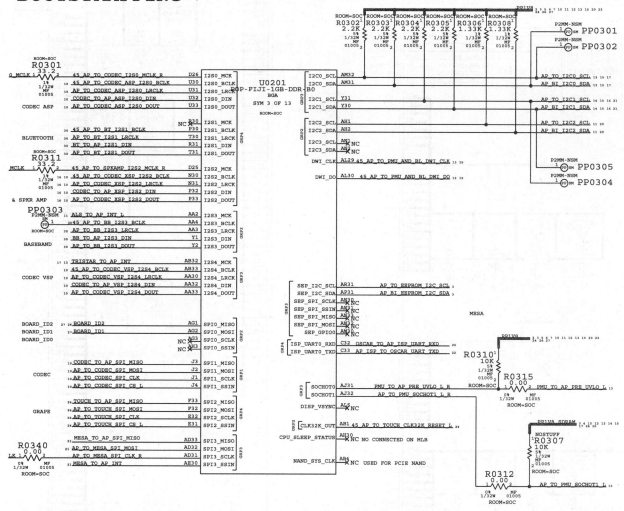

FIJI：VDDCA、VDD1/2、VDDQ、VDD、

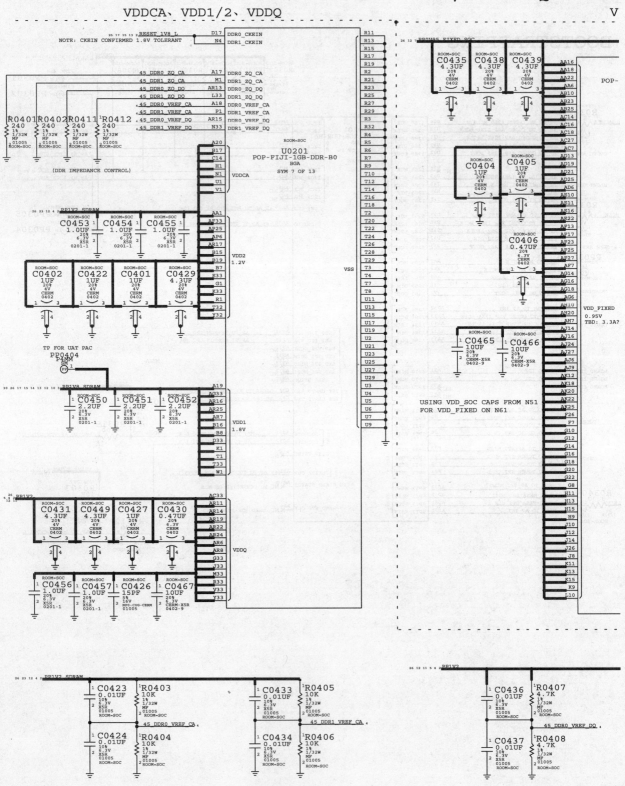

VDD_FIXED、VDD_CPU、VDD_GPU

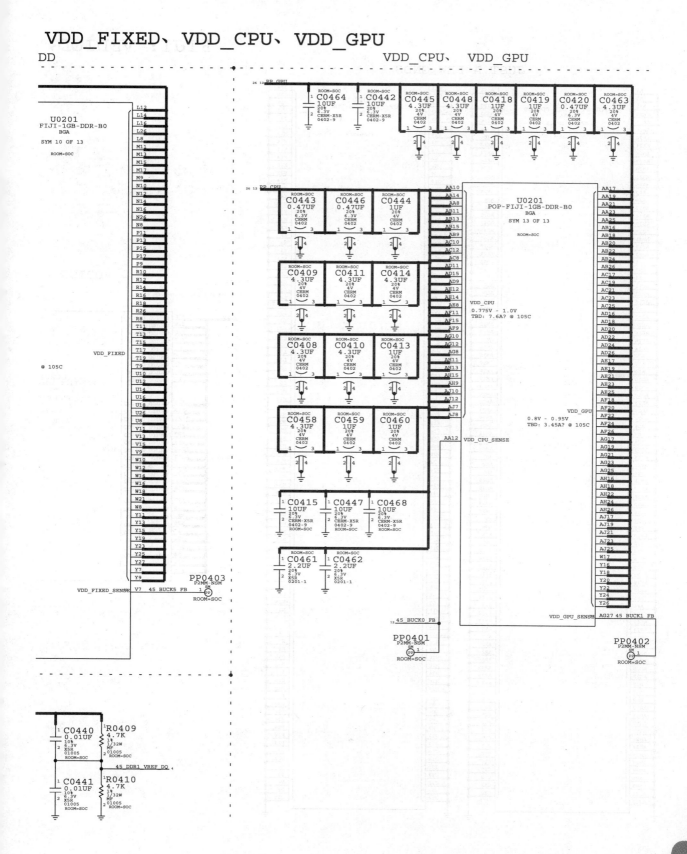

FIJI: VDDIOD、

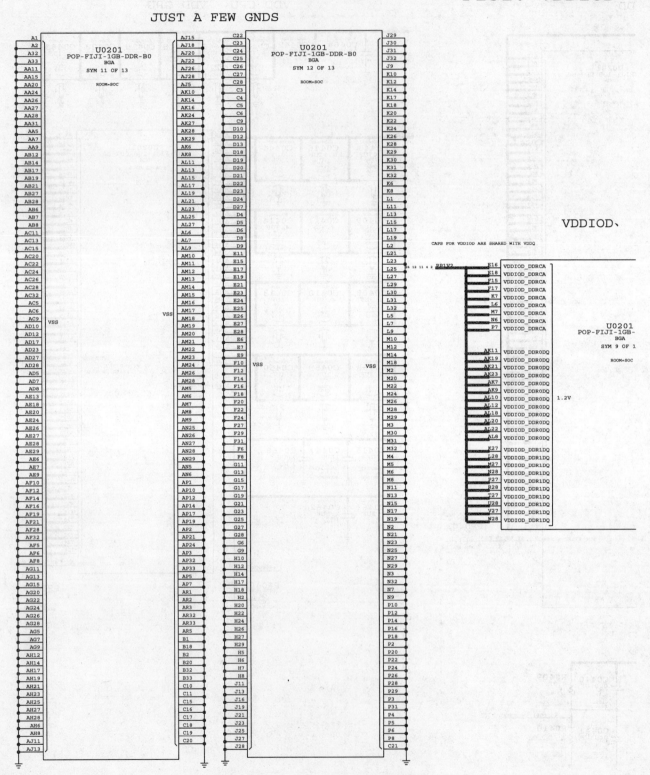

JUST A FEW GNDS

VDDIOD、

CAPS FOR VDDIOD ARE SHARED WITH VDDQ

1.2V

VDDIO18、VDD_VAR_SOC

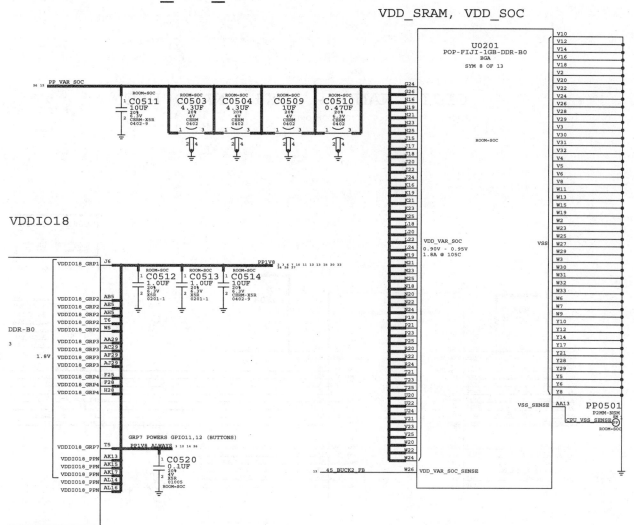

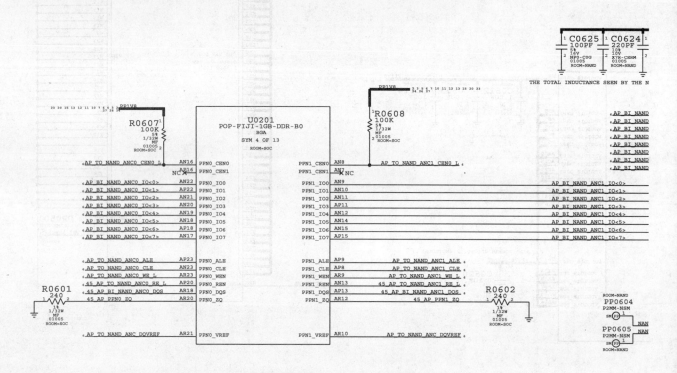

FIJI: NAND + 12X17 NAND PKG

SUPPORT FOR PPN1.5 (1.8V IO) ONLY

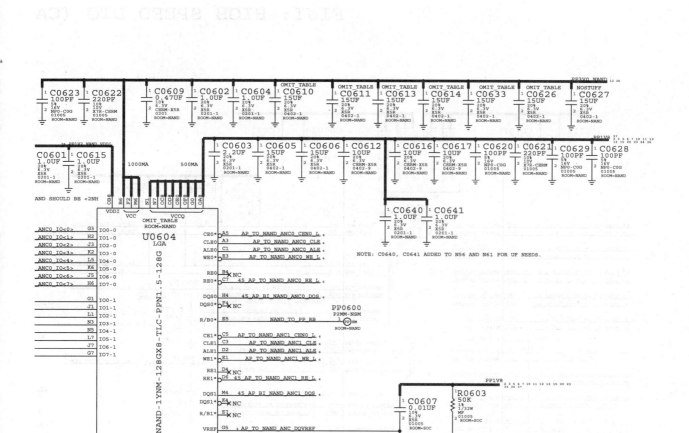

FIJI: HIGH SPEED DIG (CA

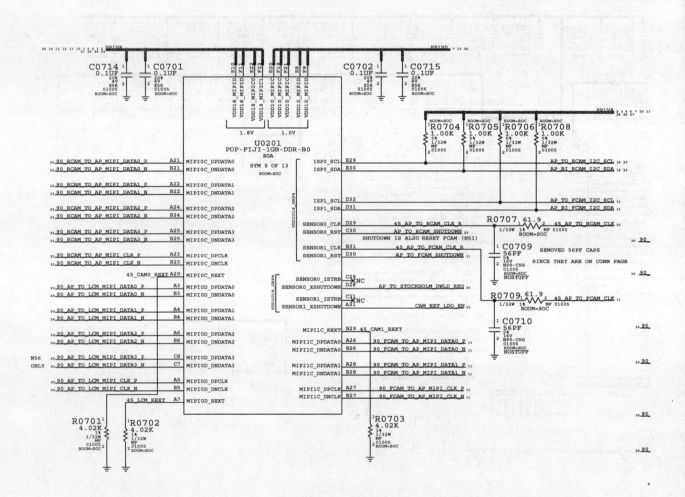

M、LCD、LPDP、PCIE)

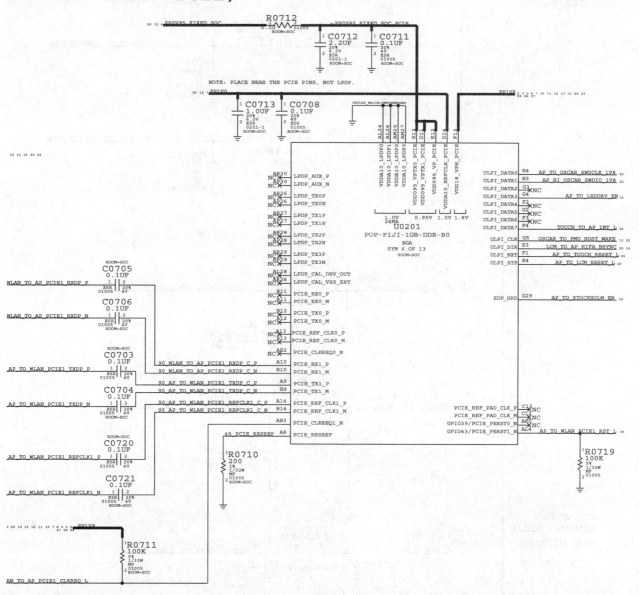

BUTTON FLEX (BUTTONS、 ANC REF

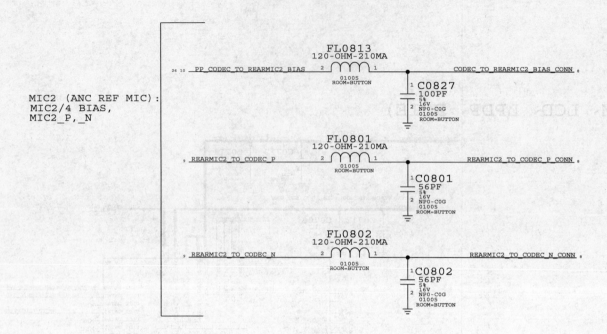

MIC2 (ANC REF MIC):
MIC2/4 BIAS,
MIC2_P,_N

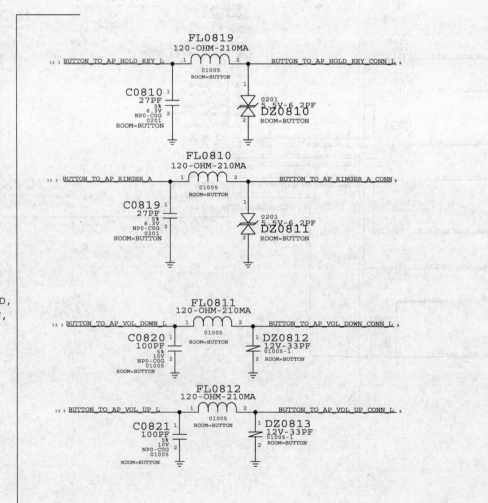

BUTTONS:
RINGER, HOLD,
VOL_UP/DOWN,

MIC、STROBE、STROBE_NTC、WIFI FLEX PAC)

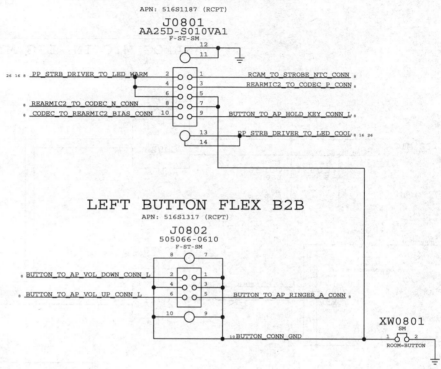

RIGHT BUTTON FLEX B2B
APN: 516S1187 (RCPT)
J0801
AA25D-S010VA1
F-ST-SM

LEFT BUTTON FLEX B2B
APN: 516S1317 (RCPT)
J0802
505066-0610
F-ST-SM

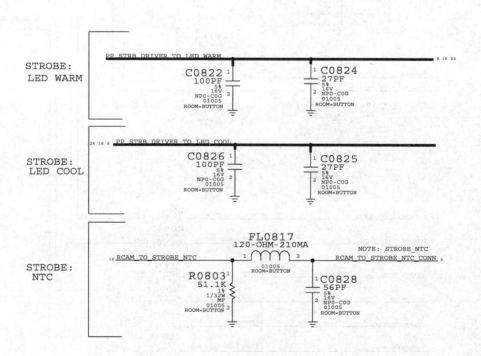

STROBE:
LED WARM

STROBE:
LED COOL

STROBE:
NTC

L67 AUDIO CO
AUDIO I/

(ANALOG MIC IN、DIG MIC IN、HPOUT、

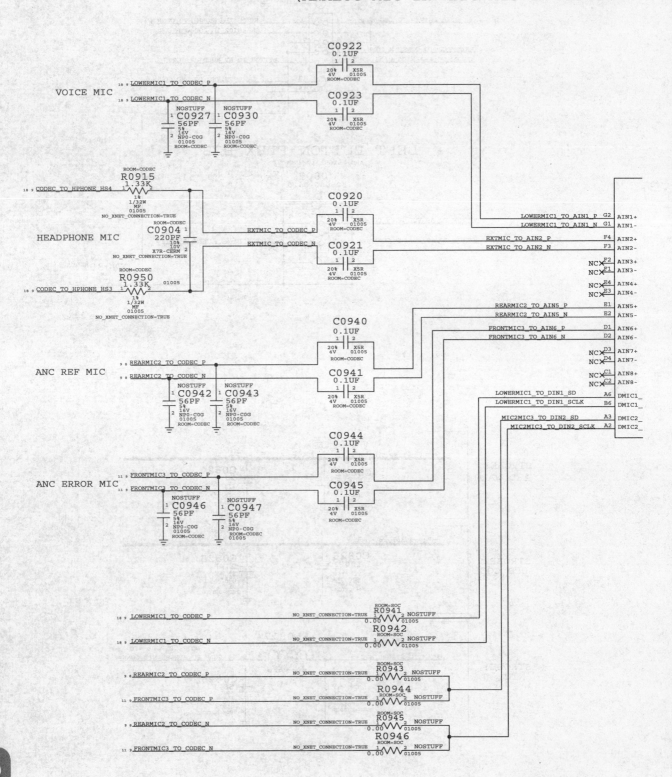

DEC

O

LINEOUT、RECEIVER OUT、MIKEYBUS)

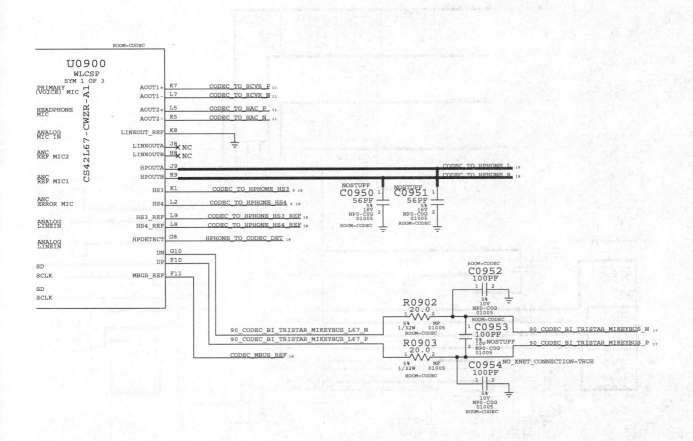

L67 AUDIO CODEC
POWER、MICBIAS

NOTE: C1022 WAS REDUCED TO 2.2UF BECAUSE OF
ADDITIONAL NEARBY VCC MAIN CAPS

DIGITAL SYSTEM I/O

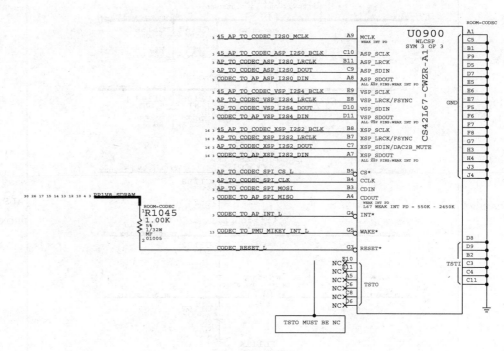

PS AT CODEC PINS

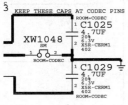

KEEP THESE CAPS AT CODEC PINS

AT CODEC PINS

CODEC PINS

FRONT CAM F
(FCAM、PROX、ALS、RECEI

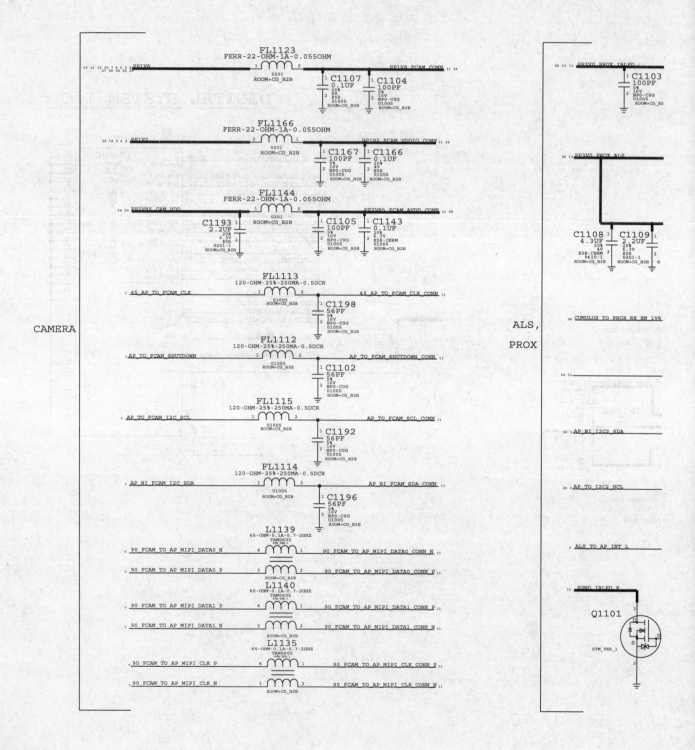

CAMERA

ALS,

PROX

LEX B2B

VER、ANC ERROR MIC)

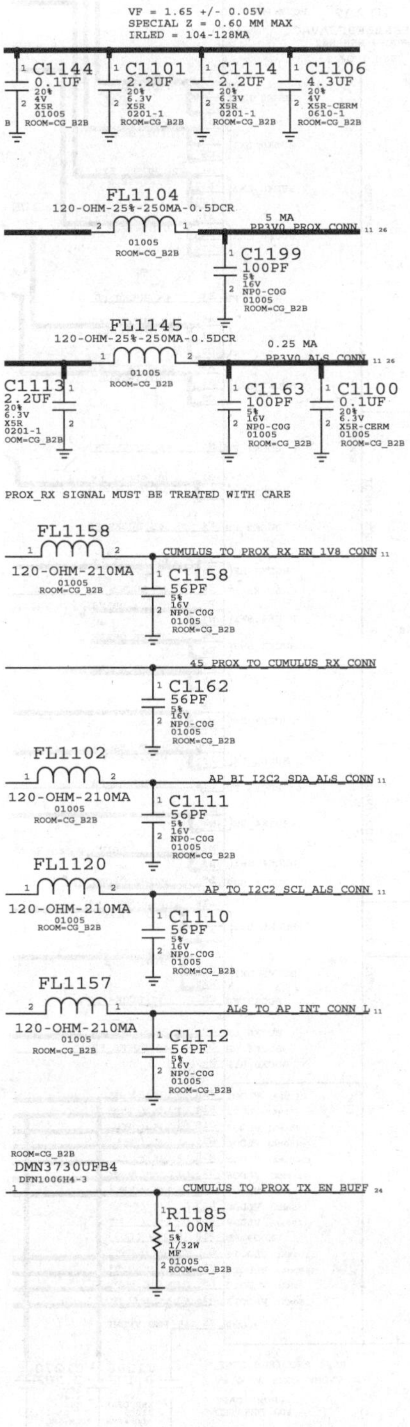
VF = 1.65 +/- 0.05V
SPECIAL Z = 0.60 MM MAX
IRLED = 104-128MA
C1144 0.1UF 20% 4V X5R 01005 ROOM=CG_B2B
C1101 2.2UF 20% 6.3V X5R 0201-1 ROOM=CG_B2B
C1114 2.2UF 20% 6.3V X5R 0201-1 ROOM=CG_B2B
C1106 4.3UF 20% 4V X5R-CERM 0610-1 ROOM=CG_B2B
FL1104
120-OHM-25%-250MA-0.5DCR
01005 ROOM=CG_B2B
5 MA
PP3V0_PROX_CONN
C1199 100PF 5% 16V NP0-C0G 01005 ROOM=CG_B2B
FL1145
120-OHM-25%-250MA-0.5DCR
01005 ROOM=CG_B2B
0.25 MA
PP3V0_ALS_CONN
C1113 2.2UF 20% 6.3V X5R 0201-1 ROOM=CG_B2B
C1163 100PF 5% 16V NP0-C0G 01005 ROOM=CG_B2B
C1100 0.1UF 20% 6.3V X5R-CERM 01005 ROOM=CG_B2B
PROX_RX SIGNAL MUST BE TREATED WITH CARE
FL1158 120-OHM-210MA 01005 ROOM=CG_B2B
CUMULUS_TO_PROX_RX_EN_1V8_CONN
C1158 56PF 5% 16V NP0-C0G 01005 ROOM=CG_B2B
45_PROX_TO_CUMULUS_RX_CONN
C1162 56PF 5% 16V NP0-C0G 01005 ROOM=CG_B2B
FL1102 120-OHM-210MA 01005 ROOM=CG_B2B
AP_BI_I2C2_SDA_ALS_CONN
C1111 56PF 5% 16V NP0-C0G 01005 ROOM=CG_B2B
FL1120 120-OHM-210MA 01005 ROOM=CG_B2B
AP_TO_I2C2_SCL_ALS_CONN
C1110 56PF 5% 16V NP0-C0G 01005 ROOM=CG_B2B
FL1157 120-OHM-210MA 01005 ROOM=CG_B2B
ALS_TO_AP_INT_CONN_L
C1112 56PF 5% 16V NP0-C0G 01005 ROOM=CG_B2B
ROOM=CG_B2B
DMN3730UFB4
DFN1006H4-3
CUMULUS_TO_PROX_TX_EN_BUFF
R1185 1.00M 5% 1/32W MF 01005 ROOM=CG_B2B

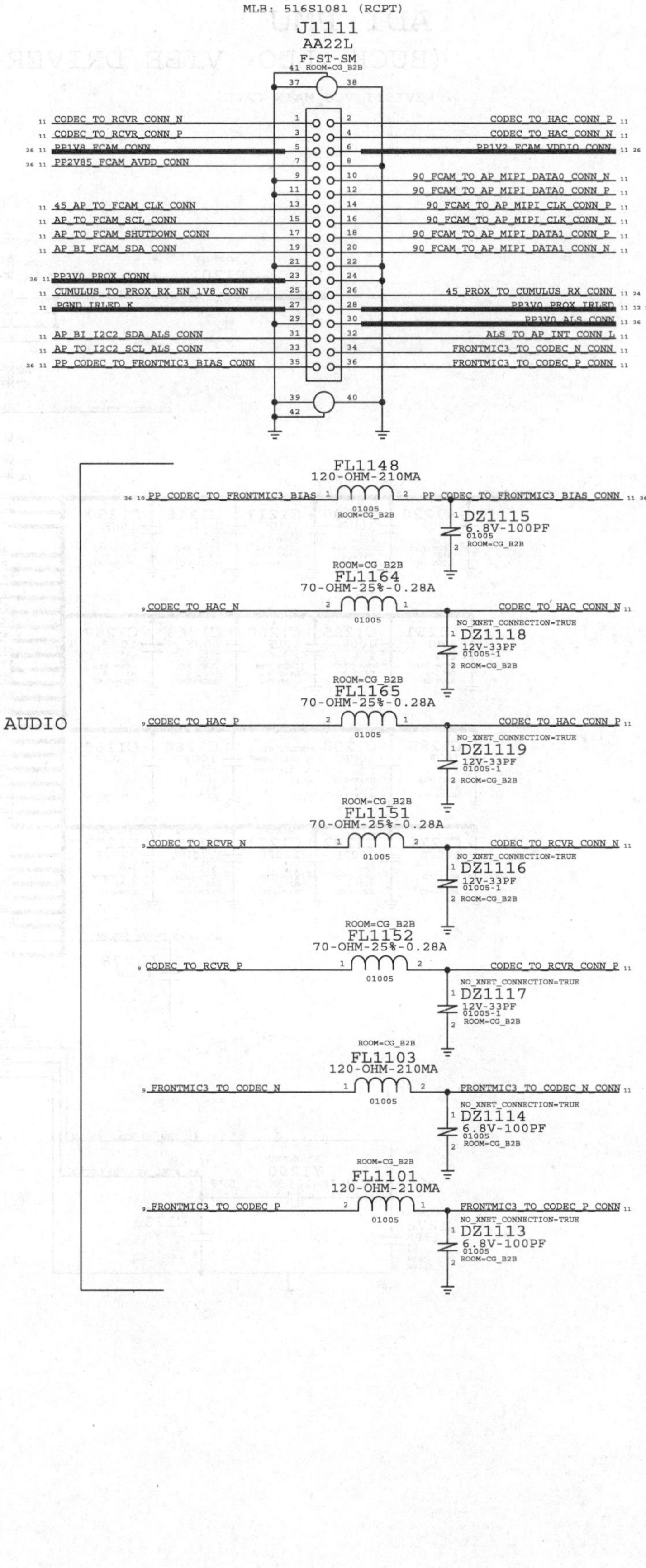
MLB: 516S1081 (RCPT)
J1111
AA22L
F-ST-SM
ROOM=CG_B2B
CODEC_TO_RCVR_CONN_N
CODEC_TO_RCVR_CONN_P
PP1V8_FCAM_CONN
PP2V85_FCAM_AVDD_CONN
45_AP_TO_FCAM_CLK_CONN
AP_TO_FCAM_SCL_CONN
AP_TO_FCAM_SHUTDOWN_CONN
AP_BI_FCAM_SDA_CONN
PP3V0_PROX_CONN
CUMULUS_TO_PROX_RX_EN_1V8_CONN
PGND_IRLED_K
AP_BI_I2C2_SDA_ALS_CONN
AP_TO_I2C2_SCL_ALS_CONN
PP_CODEC_TO_FRONTMIC3_BIAS_CONN
CODEC_TO_HAC_CONN_P
CODEC_TO_HAC_CONN_N
PP1V2_FCAM_VDDIO_CONN
90_FCAM_TO_AP_MIPI_DATA0_CONN_N
90_FCAM_TO_AP_MIPI_DATA0_CONN_P
90_FCAM_TO_AP_MIPI_CLK_CONN_P
90_FCAM_TO_AP_MIPI_CLK_CONN_N
90_FCAM_TO_AP_MIPI_DATA1_CONN_P
90_FCAM_TO_AP_MIPI_DATA1_CONN_N
45_PROX_TO_CUMULUS_RX_CONN
PP3V0_PROX_IRLED
PP3V0_ALS_CONN
ALS_TO_AP_INT_CONN_L
FRONTMIC3_TO_CODEC_N_CONN
FRONTMIC3_TO_CODEC_P_CONN
AUDIO
FL1148 120-OHM-210MA 01005 ROOM=CG_B2B
PP_CODEC_TO_FRONTMIC3_BIAS
PP_CODEC_TO_FRONTMIC3_BIAS_CONN
DZ1115 6.8V-100PF 01005 ROOM=CG_B2B
FL1164 70-OHM-25%-0.28A 01005 ROOM=CG_B2B
CODEC_TO_HAC_N
CODEC_TO_HAC_CONN_N
NO_XNET_CONNECTION=TRUE
DZ1118 12V-33PF 01005-1 ROOM=CG_B2B
FL1165 70-OHM-25%-0.28A 01005 ROOM=CG_B2B
CODEC_TO_HAC_P
CODEC_TO_HAC_CONN_P
DZ1119 12V-33PF 01005-1 ROOM=CG_B2B
FL1151 70-OHM-25%-0.28A 01005 ROOM=CG_B2B
CODEC_TO_RCVR_N
CODEC_TO_RCVR_CONN_N
DZ1116 12V-33PF 01005-1 ROOM=CG_B2B
FL1152 70-OHM-25%-0.28A 01005 ROOM=CG_B2B
CODEC_TO_RCVR_P
CODEC_TO_RCVR_CONN_P
DZ1117 12V-33PF 01005-1 ROOM=CG_B2B
FL1103 120-OHM-210MA 01005 ROOM=CG_B2B
FRONTMIC3_TO_CODEC_N
FRONTMIC3_TO_CODEC_N_CONN
DZ1114 6.8V-100PF 01005 ROOM=CG_B2B
FL1101 120-OHM-210MA 01005 ROOM=CG_B2B
FRONTMIC3_TO_CODEC_P
FRONTMIC3_TO_CODEC_P_CONN
DZ1113 6.8V-100PF 01005 ROOM=CG_B2B

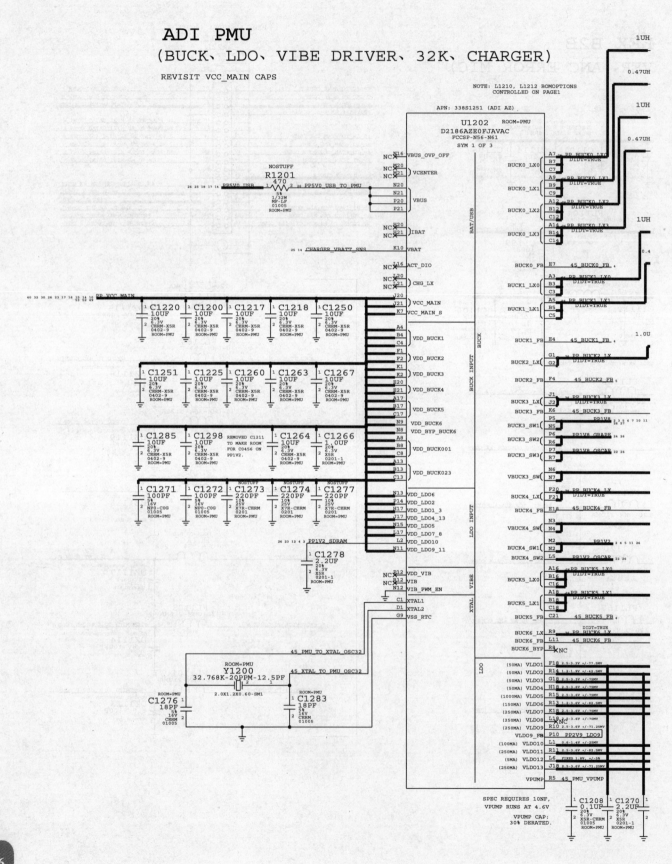

ADI PMU
(BUCK、LDO、VIBE DRIVER、32K、CHARGER)
REVISIT VCC_MAIN CAPS

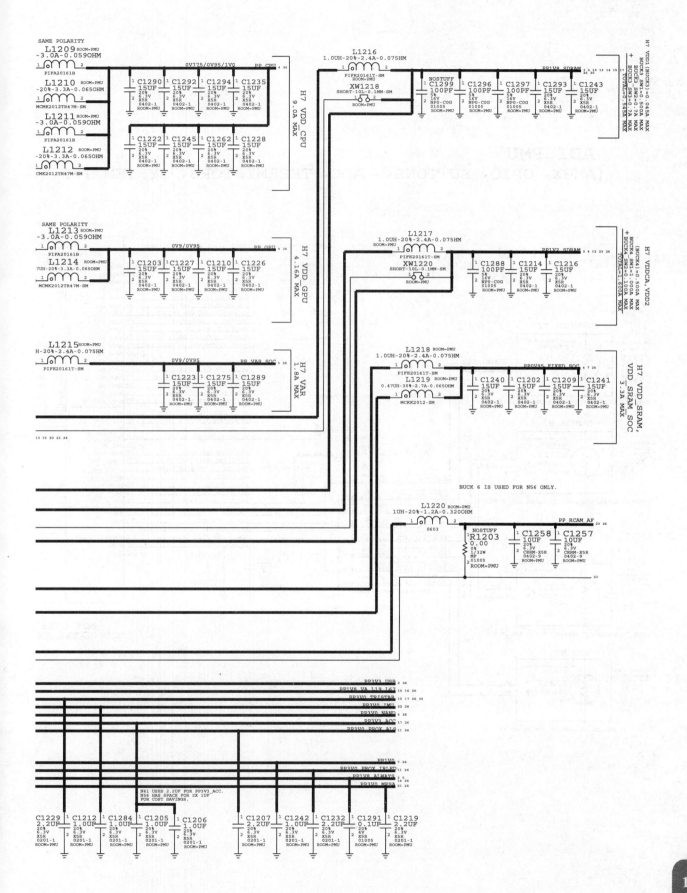

197

ADI PMU
(AMUX、GPIO、BUTTONS、 ADC、THERMISTORS、SYSTEM I/F、

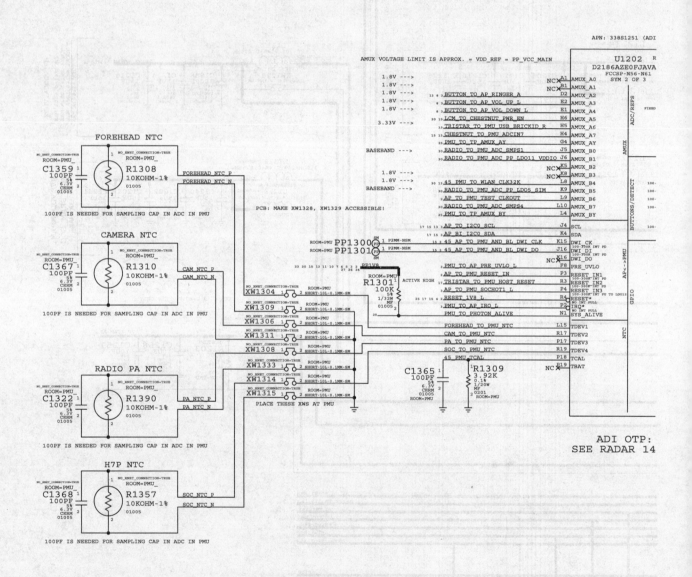

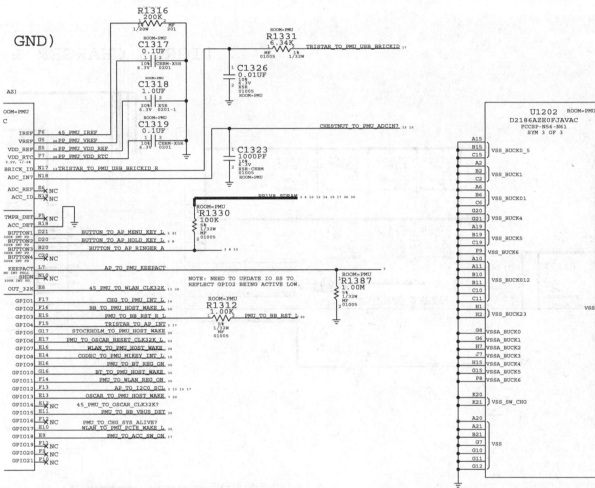

032884

TIGRIS CHARGER &

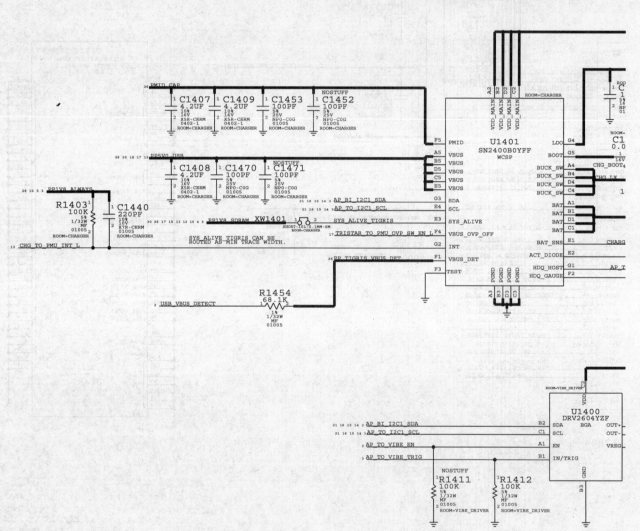

VIBE DRIVER

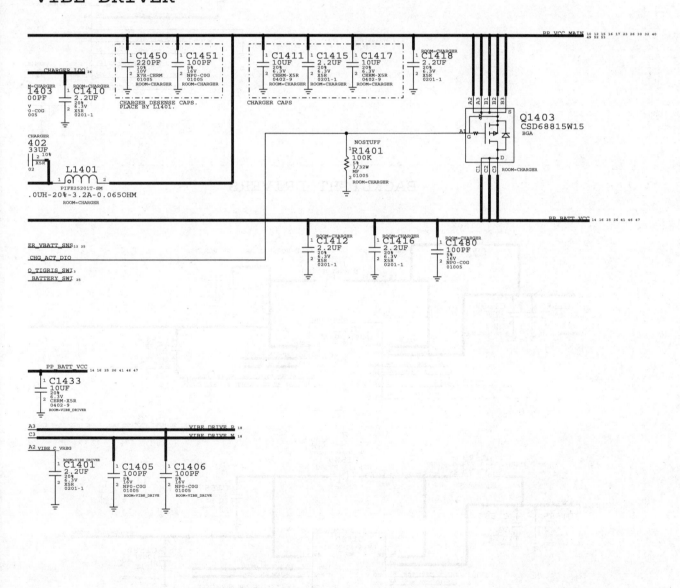

PP VCC MAIN 10 12 15 16 17 23 26 30 32 40
49 52 53

CHARGER LDO 26

M-CHARGER
1403
00PF
V
0-COG
005

C1410
2.2UF
20%
6.3V
X5R
0201-1

C1450
220PF
10V
10V
X7R-CERM
01005
ROOM=CHARGER

C1451
100PF
16V
NP0-COG
01005
ROOM=CHARGER

CHARGER DESENSE CAPS.
PLACE BY L1401.

C1411
10UF
20%
6.3V
CERM-X5R
0402-9
ROOM=CHARGER

C1415
2.2UF
20%
6.3V
X5R
0201-1
ROOM=CHARGER

C1417
10UF
20%
6.3V
CERM-X5R
0402-9
ROOM=CHARGER

CHARGER CAPS

C1418
2.2UF
20%
6.3V
X5R
0201-1

ROOM=CHARGER

A2 A3 B1 B2 B3

S

Q1403
CSD68815W15
BGA

A1 W
G

D

C1 C2 C3

ROOM=CHARGER

CHARGER
402
33UF
2 10%
X5R
02

L1401
PIFE25201T-SM
.0UH-20%-3.2A-0.065OHM
ROOM=CHARGER

NOSTUFF
R1401
100K
5%
1/32W
MF
1005
ROOM=CHARGER

PP BATT VCC 14 16 25 26 41 46 47

ER_VBATT_SNS 13 25

CHG_ACT_DIO

Q_TIGRIS_SWI 3
BATTERY_SWI 25

ROOM=CHARGER
C1412
2.2UF
20%
6.3V
X5R
0201-1

ROOM=CHARGER
C1416
2.2UF
20%
6.3V
X5R
0201-1

ROOM=CHARGER
C1480
100PF
16V
NP0-COG
01005

PP_BATT_VCC 14 16 25 26 41 46 47

C1433
10UF
20%
6.3V
CERM-X5R
0402-9
ROOM=VIBE_DRIVER

A3   VIBE DRIVE P 18
C3   VIBE DRIVE N 18

A2 VIBE_C_VREG

ROOM=VIBE_DRIVER
C1401
2.2UF
20%
6.3V
X5R
0201-1

C1405
100PF
5%
16V
NP0-COG
01005
ROOM=VIBE_DRIVE

C1406
100PF
5%
16V
NP0-COG
01005
ROOM=VIBE_DRIVE

201

CHESTNUT、BACKLIGHT

DISPLAY PMU (TI C

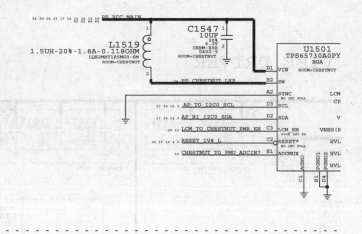

BACKLIGHT DRIVERS

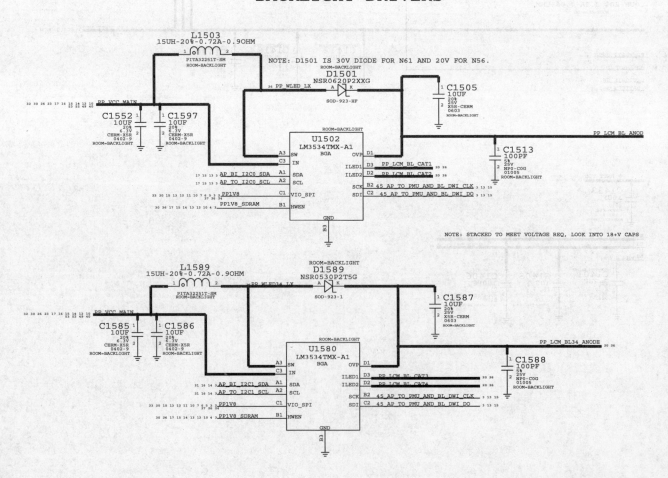

DRIVER、MESA BOOST
HESTNUT、338S1149)

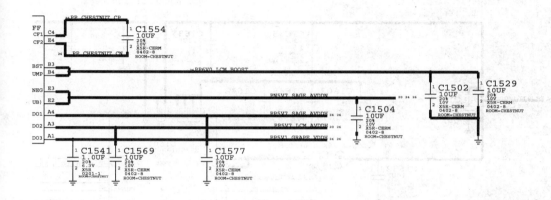

MESA BOOST

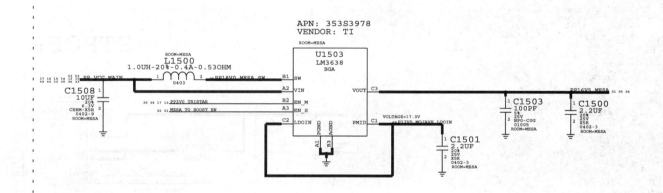

SPEAKER AMP、LED DR

SPEAKER AMP

I2C ADDRESS: 1000000X

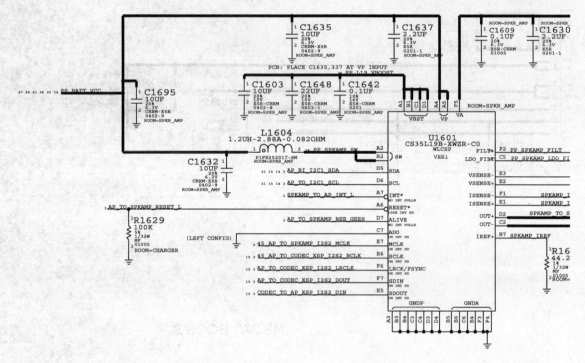

STROBE

TI: APN 35

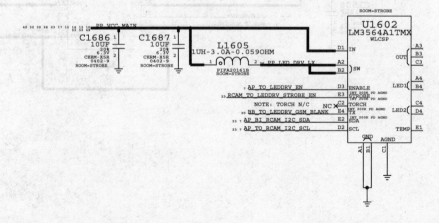

IVER

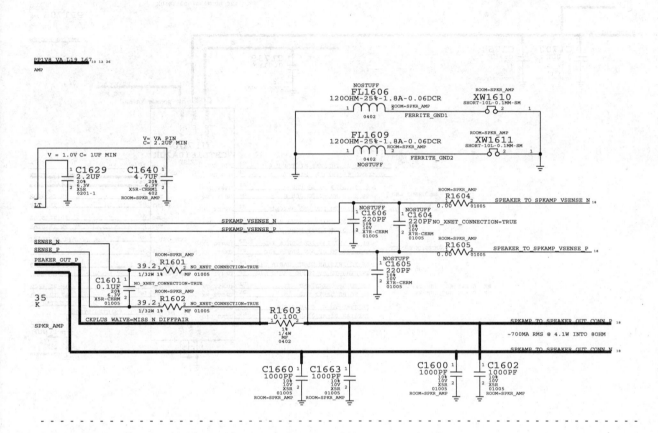

DRIVER

3S3899

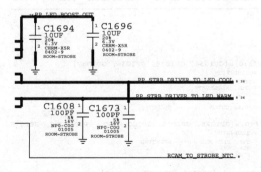

TRISTAR2

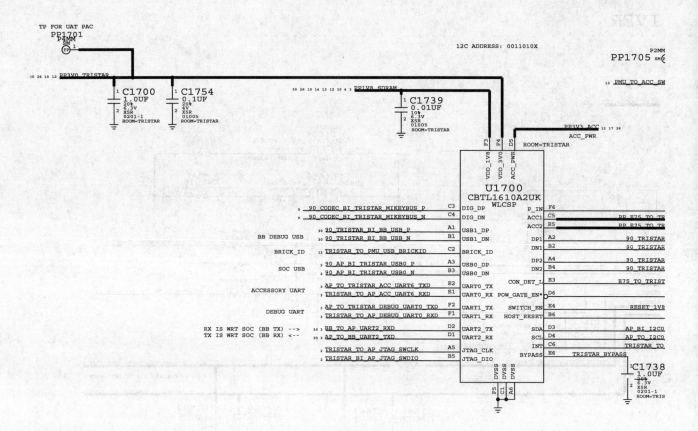

N56 SPECIF

BOOTSTRAPPING (BOARD_REV, BO

```
BOARD_REV[3:0]={GPIO34, GPIO35, GPIO36, GPIO37}
FLOAT=LOW, PULLUP=HIGH
    1111      PROTO1
    1110      PROTO1, ALTERNATE
    1100      PROTO2
    1011      EVT
    1001      CARRIER BUILD      <--- SELECTED

BOARD_ID[4:0]={GPIO29, GPIO16, SPIO0_MISO, SPIO_MOSI, SPIO_S
FLOAT=LOW, PULLUP=HIGH
    00100     N56, T133 MLB    <--- SELECTED
    00101     N56 DEV
    00110     FIJI N61 MLB

BOOT_CONFIG[2:0]={GPIO28, GPIO25, GPIO18}
FLOAT=LOW, PULLUP=HIGH
    000       SPIO
    001       SPIO TEST MODE
    010       NAND             <--- SELECTED
    011       NAND TEST MODE
    100       NVME
    101       NVME TEST MODE
    111       FAST SPI
```

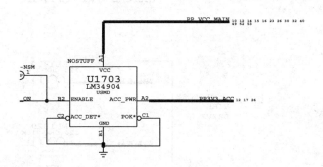

PP_VCC_MAIN 10 12 14 15 16 23 26 30 32 40
49 52 53

-NSM
P 1

NOSTUFF A1
VCC
U1703
LM34904
USMD

ON   B2 ENABLE   ACC_PWR A2   PP3V3_ACC 12 17 26

C2 ACC_DET*   POK* C1
GND
B1

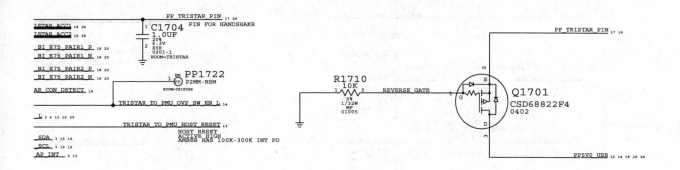

PP_TRISTAR_PIN 17 26
PIN FOR HANDSHAKE

ISTAR ACC1 18 26
ISTAR ACC2 18 26   C1704
1.0UF
BI_E75_PAIR1_P 18 25   20%
BI_E75_PAIR1_N 18 25   6.3V
X5R
BI_E75_PAIR2_P 18 25   0201-1
BI_E75_PAIR2_N 18 25   ROOM=TRISTAR

AR_CON_DETECT 18   SN PP1722
PP P2MM-NSM
ROOM=TRISTAR

TRISTAR_TO_PMU_OVP_SW_EN_L 14

L 2 4 13 15 25

TRISTAR_TO_PMU_HOST_RESET 13
HOST RESET
ACTIVE HIGH
SDA 3 13 15   AMBER HAS 100K-300K INT PD
SCL 3 13 15

AP_INT 3 13

TAR

PP_TRISTAR_PIN 17 26

R1710
10K   REVERSE GATE   S
1   2   Q1701
5%   G   CSD68822F4
1/32W   0402
MF
01005   D

PP5V0_USB 12 14 18 25 26

IC

ARD_ID, BOOT_CFG, DISPLAY ID)

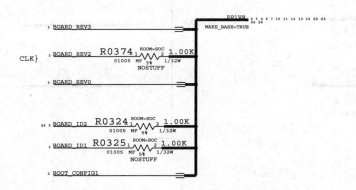

PP1V8 2 3 5 7 10 11 12 13 15 20 23
24 26
3 BOARD_REV3   MAKE_BASE=TRUE

CLK} 3 BOARD_REV2 R0374 1 ROOM=SOC 1.00K
01005 MF 5% 1/32W
NOSTUFF

3 BOARD_REV0

26 3 BOARD_ID2 R0324 1 ROOM=SOC 1.00K
01005 MF 5% 1/32W

3 BOARD_ID1 R0325 1 ROOM=SOC 1.00K
01005 MF 5% 1/32W
NOSTUFF

3 BOOT_CONFIG1

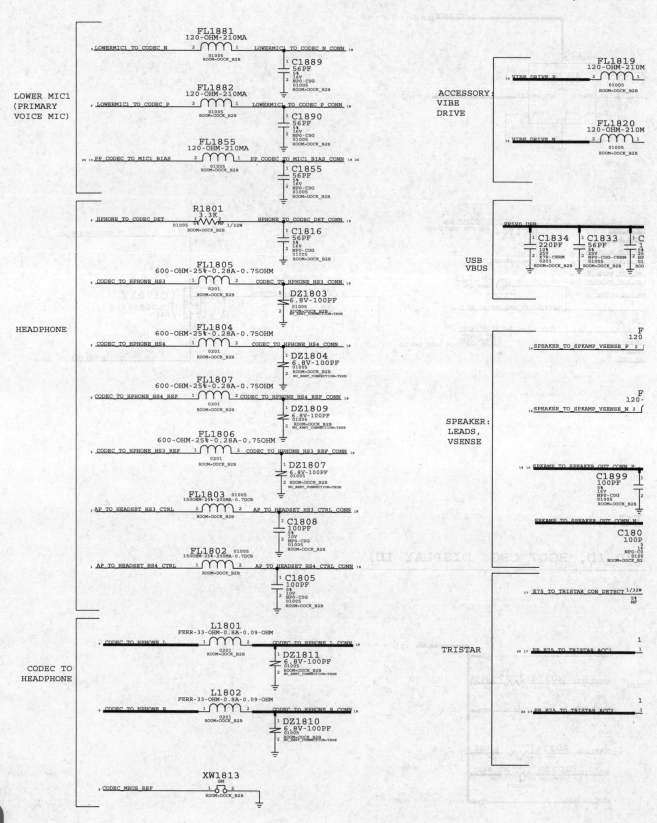

EAKER,ANTENNA LAT SW CTRL,
Y MIC), ACC DET/ID/PWR, E75 DIFFPAIRS)

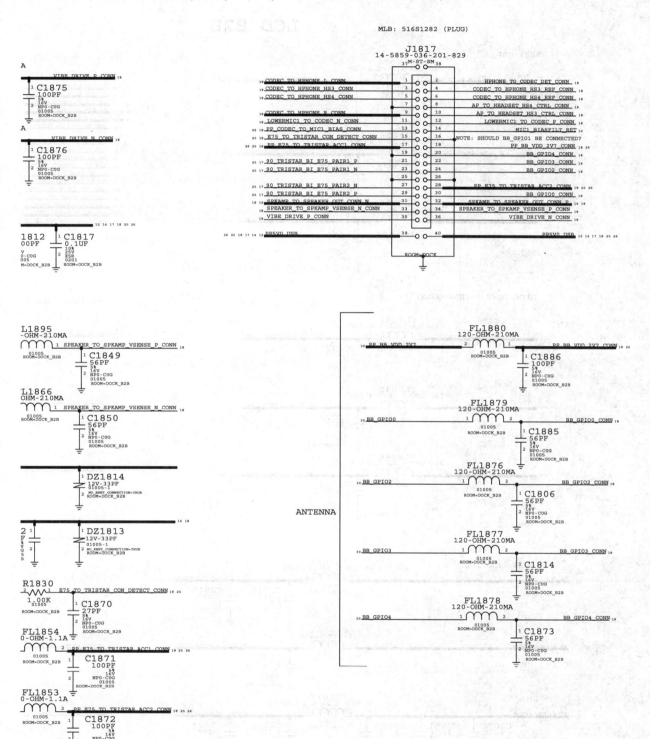

LCD B2B

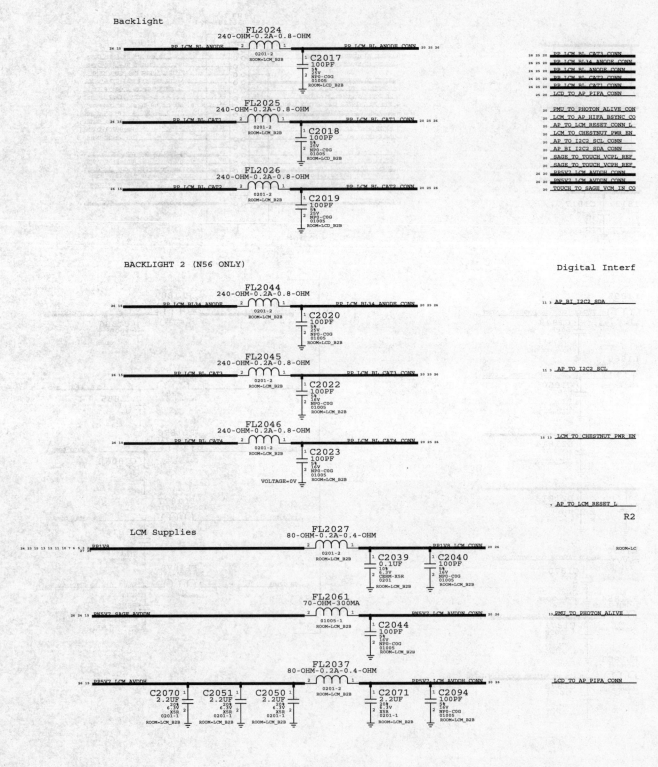

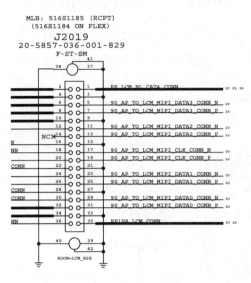

aces

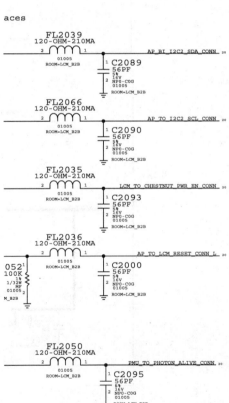

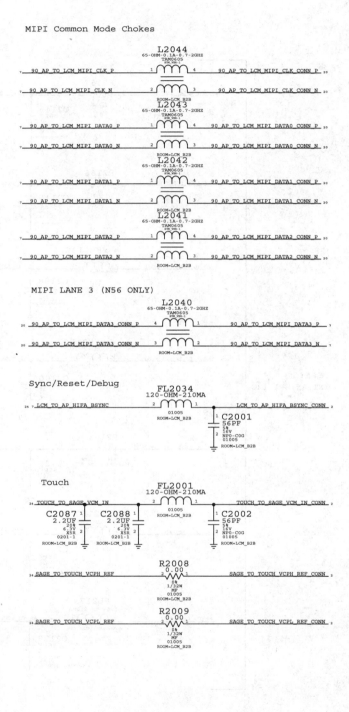

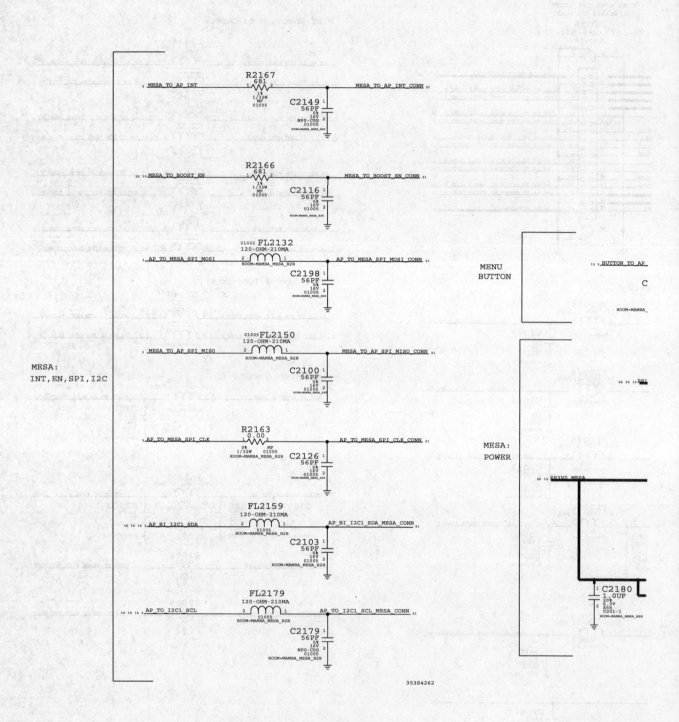

MESA CONNECTOR

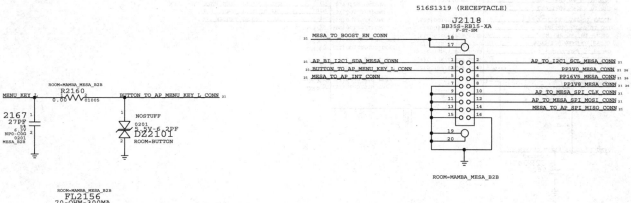

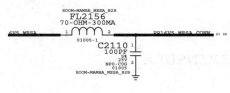

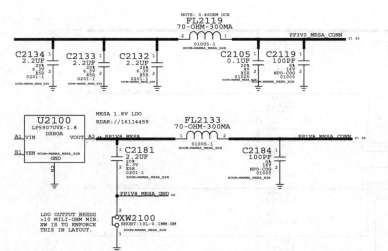

OSCAR + SENSORS

OSCAR VDDIO = 1.8V ALWAYS ON (NEED TO WAKE HOST & RUN PLL)
OSCAR CORE = 1.2V ALWAYS ON (NEED TO RUN IN S2RAM)

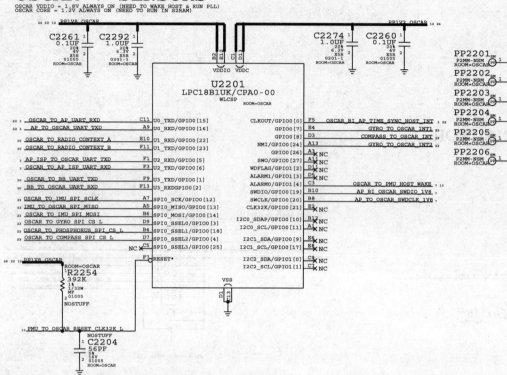

THIS PART OUTSIDE OF SHIELD ON THE PENINSULA

COMPASS

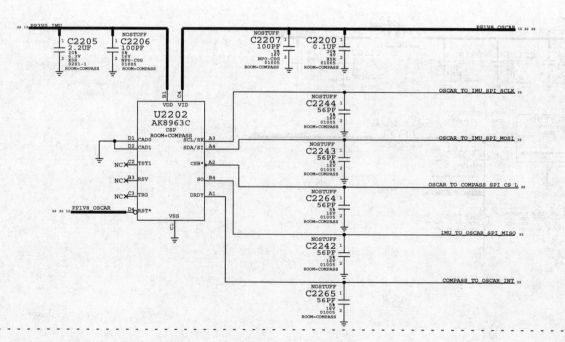

CARBON (ACCEL GYRO COMBO)

INVENSENSE, APN 338S00017, C2211=0.1UF (132S0395)
BOSCH, APN 338S00028, C2211=0.1UF (132S0395)
ST, APN 338S00029, C2211=0.01UF,25V (132S0391)

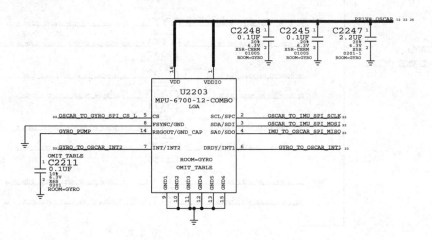

THIS IS OUTSIDE OF SHIELD IN
TO THE RIGHT OF THE NAND

PHOSPHORUS

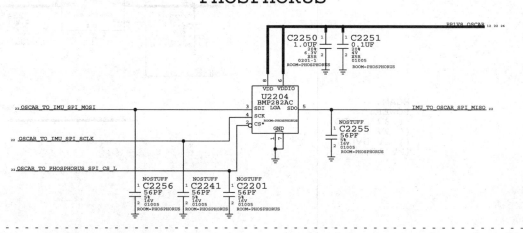

RCAM B2B (REAR CAMERA CONNECTOR)

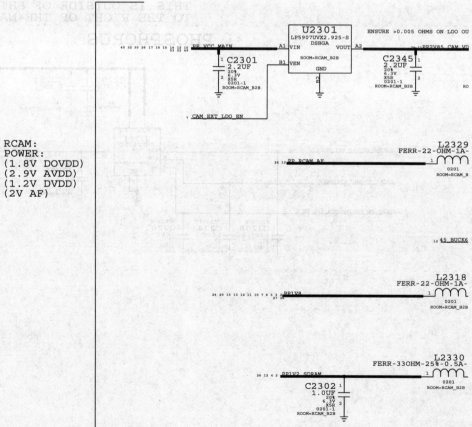

RCAM:
4-LANE MIPI

L2334
65-OHM-0.1A-0.7-2GHZ
TAM0605
SYM_VER-1
ROOM=RCAM_B2B
7 90 RCAM TO AP MIPI DATA3 P   4 ⟶ 1   90 RCAM TO AP MIPI DATA3 CONN P 23
7 90 RCAM TO AP MIPI DATA3 N   3 ⟶ 2   90 RCAM TO AP MIPI DATA3 CONN N 23

L2333
65-OHM-0.1A-0.7-2GHZ
TAM0605
ROOM=RCAM_B2B
7 90 RCAM TO AP MIPI DATA2 P   4 ⟶ 1   90 RCAM TO AP MIPI DATA2 CONN P 23
7 90 RCAM TO AP MIPI DATA2 N   3 ⟶ 2   90 RCAM TO AP MIPI DATA2 CONN N 23

L2337
65-OHM-0.1A-0.7-2GHZ
TAM0605
ROOM=RCAM_B2B
7 90 RCAM TO AP MIPI CLK P   4 ⟶ 1   90 RCAM TO AP MIPI CLK CONN P 23
7 90 RCAM TO AP MIPI CLK N   3 ⟶ 2   90 RCAM TO AP MIPI CLK CONN N 23

L2338
65-OHM-0.1A-0.7-2GHZ
TAM0605
ROOM=RCAM_B2B
7 90 RCAM TO AP MIPI DATA1 P   4 ⟶ 1   90 RCAM TO AP MIPI DATA1 CONN P 23
7 90 RCAM TO AP MIPI DATA1 N   3 ⟶ 2   90 RCAM TO AP MIPI DATA1 CONN N 23

L2336
65-OHM-0.1A-0.7-2GHZ
TAM0605
SYM_VER-1
ROOM=RCAM_B2B
7 90 RCAM TO AP MIPI DATA0 P   4 ⟶ 1   90 RCAM TO AP MIPI DATA0 CONN P 23
7 90 RCAM TO AP MIPI DATA0 N   3 ⟶ 2   90 RCAM TO AP MIPI DATA0 CONN N 23

RCAM:
DIGITAL I/F
(I2C,CTRL,CLK)

16 7 AP_BI_RCAM
16 7 AP_TO_RC
7 AP_TO_RC
7 45 AP_TO
16 RCAM_TO

RCAM:
POWER:
(1.8V DOVDD)
(2.9V AVDD)
(1.2V DVDD)
(2V AF)

U2301
LP5907UVX2.925-S
DSBGA
ROOM=RCAM_B2B
ENSURE >0.005 OHMS ON LDO OU

PP_VCC_MAIN   A1 VIN   VOUT A2   PP2V85_CAM_VD
B1 VEN
GND
B2

C2301
2.2UF
20%
6.3V
X5R
0201-1
ROOM=RCAM_B2B

C2345
2.2UF
20%
6.3V
X5R
0201-1
ROOM=RCAM_B2B
RO

7 CAM_EXT_LDO_EN

L2329
FERR-22-OHM-1A-
26 13 PP_RCAM_AF   1   0201
ROOM=RCAM_B

13 45_BUCK6

L2318
FERR-22-OHM-1A-
24 20 15 13 12 11 10 7 6 5 3 PP1V8   1   0201
27 28   ROOM=RCAM_B2B

L2330
FERR-33OHM-25%-0.5A-
26 12 4 3 PP1V2_SDRAM   1   0201
ROOM=RCAM_B2B

C2302
1.0UF
20%
6.3V
X5R
0201-1
ROOM=RCAM_B2B

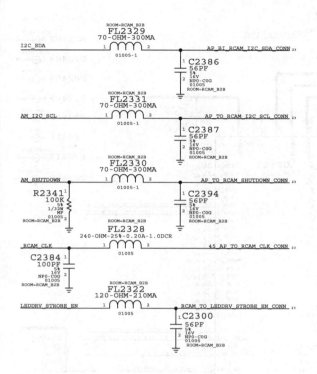

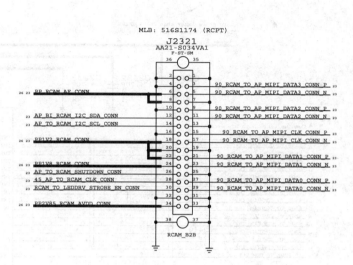

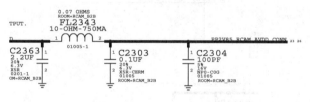

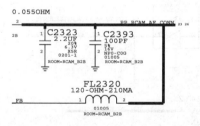

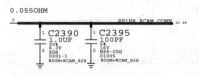

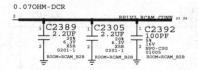

Touch (B2B, Driver ICs)

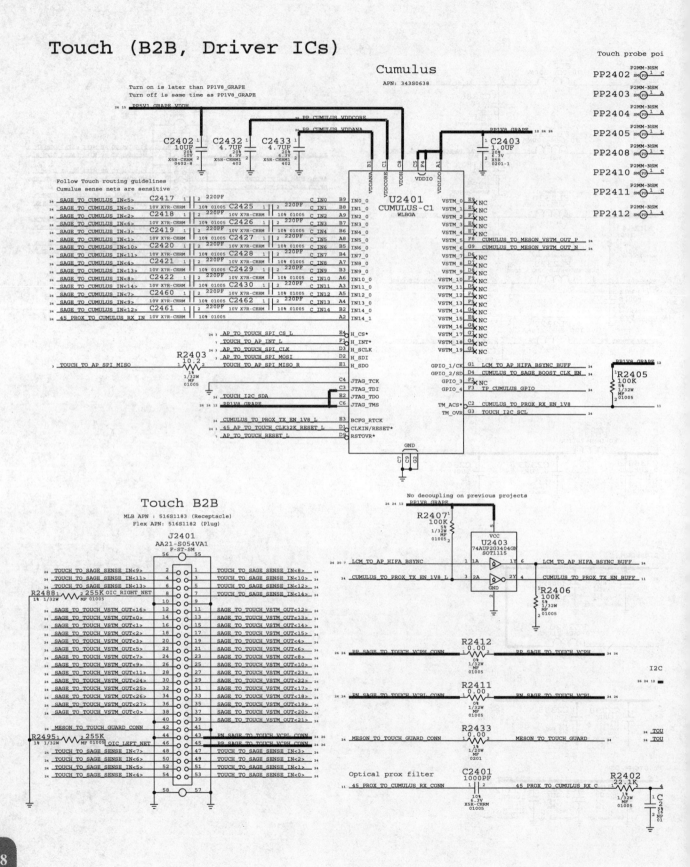

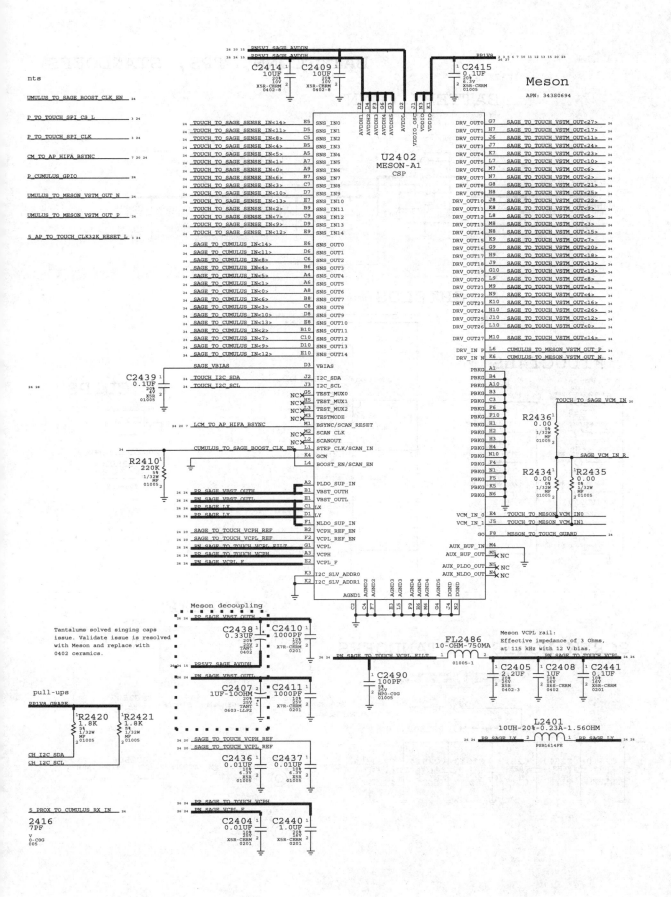

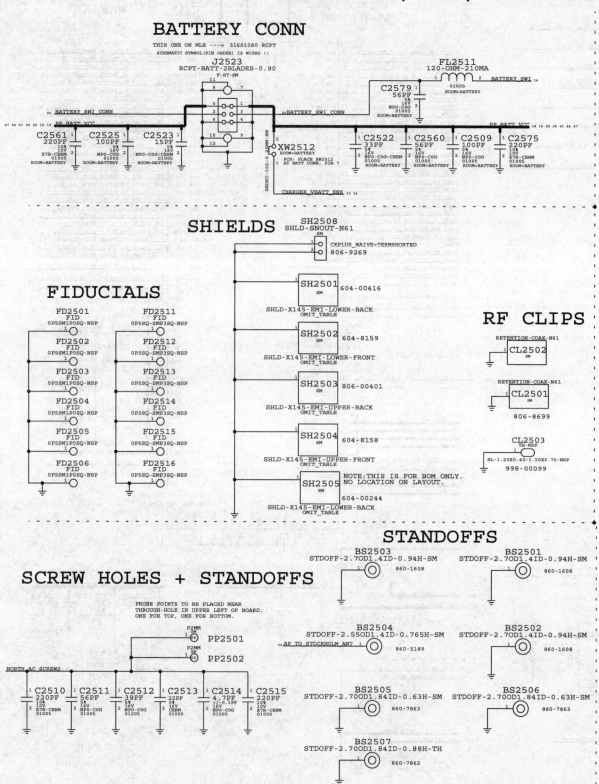

BATT CONN, TPS, STANDOFFS

BATTERY CONN

THIS ONE ON MLB ---> 516S1080 RCPT
SCHEMATIC SYMBOL(PIN ORDER) IS WIERD !!

SHIELDS

FIDUCIALS

RF CLIPS

STANDOFFS

SCREW HOLES + STANDOFFS

PROBE POINTS TO BE PLACED NEAR
THROUGH-HOLE IN UPPER LEFT OF BOARD.
ONE FOR TOP, ONE FOR BOTTOM.

/SHIELDS/FIDUCIALS

TESTPOINTS

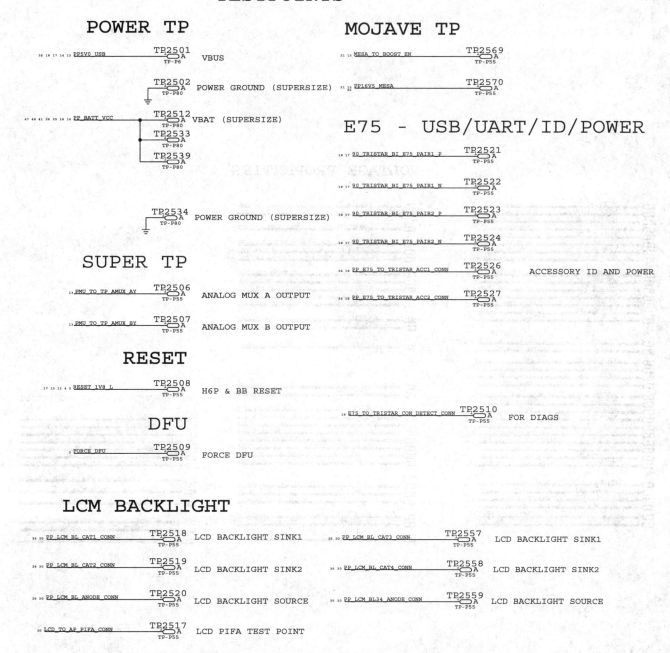

POWER TP

TP2501 — VBUS (PP5V0_USB)
TP2502 — POWER GROUND (SUPERSIZE)
TP2512 — VBAT (SUPERSIZE) (PP_BATT_VCC)
TP2533
TP2539
TP2534 — POWER GROUND (SUPERSIZE)

SUPER TP

TP2506 — ANALOG MUX A OUTPUT (PMU_TO_TP_AMUX_AY)
TP2507 — ANALOG MUX B OUTPUT (PMU_TO_TP_AMUX_BY)

RESET

TP2508 — H6P & BB RESET (RESET_1V8_L)

DFU

TP2509 — FORCE DFU

LCM BACKLIGHT

TP2518 — LCD BACKLIGHT SINK1 (PP_LCM_BL_CAT1_CONN)
TP2519 — LCD BACKLIGHT SINK2 (PP_LCM_BL_CAT2_CONN)
TP2520 — LCD BACKLIGHT SOURCE (PP_LCM_BL_ANODE_CONN)
TP2517 — LCD PIFA TEST POINT (LCD_TO_AP_PIFA_CONN)

MOJAVE TP

TP2569 (MESA_TO_BOOST_EN)
TP2570 (PP16V5_MESA)

E75 - USB/UART/ID/POWER

TP2521 (90_TRISTAR_BI_E75_PAIR1_P)
TP2522 (90_TRISTAR_BI_E75_PAIR1_N)
TP2523 (90_TRISTAR_BI_E75_PAIR2_P)
TP2524 (90_TRISTAR_BI_E75_PAIR2_N)
TP2526 — ACCESSORY ID AND POWER (PP_E75_TO_TRISTAR_ACC1_CONN)
TP2527 (PP_E75_TO_TRISTAR_ACC2_CONN)
TP2510 — FOR DIAGS (E75_TO_TRISTAR_CON_DETECT_CONN)

TP2557 — LCD BACKLIGHT SINK1 (PP_LCM_BL_CAT3_CONN)
TP2558 — LCD BACKLIGHT SINK2 (PP_LCM_BL_CAT4_CONN)
TP2559 — LCD BACKLIGHT SOURCE (PP_LCM_BL34_ANODE_CONN)

221

VOLTAGE PROPERTIES

VOLTAGE=3.3V	PP3V3_USB
VOLTAGE=1.8V	PP1V8_VA_L19_L67 10 13 16
VOLTAGE=3.0V	PP3V0_TRISTAR 12 15 17 30
VOLTAGE=3.0V	PP3V0_IMU 12 22
VOLTAGE=3.0V	PP3V0_NAND 6 13
VOLTAGE=3.0V	PP3V3_ACC 12 17
VOLTAGE=3.0V	PP3V0_PROX_ALS 11 12
VOLTAGE=3.0V	PP3V9_LDO9 13

VOLTAGE=4.6V	PP_VCC_MAIN 10 12 14 15 16 17 23 30 32
VOLTAGE=1.0V	PP1V0 7 12
VOLTAGE=3.0V	PP3V0_PROX_IRLED 11 12
VOLTAGE=1.8V	PP1V8_ALWAYS 3 5 12 14
VOLTAGE=3.0V	PP3V0_MESA 12 31
VOLTAGE=1.1V	PP_CPU 6 12
VOLTAGE=1.1V	PP_GPU 6 12

VOLTAGE=1.2V	PP1V2_SDRAM 3 4 13 23
VOLTAGE=1.8V	PP1V8_SDRAM 3 4 10 12 13 14 15 17 30

VOLTAGE=1.8V	PP1V8 6 7 10 11 12 13 15 20 23
VOLTAGE=1.8V	PP1V8_GRAPE 12 24
VOLTAGE=1.8V	PP1V8_OSCAR 13 22
VOLTAGE=1.2V	PP1V2_NAND_VDDL 6

VOLTAGE=1.8V	PP_EXTMIC_BIAS_FILT_IN 10
VOLTAGE=1.8V	BOARD_ID2 12 27
VOLTAGE=1.2V	PP1V2 3 4 5 11 12
VOLTAGE=5.0V	PP_E75_TO_TRISTAR_ACC1_CONN 18 19
VOLTAGE=5.0V	PP_E75_TO_TRISTAR_ACC1 17 19
VOLTAGE=22.0V	PP_LCM_BL_ANODE 15 20
VOLTAGE=0.2V	PP_LCM_BL_CAT2 15 20
VOLTAGE=0.2V	PP_LCM_BL_CAT1
VOLTAGE=0.2V	PP_LCM_BL_CAT2_CONN 15 20
VOLTAGE=0.2V	PP_LCM_BL_CAT1_CONN 20 25

VOLTAGE=-5.7V	PN5V7_SAGE_AVDDN 15 20 24
VOLTAGE=1.2V	PP1V2_OSCAR 13 22
VOLTAGE=3.0V	PP3V0_MESA_CONN 21
VOLTAGE=6V	PP6V0_LCM_BOOST 15
VOLTAGE=5.0V	PP_STRB_DRIVER_TO_LED_WARM 8 16
VOLTAGE=5.0V	PP_STRB_DRIVER_TO_LED_COOL 8 16

VOLTAGE=5.0V	PP_LED_DRV_LX
VOLTAGE=5.0V	PP_LED_BOOST_OUT 16
VOLTAGE=2.7V	PP_BB_VDD_2V7_CONN 18

VOLTAGE=1.8V	PP_CODEC_TO_MIC1_BIAS_CONN 18
VOLTAGE=4.6V	PP_E75_TO_TRISTAR_ACC2 17 18
VOLTAGE=4.6V	PP_E75_TO_TRISTAR_ACC2_CONN 18 25

VOLTAGE=1.8V	PP1V8_LCM_CONN 20
VOLTAGE=22.0V	PP_LCM_BL_ANODE_CONN 20 25
VOLTAGE=-5.7V	PN5V7_LCM_AVDDN_CONN 20
VOLTAGE=-5.7V	PP5V7_LCM_AVDDH_CONN 20
VOLTAGE=2.95V	PP_LDO13_GPS 51

VOLTAGE=1.8V	PP1V8_MESA 21
VOLTAGE=16.5V	PP16V5_MESA_CONN 21

VOLTAGE=5.0V	PP_TRISTAR_PIN 17

VOLTAGE=1.2V	PP1V2_RCAM_CONN 23
VOLTAGE=1.8V	PP1V8_RCAM_CONN 23

VOLTAGE=3.0V	PP2V85_CAM_VDD 11 23
VOLTAGE=1.8V	PP2V85_RCAM_AVDD_CONN 23
VOLTAGE=1.8V	PP_CUMULUS_VDDCORE 24
VOLTAGE=1.2V	PP_CUMULUS_VDDANA 24
VOLTAGE=13.5V	PP_SAGE_TO_TOUCH_VCBL_CONN 24
VOLTAGE=-12V	PN_SAGE_TO_TOUCH_VCBL_CONN 24
VOLTAGE=13.5V	PP_SAGE_TO_TOUCH_VCBL 24
VOLTAGE=-12V	PN_SAGE_TO_TOUCH_VCBL 24

VOLTAGE=-12V	PN_SAGE_VCBL_F 24
VOLTAGE=5.7V	PP_SAGE_LX 24
VOLTAGE=17.0V	PP_SAGE_LX 24

VOLTAGE=1.8V	PP_PMU_VREF 13
VOLTAGE=14V	PP_SAGE_VBST_OUTH 24

VOLTAGE=5.0V	PP_TIGRIS_VBUS_DET 14

N56 SPECIFIC VOLTAGE PROPERTIES

VOLTAGE=22.0V	PP_WLED14_LX 15
VOLTAGE=22.0V	PP_LCM_BL34_ANODE 15
VOLTAGE=22.0V	PP_LCM_BL34_ANODE_CONN 20 25
VOLTAGE=0.2V	PP_LCM_BL_CAT3 15 20
VOLTAGE=0.2V	PP_LCM_BL_CAT4 15
VOLTAGE=0.2V	PP_LCM_BL_CAT3_CONN 20
VOLTAGE=0.2V	PP_LCM_BL_CAT4_CONN 20 25

VOLTAGE=-12V	PN_SAGE_TO_TOUCH_VCBL_FILT 24
VOLTAGE=2.0V	PP_RCAM_AF 12 23
VOLTAGE=2.0V	PP_RCAM_AF_CONN 23

VOLTAGE=-14.0V	PN_SAGE_VBST_OUTL 24
VOLTAGE=-5.7V	PN5V7_SAGE_AVDDN_FILT 24
VOLTAGE=2.0V	PP_BUCK6_LX 32

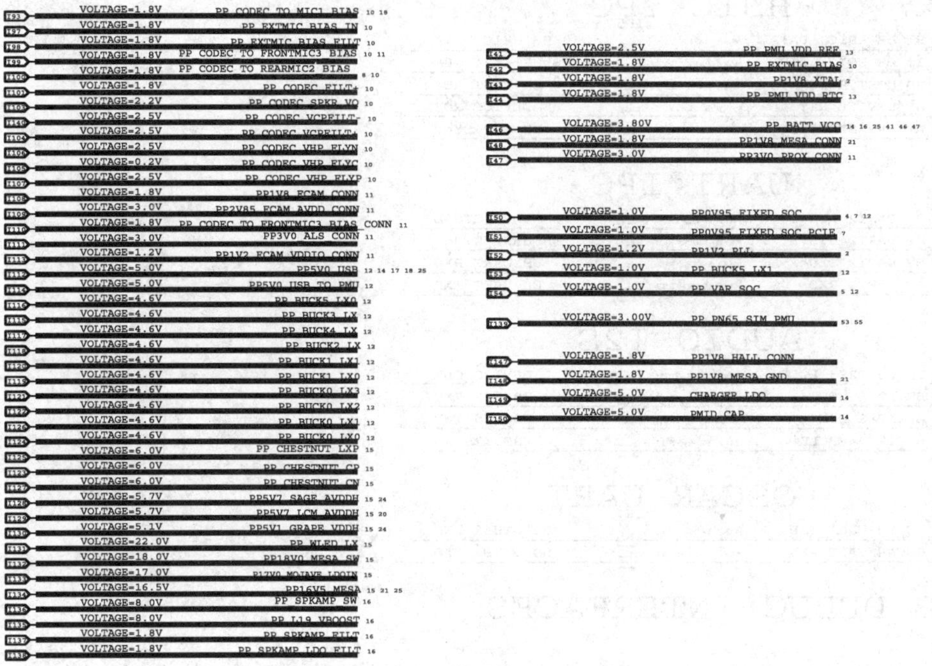
I93 VOLTAGE=1.8V PP CODEC TO MIC1 BIAS 10 18
I97 VOLTAGE=1.8V PP EXTMIC BIAS IN 10
I98 VOLTAGE=1.8V PP EXTMIC BIAS FILT 10
I99 VOLTAGE=1.8V PP CODEC TO FRONTMIC3 BIAS 10 11
I100 VOLTAGE=1.8V PP CODEC TO REARMIC2 BIAS 8 10
I101 VOLTAGE=1.8V PP CODEC FILT+ 10
I103 VOLTAGE=2.2V PP CODEC SPKR VO 10
I140 VOLTAGE=2.5V PP CODEC VCPFILT- 10
I104 VOLTAGE=2.5V PP CODEC VCPFILT+ 10
I106 VOLTAGE=2.5V PP CODEC VHP FLYN 10
I105 VOLTAGE=0.2V PP CODEC VHP FLYC 10
I107 VOLTAGE=2.5V PP CODEC VHP FLYP 10
I108 VOLTAGE=1.8V PP1V8 FCAM CONN 11
I109 VOLTAGE=3.0V PP2V85 FCAM AVDD CONN 11
I110 VOLTAGE=1.8V PP CODEC TO FRONTMIC3 BIAS_CONN 11
I111 VOLTAGE=3.0V PP3V0 ALS CONN 11
I113 VOLTAGE=1.2V PP1V2 FCAM VDDIO CONN 11
I112 VOLTAGE=5.0V PP5V0 USB 12 14 17 18 25
I114 VOLTAGE=5.0V PP5V0 USB TO PMU 12
I116 VOLTAGE=4.6V PP BUCK5 LX0 12
I115 VOLTAGE=4.6V PP BUCK3 LX 12
I117 VOLTAGE=4.6V PP BUCK4 LX 12
I118 VOLTAGE=4.6V PP BUCK2 LX 12
I120 VOLTAGE=4.6V PP BUCK1 LX1 12
I119 VOLTAGE=4.6V PP BUCK1 LX0 12
I121 VOLTAGE=4.6V PP BUCK0 LX3 12
I122 VOLTAGE=4.6V PP BUCK0 LX2 12
I126 VOLTAGE=4.6V PP BUCK0 LX1 12
I124 VOLTAGE=4.6V PP BUCK0 LX0 12
I125 VOLTAGE=6.0V PP CHESTNUT LXP 15
I123 VOLTAGE=6.0V PP CHESTNUT CP 15
I127 VOLTAGE=6.0V PP CHESTNUT CN 15
I128 VOLTAGE=5.7V PP5V7 SAGE AVDDH 15 24
I129 VOLTAGE=5.7V PP5V7 LCM AVDDH 15 20
I130 VOLTAGE=5.1V PP5V1 GRAPE VDDH 15 24
I131 VOLTAGE=22.0V PP WLED LX 15
I132 VOLTAGE=18.0V PP18V0 MESA SW 15
I133 VOLTAGE=17.0V P17V0 MOJAVE LDOIN 15
I134 VOLTAGE=16.5V PP16V5 MESA 15 21 25
I136 VOLTAGE=8.0V PP SPKAMP SW 16
I135 VOLTAGE=8.0V PP L19 VBOOST 16
I137 VOLTAGE=1.8V PP SPKAMP FILT 16
I138 VOLTAGE=1.8V PP SPKAMP LDO FILT 16
I41 VOLTAGE=2.5V PP PMU VDD REF 13
I42 VOLTAGE=1.8V PP EXTMIC BIAS 10
I43 VOLTAGE=1.8V PP1V8 XTAL 2
I44 VOLTAGE=1.8V PP PMU VDD RTC 13
I46 VOLTAGE=3.80V PP BATT VCC 14 16 25 41 46 47
I48 VOLTAGE=1.8V PP1V8 MESA CONN 21
I47 VOLTAGE=3.0V PP3V0 PROX CONN 11
I50 VOLTAGE=1.0V PP0V95 FIXED SOC 4 7 12
I51 VOLTAGE=1.0V PP0V95 FIXED SOC PCIE 7
I52 VOLTAGE=1.2V PP1V2 PLL 2
I53 VOLTAGE=1.0V PP BUCK5 LX1 12
I54 VOLTAGE=1.0V PP VAR SOC 5 12
I139 VOLTAGE=3.00V PP PN65 SIM PMU 53 55
I147 VOLTAGE=1.8V PP1V8 HALL CONN
I148 VOLTAGE=1.8V PP1V8 MESA GND 21
I149 VOLTAGE=5.0V CHARGER LDO 14
I150 VOLTAGE=5.0V PMID CAP 14

RADIO_MLB HIERAR

POWER

I42

			I43	PP_VCC_MAIN	10 12 14 15 16 17 23 26 30 32
32 30 26 23 17 16 15 14 12 10 53 52 49 40	PP_VCC_MAIN	MAKE_BASE=TRUE		PP_VCC_MAIN_WLAN	40 49 52 53

CELLULAR HOUSE KEEPING

I44

3	AP_TO_RADIO_ON_L	MAKE_BASE=TRUE	I45	RADIO_ON_L	31 33
3	BB_TO_AP_RESET_DET_L	MAKE_BASE=TRUE	I46	BB_RESET_DET_L	31 36
13	PMU_TO_BB_RST_L	MAKE_BASE=TRUE	I47	RF_PMIC_RESET_L	31 33
3	AP_TO_BB_RST_L	MAKE_BASE=TRUE		BB_RST_L	31 33

I190

3	AP_TO_BB_WAKE_MODEM	MAKE_BASE=TRUE	I50	AP_WAKE_MODEM	36
13	BB_TO_PMU_HOST_WAKE_L	MAKE_BASE=TRUE	I51	BB_WAKE_HOST_L	36
3	BB_TO_AP_IPC_GPIO	MAKE_BASE=TRUE	I52	BB_IPC_GPIO	36
16	BB_TO_LEDDRV_GSM_BLANK	MAKE_BASE=TRUE	I53	GSM_TXBURST_IND	36
3	BB_TO_AP_IPC_GPIO1	MAKE_BASE=TRUE		BB_IPC_GPIO1	36

HSIC IPC

I55

2	50_AP_BI_BB_HSIC1_DATA	MAKE_BASE=TRUE	I54	50_BB_HSIC_DATA	31 35
2	50_AP_BI_BB_HSIC1_STB	MAKE_BASE=TRUE	I56	50_BB_HSIC_STROBE	31 35
3	AP_TO_BB_HOST_RDY	MAKE_BASE=TRUE	I57	BB_HOST_RDY	31 36
3	BB_TO_AP_DEVICE_RDY	MAKE_BASE=TRUE	I58	BB_DEVICE_RDY	31 36
3	BB_TO_AP_GPS_SYNC	MAKE_BASE=TRUE		BB_GPS_SYNC	31 36

UART IPC

I60

3	AP_TO_BB_UART2_RTS_L	MAKE_BASE=TRUE	I59	BB_UART_CTS_L	31 36
3	BB_TO_AP_UART2_CTS_L	MAKE_BASE=TRUE	I62	BB_UART_RTS_L	31 36
17 3	AP_TO_BB_UART2_TXD	MAKE_BASE=TRUE	I61	BB_UART_RXD	31 36
17 3	BB_TO_AP_UART2_RXD	MAKE_BASE=TRUE		BB_UART_TXD	31 36

AUDIO I2S

I64

3	45_AP_TO_BB_I2S3_BCLK	MAKE_BASE=TRUE	I63	BB_I2S_CLK	36
3	AP_TO_BB_I2S3_DOUT	MAKE_BASE=TRUE	I65	BB_I2S_RXD	31 36
3	BB_TO_AP_I2S3_DIN	MAKE_BASE=TRUE	I66	BB_I2S_TXD	31 36
3	AP_TO_BB_I2S3_LRCLK	MAKE_BASE=TRUE		BB_I2S_WS	31 36

OSCAR UART

I67

22	OSCAR_TO_BB_UART_TXD	MAKE_BASE=TRUE	I68	BB_OTHER_RXD	31 36
22	BB_TO_OSCAR_UART_RXD	MAKE_BASE=TRUE		BB_OTHER_TXD	31 36

BB DEBUG INTERFACES

I70

3	AP_TO_BB_COREDUMP	MAKE_BASE=TRUE	I72	BB_CORE_DUMP	31 36
13	PMU_TO_BB_VBUS_DET	MAKE_BASE=TRUE	I74	BB_USB_VBUS	31 35
17	90_TRISTAR_BI_BB_USB_N	MAKE_BASE=TRUE	I73	90_BB_USB_N	31 35
17	90_TRISTAR_BI_BB_USB_P	MAKE_BASE=TRUE		90_BB_USB_P	31 35

RADIO ANTENNA CONTROL

I75

18	PP_BB_VDD_2V7	MAKE_BASE=TRUE		PP_LDO14_RFSW	32 42 43 51
18	BB_GPIO0	MAKE_BASE=TRUE		BB_LAT_GPIO0	36
18	BB_GPIO2	MAKE_BASE=TRUE	I79	BB_LAT_GPIO2	36
18	BB_GPIO3	MAKE_BASE=TRUE	I80	BB_LAT_GPIO3	36
18	BB_GPIO4	MAKE_BASE=TRUE		BB_LAT_GPIO4	36

FCT TESTING

I83

13	RADIO_TO_PMU_ADC_SMPS1	MAKE_BASE=TRUE	I82	ADC_SMPS1	31
13	RADIO_TO_PMU_ADC_PP_LDO11_VDDIO	MAKE_BASE=TRUE	I84	ADC_PP_LDO11	31
13	RADIO_TO_PMU_ADC_PP_LDO5_SIM	MAKE_BASE=TRUE	I85	ADC_PP_LDO5	31
13	RADIO_TO_PMU_ADC_SMPS4	MAKE_BASE=TRUE		ADC_SMPS4	31

UPPER RADIO ANTENNA CONTROL

30 26 17 15 12	PP3V0_TRISTAR	MAKE_BASE=TRUE		PAC_VDD_3V0	54

CHICAL SYMBOL

POWER

I2

| 26 17 15 14 13 12 10 4 3 | PP1V8 SDRAM | MAKE_BASE=TRUE | PP_WL_BT_VDDIO_AP | 52 |

I1

PP_STOCKHOLM_1V8_S2R 53 55

RFFE_VIO_S2R 54

WLAN/BT HOUSE KEEPING

I3

13	45_PMU_TO_WLAN_CLK32K	MAKE_BASE=TRUE	CLK32K_AP	31 52
13	PMU_TO_WLAN_REG_ON	MAKE_BASE=TRUE	WLAN_REG_ON	31 52
	WLAN_TO_PMU_HOST_WAKE	MAKE_BASE=TRUE	HOST_WAKE_WLAN	
13	PMU_TO_BT_REG_ON	MAKE_BASE=TRUE	BT_REG_ON	31 52
3	AP_TO_BT_WAKE	MAKE_BASE=TRUE	WAKE_BT	31 52
13	BT_TO_PMU_HOST_WAKE	MAKE_BASE=TRUE	HOST_WAKE_BT	52

I9

3	AP_TO_WLAN_JTAG_SWCLK	MAKE_BASE=TRUE	WLAN_JTAG_SWDCLK	31 52
3	AP_TO_WLAN_JTAG_SWDIO	MAKE_BASE=TRUE	WLAN_JTAG_SWDIO	31 52
13	WLAN_TO_PMU_PCIE_WAKE_L	MAKE_BASE=TRUE	WLAN_PCIE_WAKE_L	31 52
3	AP_TO_WLAN_DEVICE_WAKE	MAKE_BASE=TRUE	PCIE_DEV_WAKE	31 52
7	90_WLAN_TO_AP_PCIE1_RXDP_P	MAKE_BASE=TRUE	90_WLAN_PCIE_TDP	31 52
7	90_WLAN_TO_AP_PCIE1_RXDP_N	MAKE_BASE=TRUE	90_WLAN_PCIE_TDN	31 52
7	90_AP_TO_WLAN_PCIE1_TXDP_P	MAKE_BASE=TRUE	90_WLAN_PCIE_RDP	31 52
7	90_AP_TO_WLAN_PCIE1_TXDP_N	MAKE_BASE=TRUE	90_WLAN_PCIE_RDN	31 52
7	90_AP_TO_WLAN_PCIE1_REFCLK1_P	MAKE_BASE=TRUE	90_WLAN_PCIE_REFCLK_P	52
7	90_AP_TO_WLAN_PCIE1_REFCLK1_N	MAKE_BASE=TRUE	90_WLAN_PCIE_REFCLK_N	52
7	WLAN_TO_AP_PCIE1_CLKREQ_L	MAKE_BASE=TRUE	WLAN_PCIE_CLKREQ_L	31 52
7	AP_TO_WLAN_PCIE1_RST_L	MAKE_BASE=TRUE	WLAN_PCIE_PERST_L	31 52

WLAN HSIC IPC

I21

3	WLAN_TO_AP_UART4_RXD	MAKE_BASE=TRUE	WLAN_UART_TXD	31 52
3	AP_TO_WLAN_UART4_TXD	MAKE_BASE=TRUE	WLAN_UART_RXD	31 52
3	WLAN_TO_AP_UART4_CTS_L	MAKE_BASE=TRUE	WLAN_UART_RTS_L	31 52
3	AP_TO_WLAN_UART4_RTS_L	MAKE_BASE=TRUE	WLAN_UART_CTS_L	31 52

BT UART IPC

I26

3	AP_TO_BT_UART1_RTS_L	MAKE_BASE=TRUE	BT_UART_CTS_L	52
3	BT_TO_AP_UART1_CTS_L	MAKE_BASE=TRUE	BT_UART_RTS_L	52
3	AP_TO_BT_UART1_TXD	MAKE_BASE=TRUE	BT_UART_RXD	31 52
3	BT_TO_AP_UART1_RXD	MAKE_BASE=TRUE	BT_UART_TXD	31 52

BT AUDIO PCM

I29

3	45_AP_TO_BT_I2S1_BCLK	MAKE_BASE=TRUE	BT_PCM_CLK	52
	AP_TO_BT_I2S1_DOUT	MAKE_BASE=TRUE	BT_PCM_IN	52
	BT_TO_AP_I2S1_DIN	MAKE_BASE=TRUE	BT_PCM_OUT	52
	AP_TO_BT_I2S1_LRCLK	MAKE_BASE=TRUE	BT_PCM_SYNC	52

OSCAR STATES

I34

| 22 | OSCAR_TO_RADIO_CONTEXT_A | MAKE_BASE=TRUE | OSCAR_CONTEXT_A | 52 |
| 22 | OSCAR_TO_RADIO_CONTEXT_B | MAKE_BASE=TRUE | OSCAR_CONTEXT_B | 52 |

STOCKHOLM

I35

3	STOCKHOLM_TO_AP_UART3_CTS_L	MAKE_BASE=TRUE	STOCKHOLM_RTS_L	31 53
3	AP_TO_STOCKHOLM_UART3_RTS_L	MAKE_BASE=TRUE	STOCKHOLM_CTS_L	31 53
3	STOCKHOLM_TO_AP_UART3_RXD	MAKE_BASE=TRUE	STOCKHOLM_UART_TXD	31 53
3	AP_TO_STOCKHOLM_UART3_TXD	MAKE_BASE=TRUE	STOCKHOLM_UART_RXD	31 53
7	AP_TO_STOCKHOLM_DWLD_REQ	MAKE_BASE=TRUE	STOCKHOLM_FW_DWLD_REQ	53
13	STOCKHOLM_TO_PMU_HOST_WAKE	MAKE_BASE=TRUE	STOCKHOLM_HOST_WAKE	31 53
7	AP_TO_STOCKHOLM_EN	MAKE_BASE=TRUE	STOCKHOLM_ENABLE	
30 26 17 15 12	PP3V0_TRISTAR	MAKE_BASE=TRUE	STOCKHOLM_VDD_MUX_3V0	55
	AP_TO_STOCKHOLM_SIM_SEL	MAKE_BASE=TRUE	STOCKHOLM_SIM_SEL	55
	AP_TO_STOCKHOLM_ANT	MAKE_BASE=TRUE	STOCKHOLM_ANT	

AP INTERFACE & DEB

PROBE POINTS

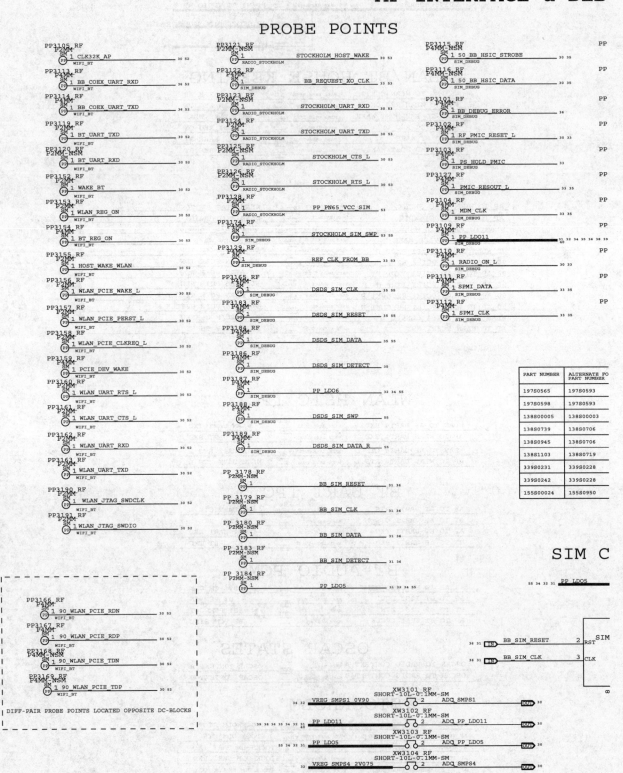

UG CONNECTORS

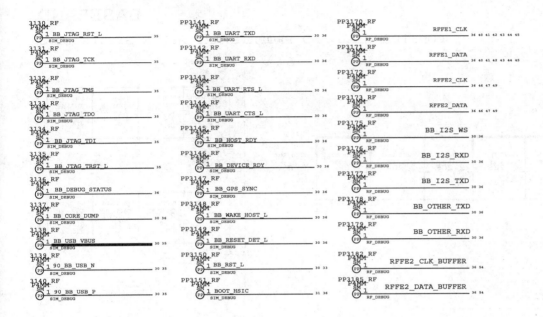

R	BOM OPTION	REF DES	COMMENTS:
	ALTERNATE	Y3301_RF	KDS 19.2MHZ XTAL
	ALTERNATE	Y3301_RF	AVX 19.2MHZ XTAL
	ALTERNATE	C3216_RF	15UF CAPACITOR
	ALTERNATE	C4207_RF	1.0UF CAPACITOR
	ALTERNATE	C4207_RF	1.0UF CAPACITOR
	ALTERNATE	C4007_RF	4.7UF CAPACITOR
	ALTERNATE	U5201_RF	CORONA MODULE USI
	ALTERNATE	U5201_RF	CORONA MODULE TDK
	ALTERNATE	F_TRI_RF	TRIPLEXER BIN2

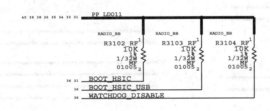

ARD CONNECTOR

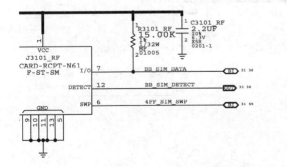

SIM CARD ESD PROTECTION

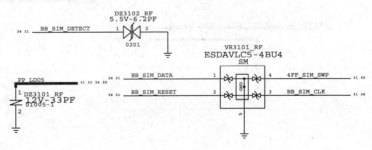

BASEBAND

CONFIDENTIAL AND PROPRIETARY APPLE SYSTEM DESI

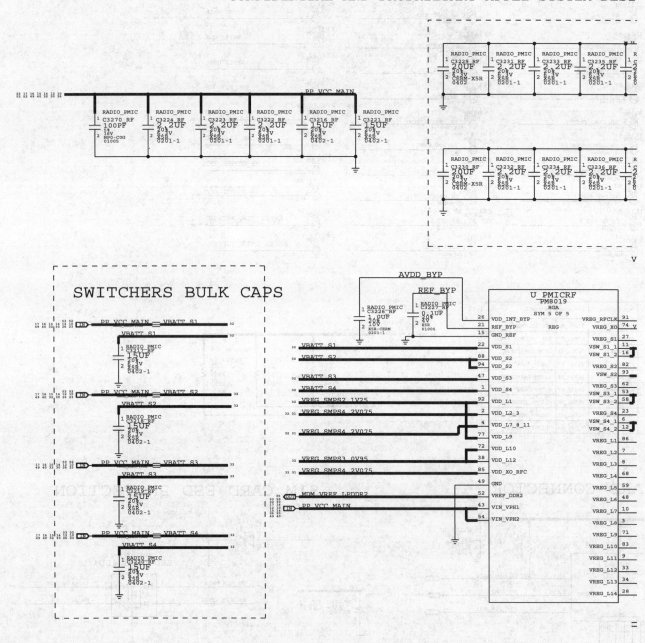

PMU (1 OF 2)

GN. FOR REFERENCE PURPOSES ONLY - NOT A CHANGE REQUEST.

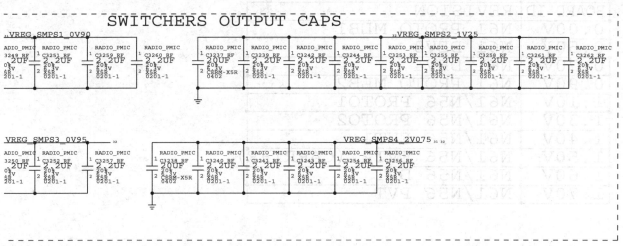

SWITCHERS OUTPUT CAPS

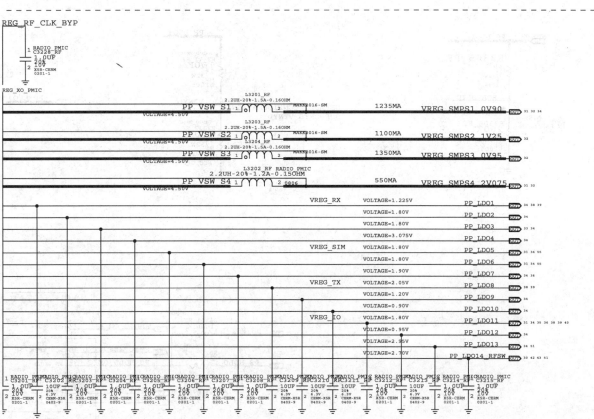

智能手机维修从入门到精通

BASEBAND PMU (2

CONFIDENTIAL AND PROPRIETARY APPLE SYSTEM DESIGN. FOR REFER

BOARD ID	REVISION
0.00V	N61 PROTO MLB1
0.50V	N61 DEV3
0.70V	N61 DEV4
0.90V	N61 PROTO MLB2
1.10V	N61/N56 PROTO1
1.30V	N61/N56 PROTO2
1.40V	N61/N56 EVT1
1.50V	N61/N56 EVT2 (CARRIER)
1.60V	N61/N56 DVT
1.70V	N61/N56 PVT

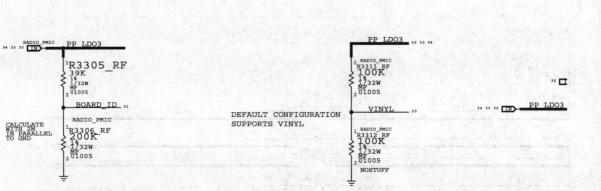

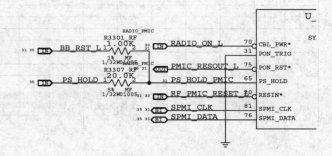

230

OF 2)
ENCE PURPOSES ONLY - NOT A CHANGE REQUEST.

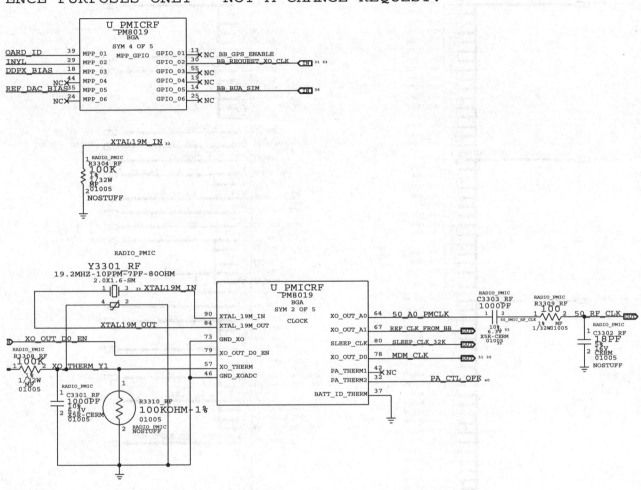

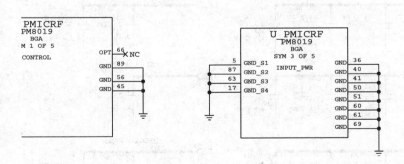

智能手机维修从入门到精通

BAS

CONFIDENTIAL AND PROPRIETARY APPLE SYSTEM

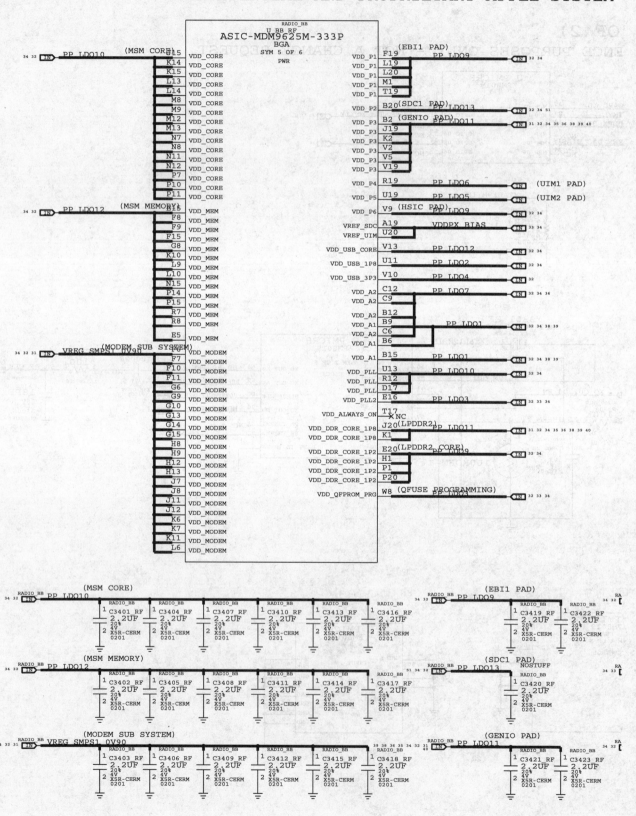

EBAND (1 OF 3)

DESIGN. FOR REFERENCE PURPOSES ONLY - NOT A CHANGE REQUEST.

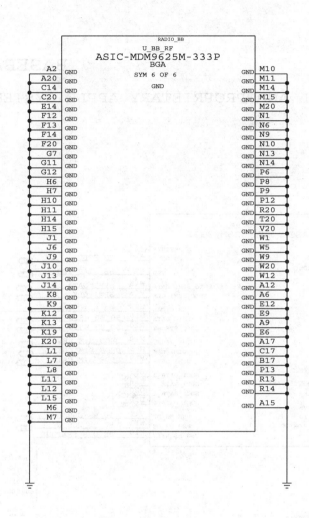

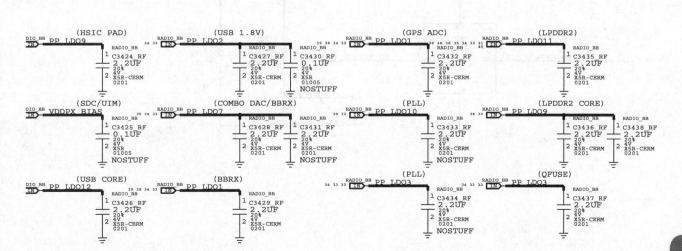

BASEBAND

CONFIDENTIAL AND PROPRIETARY APPLE SYSTEM DE

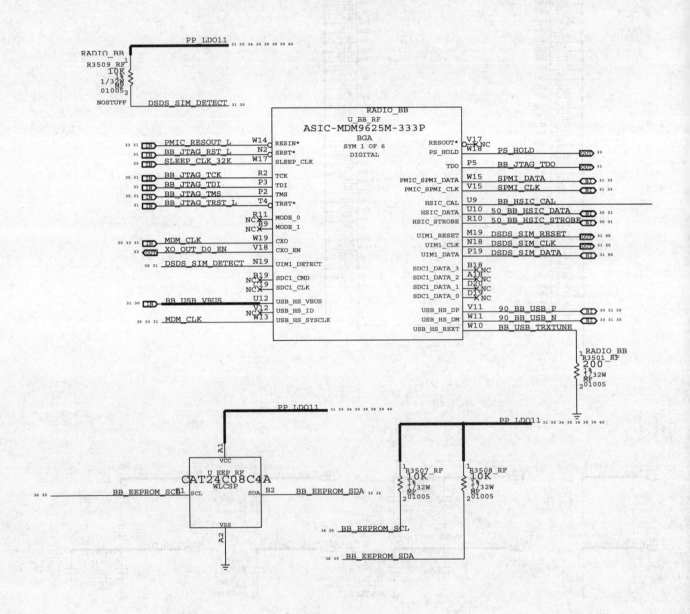

(2 OF 3)

SIGN. FOR REFERENCE PURPOSES ONLY - NOT A CHANGE REQUEST.

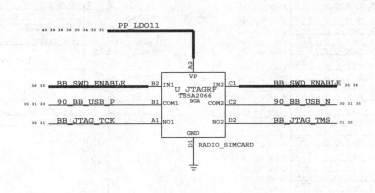

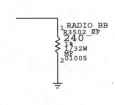

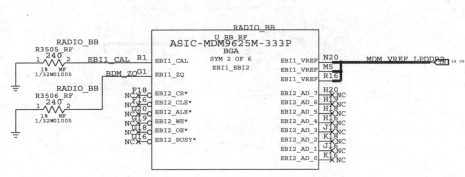

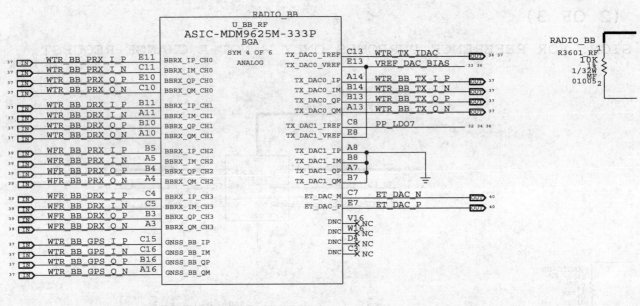

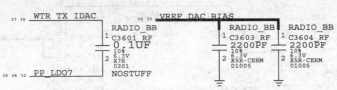

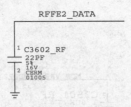

3)
REFERENCE PURPOSES ONLY - NOT A CHANGE REQUEST.

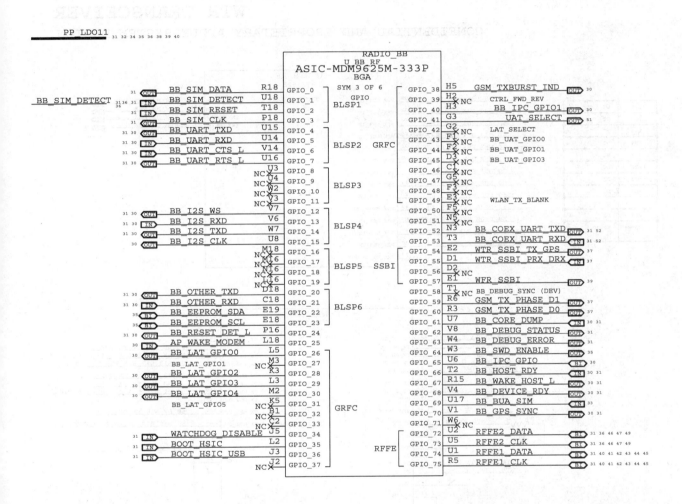

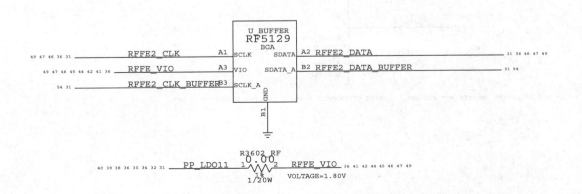

WTR TRANSCEIVER
CONFIDENTIAL AND PROPRIETARY APPLE SYSTEM DESIGN.

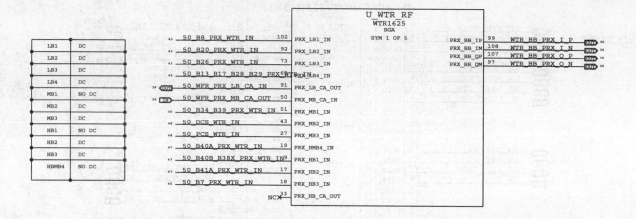

LB1	DC
LB2	DC
LB3	DC
LB4	DC
MB1	NO DC
MB2	DC
MB3	DC
HB1	NO DC
HB2	DC
HB3	DC
HBMB4	NO DC

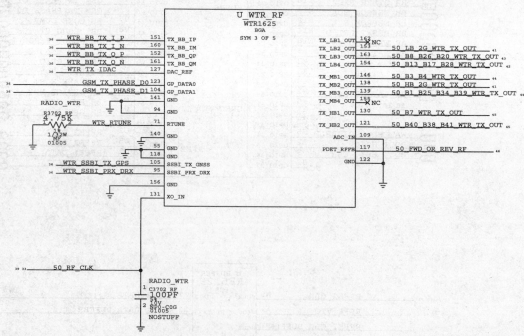

RF_CLK IS SHARED BETWEEN WTR AND WFR. LENGTH DIFFERENCE BETWEEN THE TWO SHOULD BE < 5MM.

(1 OF 2)

FOR REFERENCE PURPOSES ONLY - NOT A CHANGE REQUEST.

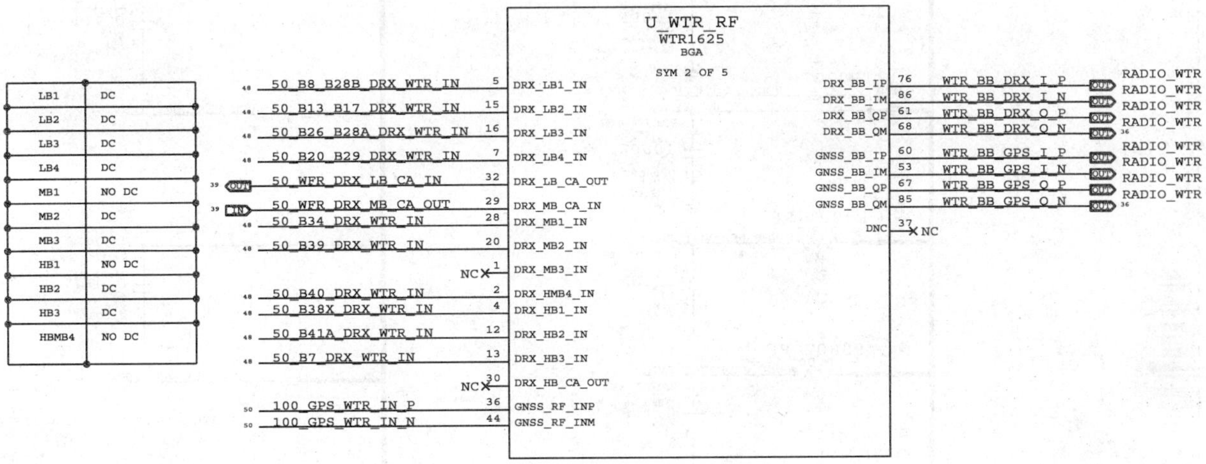

U_WTR_RF
WTR1625
BGA
SYM 2 OF 5
LB1 DC
LB2 DC
LB3 DC
LB4 DC
MB1 NO DC
MB2 DC
MB3 DC
HB1 NO DC
HB2 DC
HB3 DC
HBMB4 NO DC
50_B8_B28B_DRX_WTR_IN 5 DRX_LB1_IN
50_B13_B17_DRX_WTR_IN 15 DRX_LB2_IN
50_B26_B28A_DRX_WTR_IN 16 DRX_LB3_IN
50_B20_B29_DRX_WTR_IN 7 DRX_LB4_IN
OUT 50_WFR_DRX_LB_CA_IN 32 DRX_LB_CA_OUT
IN 50_WFR_DRX_MB_CA_OUT 29 DRX_MB_CA_IN
50_B34_DRX_WTR_IN 28 DRX_MB1_IN
50_B39_DRX_WTR_IN 20 DRX_MB2_IN
NC 1 DRX_MB3_IN
50_B40_DRX_WTR_IN 2 DRX_HMB4_IN
50_B38X_DRX_WTR_IN 4 DRX_HB1_IN
50_B41A_DRX_WTR_IN 12 DRX_HB2_IN
50_B7_DRX_WTR_IN 13 DRX_HB3_IN
NC 30 DRX_HB_CA_OUT
100_GPS_WTR_IN_P 36 GNSS_RF_INP
100_GPS_WTR_IN_N 44 GNSS_RF_INM
DRX_BB_IP 76 WTR_BB_DRX_I_P OUT RADIO_WTR
DRX_BB_IM 86 WTR_BB_DRX_I_N OUT RADIO_WTR
DRX_BB_QP 61 WTR_BB_DRX_Q_P OUT RADIO_WTR
DRX_BB_QM 68 WTR_BB_DRX_Q_N OUT RADIO_WTR
GNSS_BB_IP 60 WTR_BB_GPS_I_P OUT RADIO_WTR
GNSS_BB_IM 53 WTR_BB_GPS_I_N OUT RADIO_WTR
GNSS_BB_QP 67 WTR_BB_GPS_Q_P OUT RADIO_WTR
GNSS_BB_QM 85 WTR_BB_GPS_Q_N OUT RADIO_WTR
DNC 37 NC

WTR TRANSCEIVER (2 OF 2)

WTR DECOUPLING CAPS

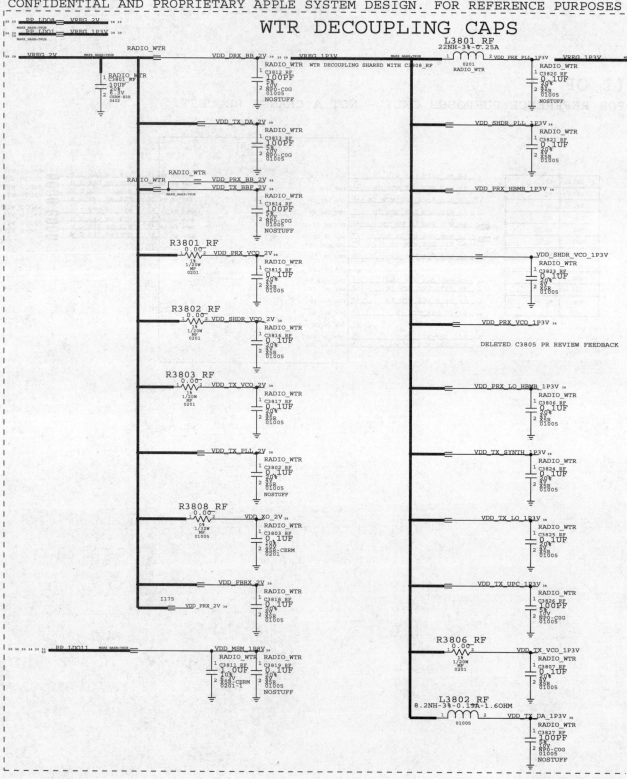

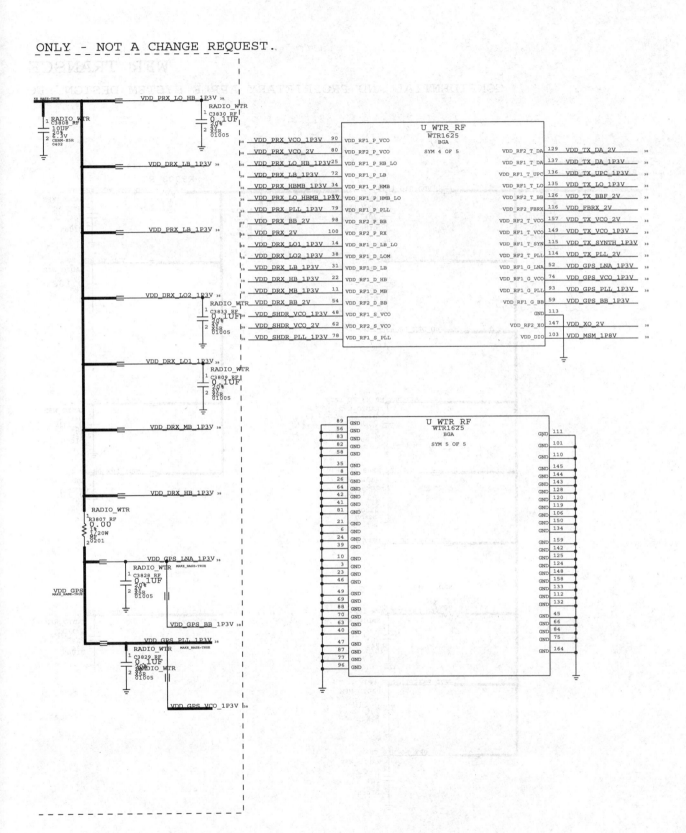

ONLY - NOT A CHANGE REQUEST.

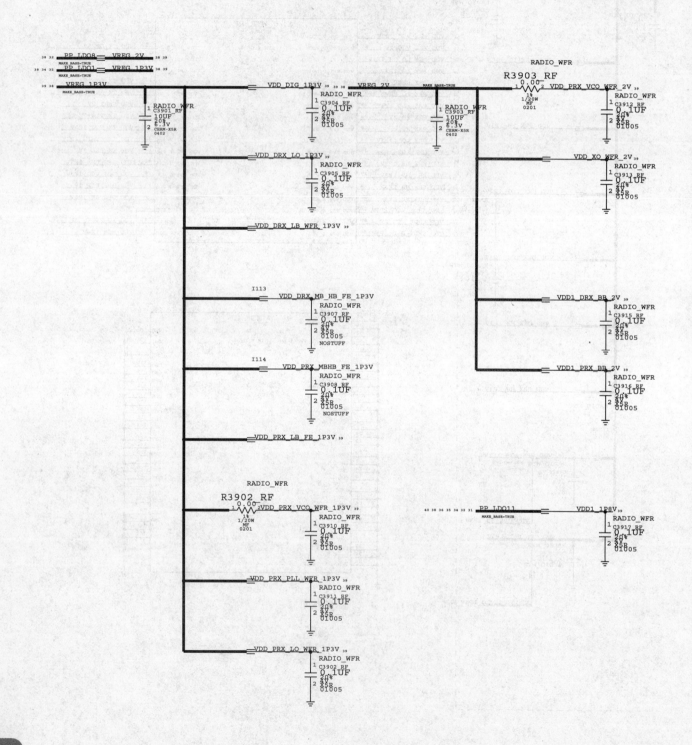

WFR TRANSCE

CONFIDENTIAL AND PROPRIETARY APPLE SYSTEM DESIGN. FO

IVER

R REFERENCE PURPOSES ONLY - NOT A CHANGE REQUEST.

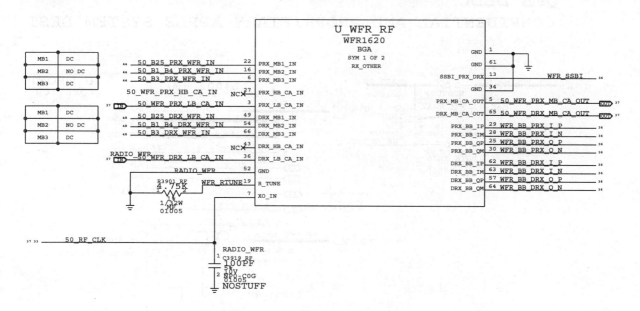

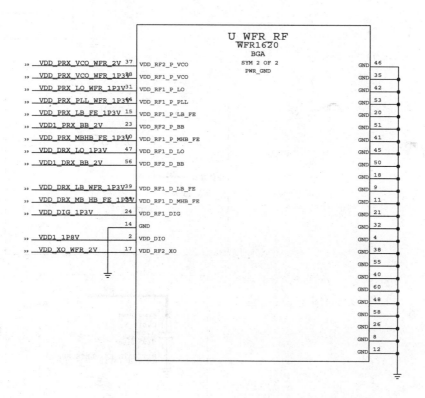

QFE DCDC
CONFIDENTIAL AND PROPRIETARY APPLE SYSTEM DESI

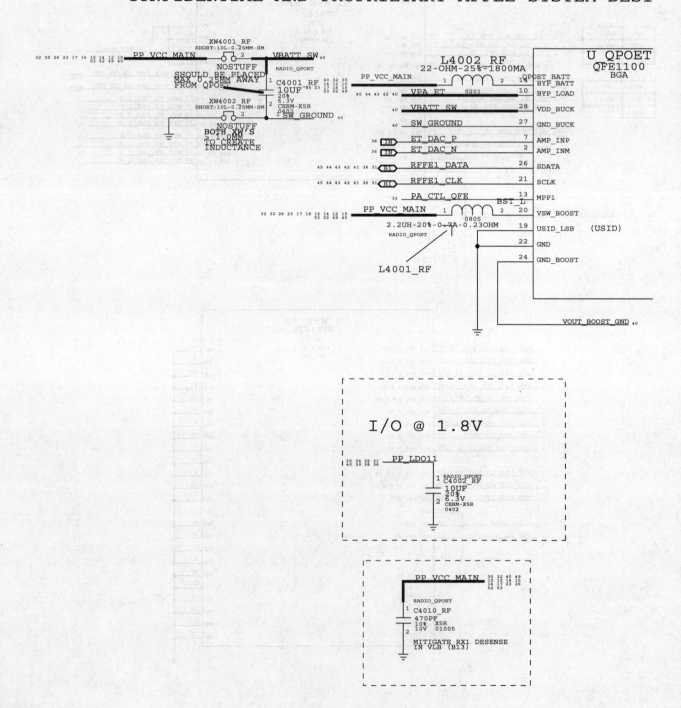

GN. FOR REFERENCE PURPOSES ONLY - NOT A CHANGE REQUEST.

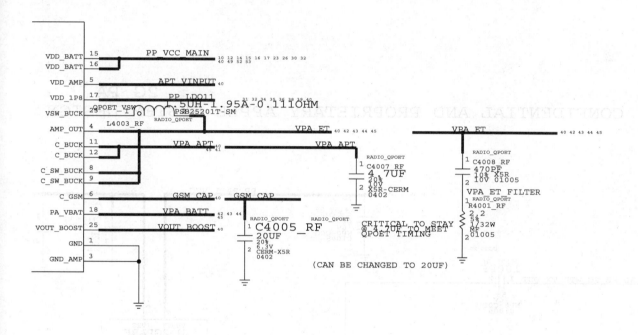

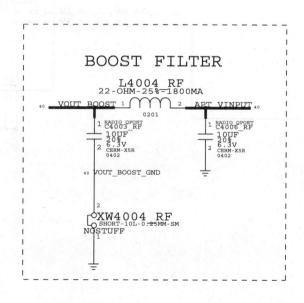

BOOST FILTER

L4004_RF
22-OHM-25%-1800MA

2G PA

CONFIDENTIAL AND PROPRIETARY APPLE SYSTEM DESIGN.

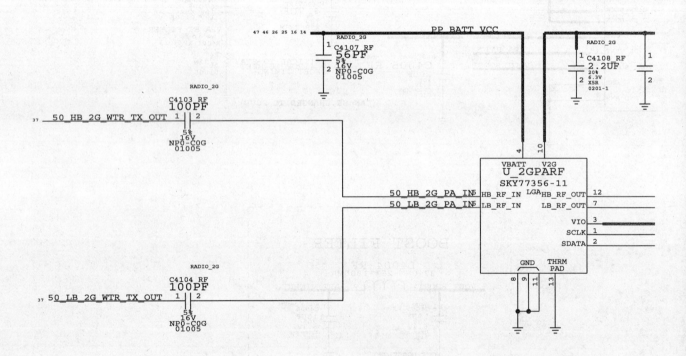

FOR REFERENCE PURPOSES ONLY - NOT A CHANGE REQUEST.

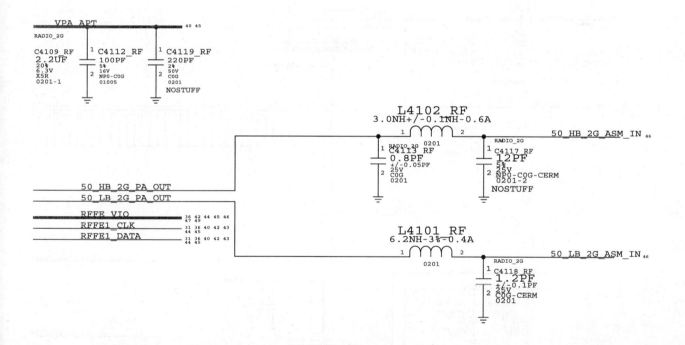

VERY LOW BAND PAD

CONFIDENTIAL AND PROPRIETARY APPLE SYSTEM DESIGN. FOR REFERENCE PURPOS

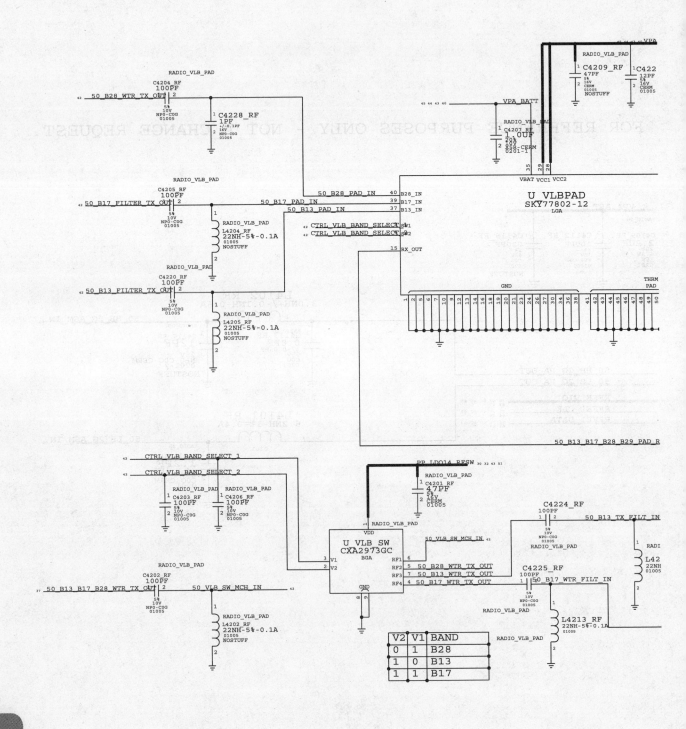

(B13、B17、B28)

ES ONLY - NOT A CHANGE REQUEST.

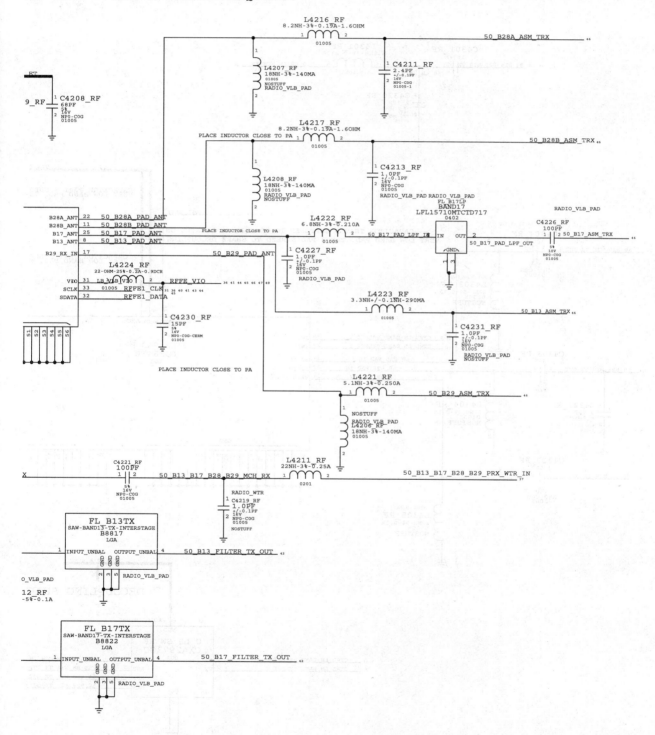

LOW BAND PAD (B8、

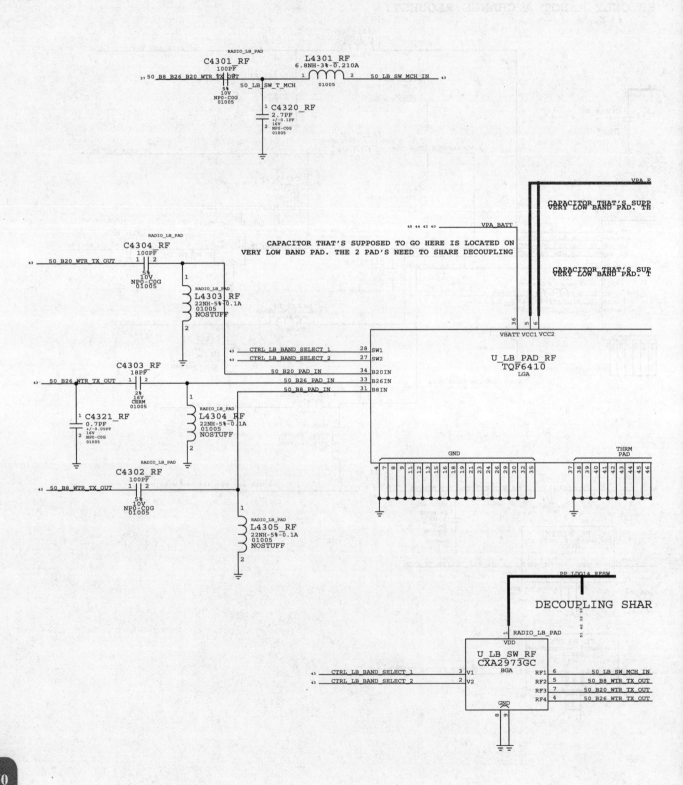

B26、B20)

ERENCE PURPOSES ONLY - NOT A CHANGE REQUEST.

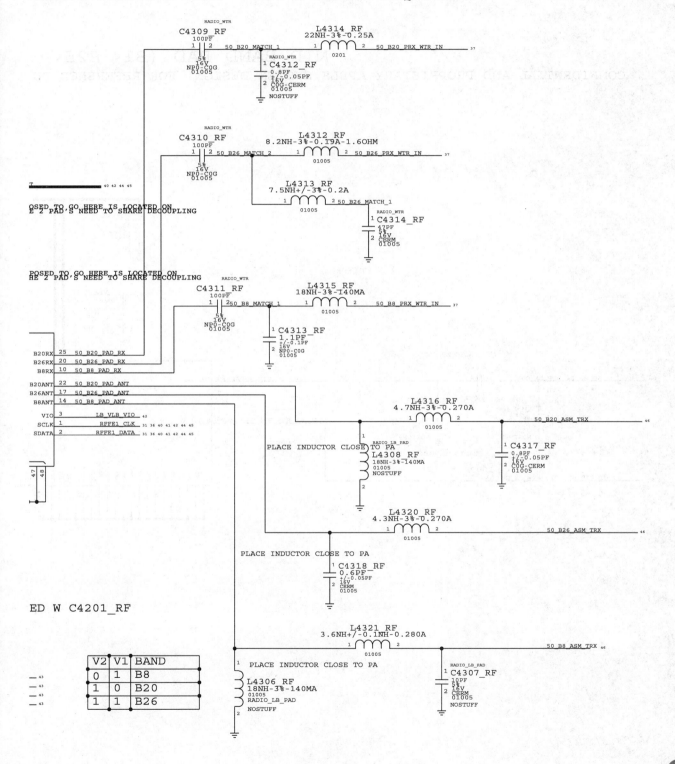

MID BAND PAD (B1、B25、

CONFIDENTIAL AND PROPRIETARY APPLE SYSTEM DESIGN. FOR REFERENCE PU

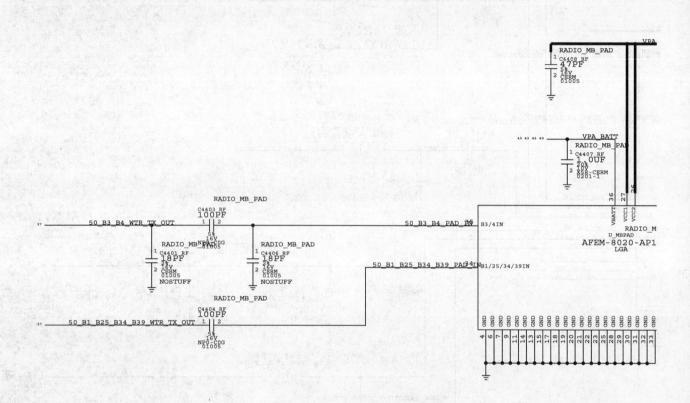

B3、B4、B34、B39)
RPOSES ONLY - NOT A CHANGE REQUEST.

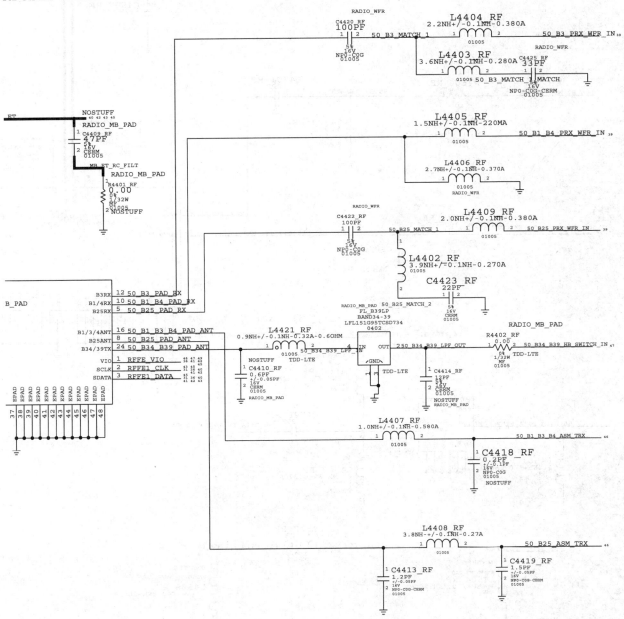

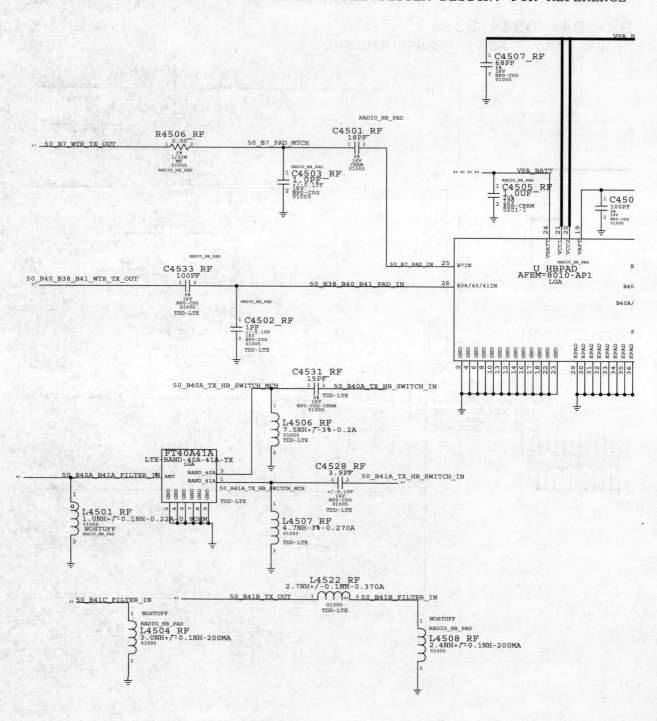

B38、　B40、　B41、　XGP)

PURPOSES ONLY - NOT A CHANGE REQUEST.

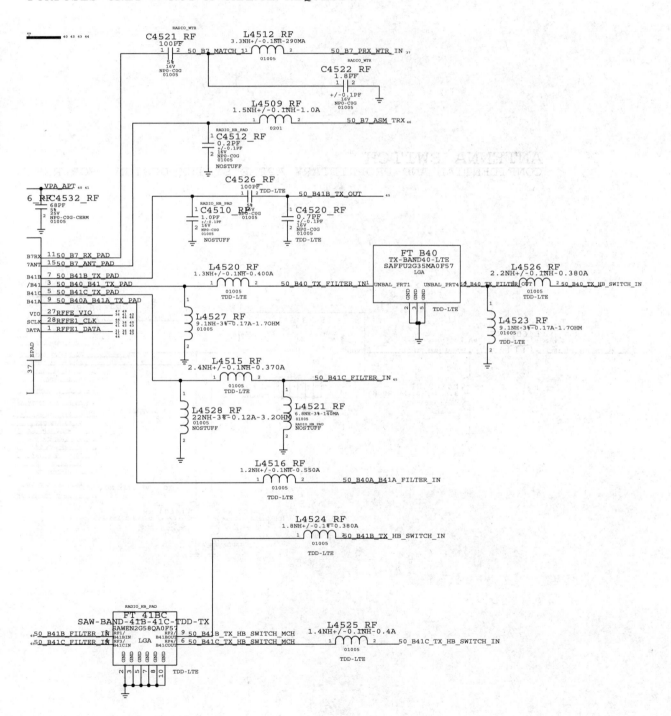

ANTENNA SWITCH
CONFIDENTIAL AND PROPRIETARY APPLE SYSTEM DESIGN. FOR REFER

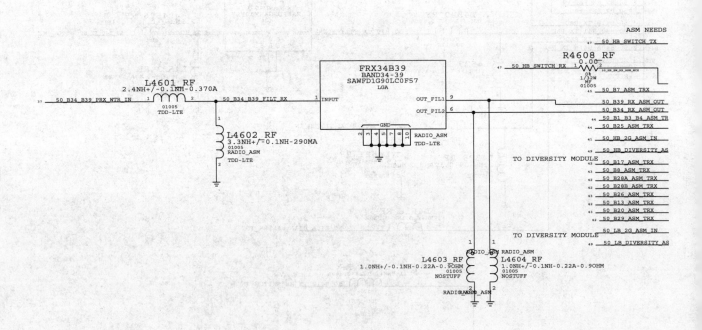

ENCE PURPOSES ONLY - NOT A CHANGE REQUEST.

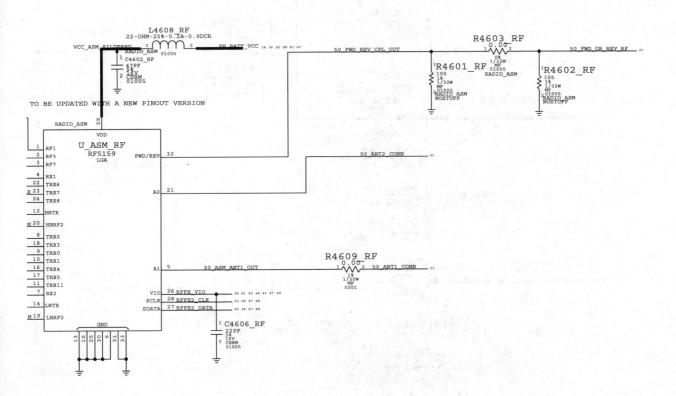

HIGH BAND SWITCH
CONFIDENTIAL AND PROPRIETARY APPLE SYSTEM DESIGN. FOR

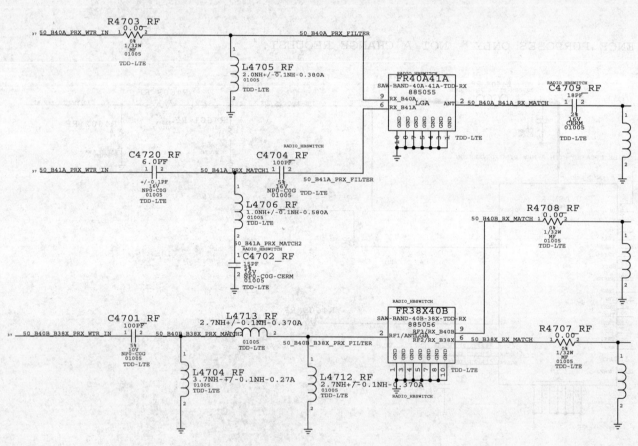

REFERENCE PURPOSES ONLY - NOT A CHANGE REQUEST.

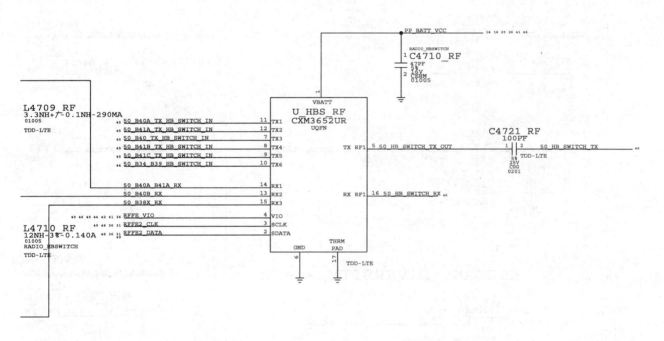

RX DIVERSITY (1)

CONFIDENTIAL AND PROPRIETARY APPLE SYSTEM DESIGN. FOR REFERENCE PURP

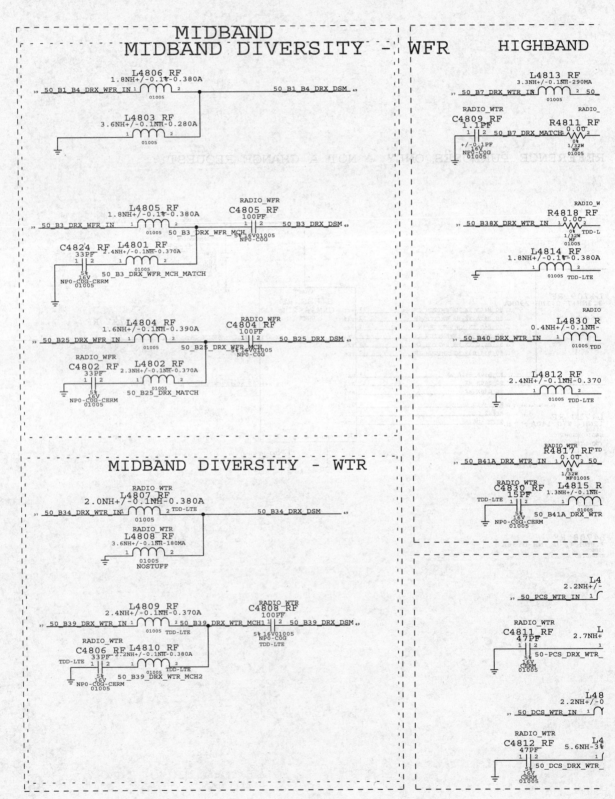

OSES ONLY - NOT A CHANGE REQUEST.

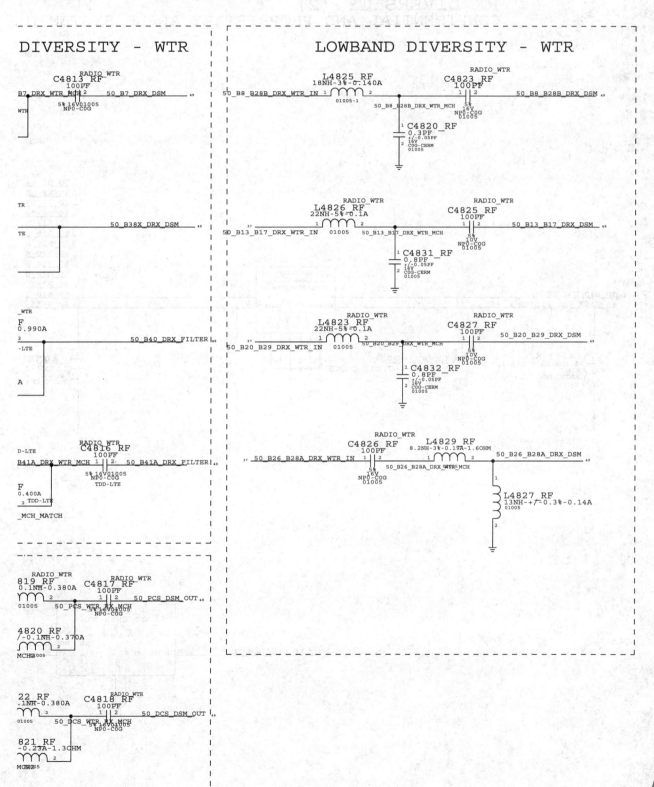

RX DIVERSITY (2)
CONFIDENTIAL AND PROPRIETARY APPLE SYSTEM D

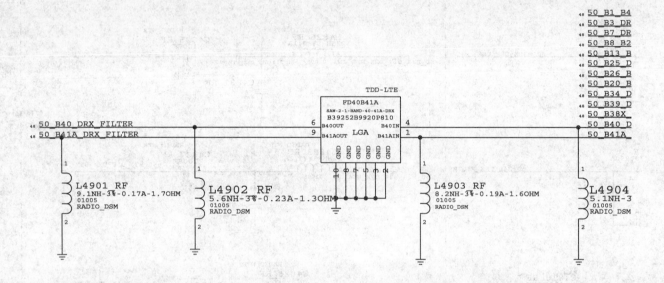

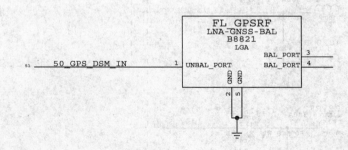

ESIGN. FOR REFERENCE PURPOSES ONLY - NOT A CHANGE REQUEST.

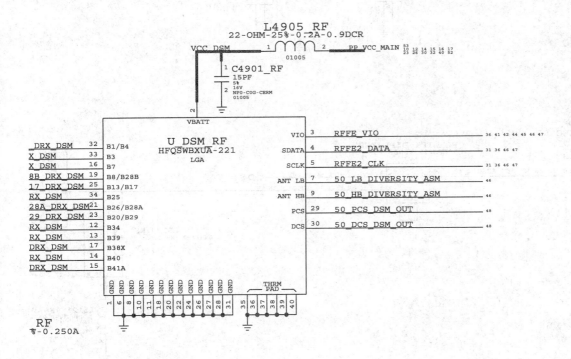

GPS

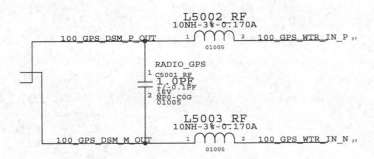

ANTENNA

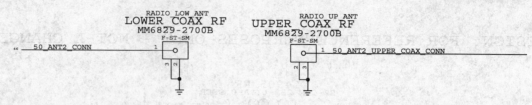

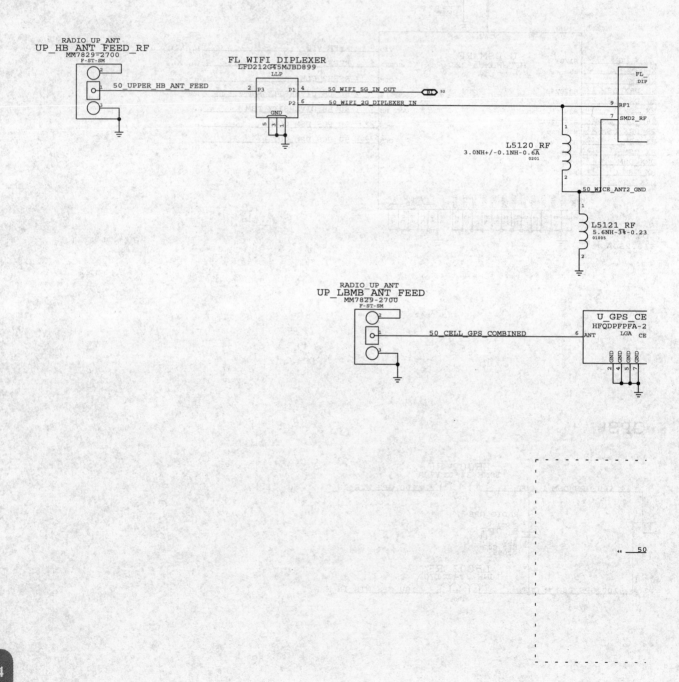

FEED'S

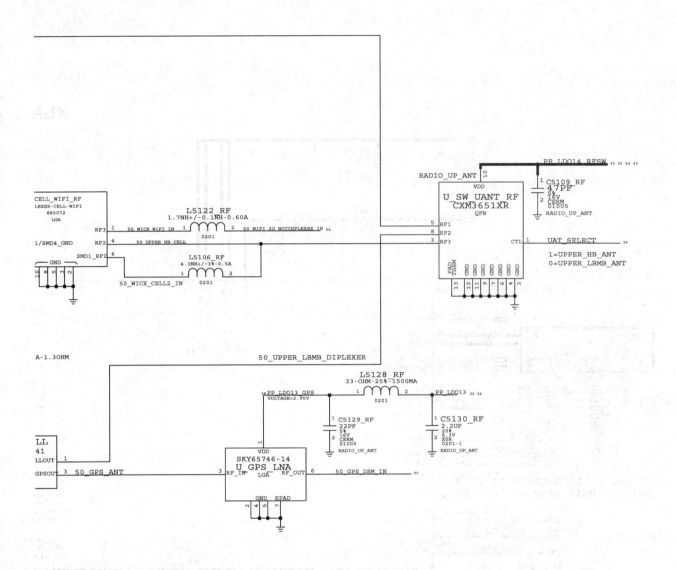

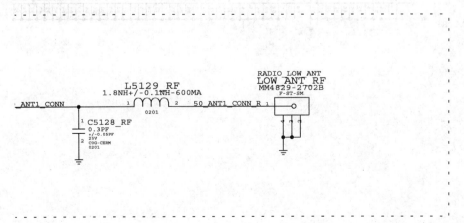

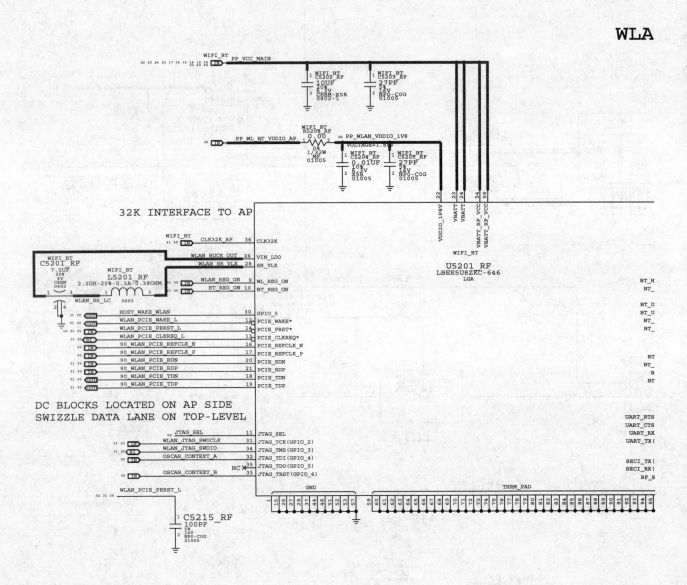

WLA

N/BT

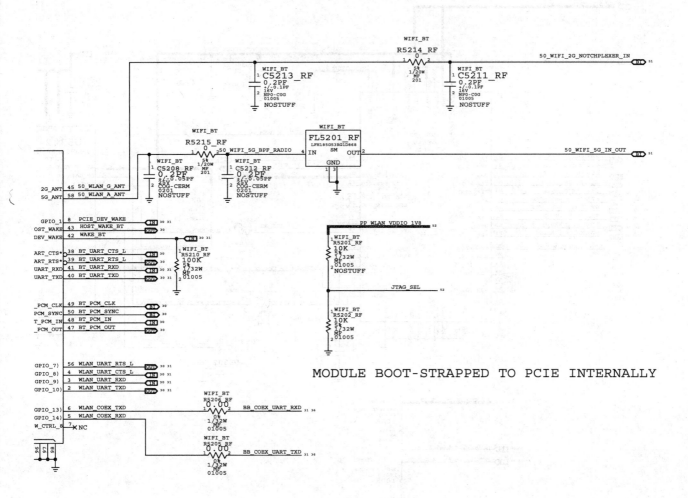

MODULE BOOT-STRAPPED TO PCIE INTERNALLY

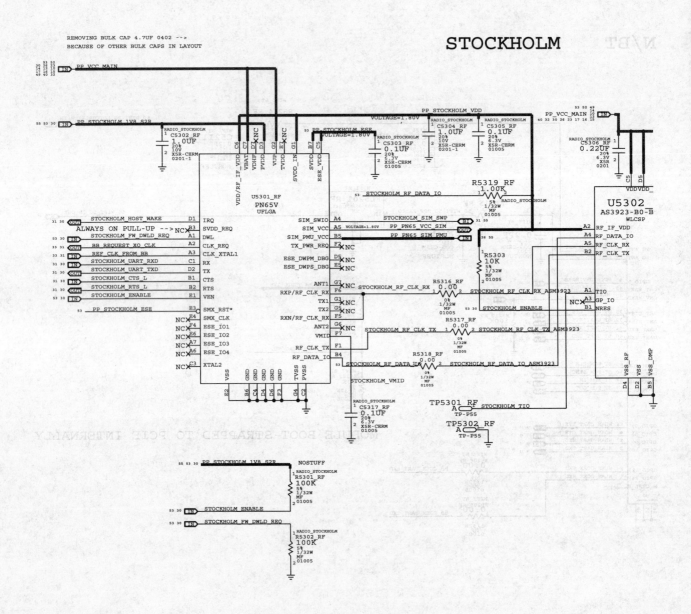

STOCKHOLM

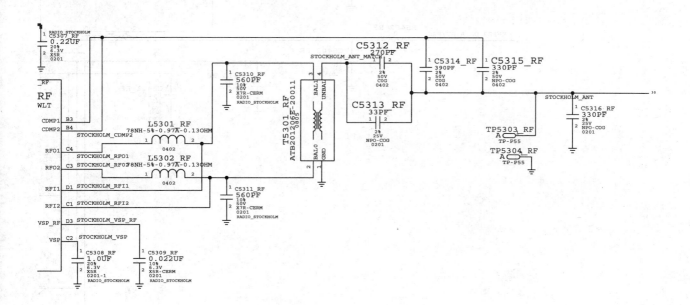

ON-BOARD JUMPER
UAT JUMPER

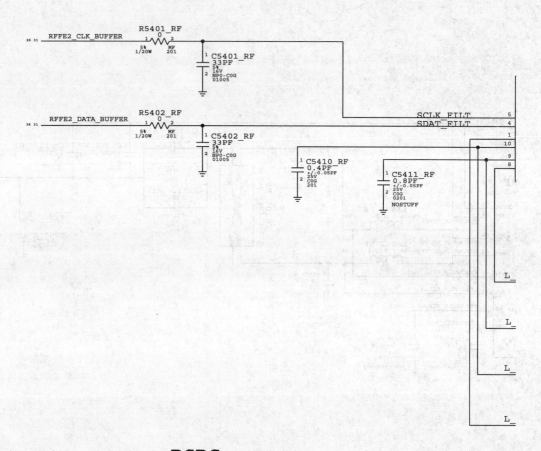

DSDS

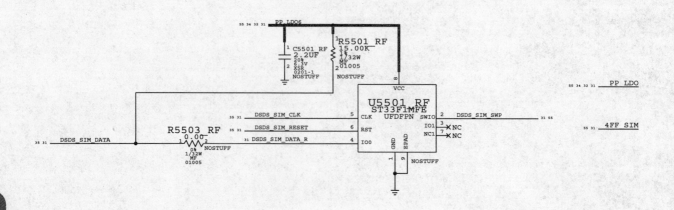

FLEX

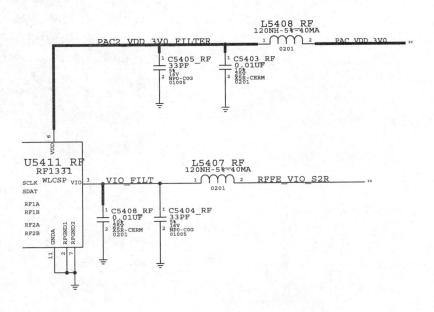

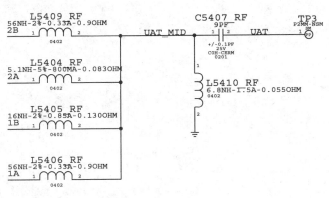

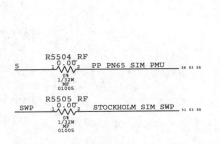

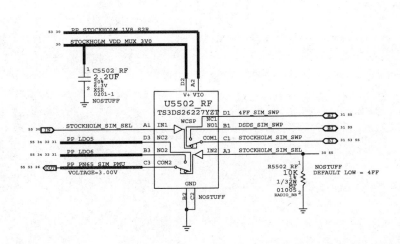

参 考 文 献

[1] 阳鸿钧，等. 3G 手机维修从入门到精通. 北京：机械工业出版社，2014.

[2] 阳鸿钧，等. iPhone 手机故障排除与维修实战一本通. 北京：机械工业出版社，2015.